"十四五"职业教育国家规划教材

"十三五"职业教育国家规划教材
高等职业教育农业农村部"十三五"规划教材

动物寄生虫病 第四版

■ 魏冬霞　主编

DONGWU JISHENGCHONG BING

中国农业出版社
北　京

内容简介

　　《动物寄生虫病》坚持以立德树人为根本，以畜牧产业链各岗位典型工作任务为主线，以案例分析为载体，以德技并修为重点，在分析高职高专学生学习特点、实际需要和接受能力的基础上，结合动物寄生虫病防治的特点设计而成的基于工作过程的项目式立体化教材，全书数字资源配有二维码，通过手机扫描即可完成数字资源的学习。

　　本教材紧扣执业兽医资格考试大纲选择教学内容，并引入最新的行业企业技术标准，按照工作岗位共设计认识动物寄生虫和动物寄生虫病，人兽共患、猪、牛羊、家禽、犬猫和其他动物寄生虫病防治7个项目，其中包括31个任务和9个岗位操作任务。基于工作过程组织内容，在阐述寄生虫病原特征和生活史的基础上，对该寄生虫病的预防、诊断和治疗进行了详细阐述。其中还配有插图196幅、实物照片100余张、动画14个和视频50余个。

　　本教材可作为高职高专动物医学专业、动物防疫与检疫专业及其他畜牧兽医类专业学生的教学用书，也可作为畜牧兽医工作者的学习参考书。

第四版编审人员

主　　编　　魏冬霞

副 主 编　　邓　艳　刘　红　杨　靖　齐富刚

编　　者　　（以姓氏笔画为序）

邓　艳　付文艳　朱凤云　刘　红

刘　莉　刘广振　齐富刚　杨　靖

吴　植　张库食　周东辉　郝菊秋

蔡丙严　管远红　廖申权　魏冬霞

行业、企业指导　邓　艳　刘广振　廖申权　张库食

审　　稿　　陶建平　吴绍强　陆　辉

数字资源建设人员

王　健　刘剑华　齐富刚　袁　橙

黄银云　蔡丙严　戴丽红　魏冬霞

第一版编审人员

主　编　张宏伟　杨廷桂

副主编　刘孝刚

参　编　（以姓氏笔画为序）

　　　　匡存林　胡士林　赵庶吏　侯继勇

主　审　宋铭忻

审　稿　路义鑫　才学鹏

第二版编审人员

主　编　张宏伟　匡存林

副主编　邹洪波　于　淼　孙维平

编　者　（以姓氏笔画为序）

　　　　于　淼　王宏刚　匡存林　闫永平

　　　　孙维平　邹洪波　张宏伟　陈福星

　　　　胡喜斌　韩晓辉

审　稿　宋铭忻

第三版编审人员

第四版前言

□□□□□□□□□□□□□□□□□

根据《职业院校教材管理办法》《全国大中小学教材建设规划（2019—2022年）》《教育部办公厅关于开展"十四五"职业教育规划教材建设工作的通知》等要求，为贯彻落实党的二十大精神和习近平新时代中国特色社会主义思想进教材，加强中华优秀传统文化、革命文化和社会主义先进文化教育，结合动物寄生虫病防治的特点，新技术、新标准、新规范的更新情况，紧跟产业发展趋势和行业人才需求，并吸取教材使用单位、教师、学生的反馈意见，我们对《动物寄生虫病》第三版进行了修订。本次修订在保持第三版精华内容和项目式教材结构体系的基础上，主要进行了如下修改。

一、对教材内容进行了更改、删减、合并和增补 主要包括：对典型工作任务进行了增补，对评价要求进行了调整。根据最新发布实施的国家标准，将旋毛虫的检查、动物球虫病的诊断等内容进行了更新。为了便于教学，将牛寄生虫病防治和羊寄生虫病防治合并为牛、羊寄生虫病防治；将鸡寄生虫病防治项目改为家禽寄生虫病防治，并增加了水禽寄生虫病防治相关内容；在犬寄生虫病防治项目中增加了猫寄生虫病防治内容，改为犬、猫寄生虫病防治项目。同时，根据目前寄生虫病流行情况和畜牧业发展现状，删减了部分理论内容和部分寄生虫病。

二、融入思政元素 新修订教材中引入中华优秀传统文化、辩证思维、创新思维、法治思维、中兽医诊疗、名人事迹、劳动教育、公共卫生、生态环保、乡村振兴、食品安全等思政元素和相关素材。

三、丰富了教材中的数字资源 在原有数字资源的基础上，将最新制作的微课、动画、视频等数字资源补充到教材中，更加丰富了资源内容。

四、根据教材内容设计了版式 利用不同设计元素将教材不同内容自然分区，使阅读更加清晰直观；同时将部分拓展知识转为二维码的形式插入书中，方便学有余力的学生根据情况自学；在正文两侧设计了页边栏，可供学生记录笔记，同时将数字资源二维码放入页边栏，便于读者查询和阅读。

修订后的教材按照工作岗位设计了认识动物寄生虫和动物寄生虫病、人兽共患寄生虫病防治、猪寄生虫病防治、牛羊寄生虫病防治、家禽寄生虫病防治、犬猫寄生虫病防治和其他动物寄生虫病防治7个项目，其中包括31个任务和9个岗位操作任务，配有图片196幅、实物照片100余张、动画14个和视频50余个，并制作成了富媒体教材。师生可根据教材封底课程码使用说明，登录"智农书苑"网站或App直接阅读数字教材，方便师生随时随地学习和使用。

本教材紧扣《全国执业兽医资格考试大纲》而选择教学内容，并引入行业企业技术标准，以适用、够用、实用为度，并力求教材内容具有科学性、针对性、应用性和实用性，并能反映新知识、新方法和新技术。教材引入了典型临床案例，促进了理论知识和临床实践的结合，并且每个项目前面设有项目设置描述、学习目标，后面设有岗位操作任务、知识拓展、项目小结以及职业能力和职业资格测试，便于学生学习和教师教学。

本教材自出版以来，再版3次，先后被评为普通高等教育"十一五"国家级规划教材、"十二五"职业教育国家规划教材、"十三五"职业教育国家规划教材，2021年入选江苏省高等学校重点教材立项建设。教材历经15年涉农高职院校的使用，反响极佳。本教材是江苏省成人高等教育精品资源共享课程动物寄生虫病的配套教材，还配有在线开放课程作为数字资源支撑以供学习，适用于高职高专动物医学、动物防疫与检疫、畜牧兽医等专业学生学习，还可以作为动物医学技术人员或管理工作者的参考书。

本教材编写团队汇集了校政行企各方力量，全书编写分工如下：前言、绪论、项目一由魏冬霞（江苏农牧科技职业学院）编写，项目二由蔡丙严（江苏农牧科技职业学院）和魏冬霞（江苏农牧科技职业学院）编写，项目三由刘红（黑龙江农业职业技术学院）和邓艳（广州白云机场海关检疫局）编写，项目四由刘莉（江苏农牧科技职业学院）、吴植（江苏农牧科技职业学院）和朱凤云（贵州农业职业学院）编写，项目五由杨靖（新疆农业职业技术学院）编写，项目六由郝菊秋（辽宁职业学院）和周东辉（福建农林大学）编写，项目七和附录由邓艳、付文艳（朔州职业技术学院）、齐富刚（江苏农牧科技职业学院）和管远红（江苏农牧科技职业学院）编写，岗位操作任务由邓艳、刘广振（涡阳县农大牧业有限公司）、廖申权（广东省农业科学院动物卫生研究所）和张库食（苏州市吴中区香山动物防疫站）编写。数字资源由来自江苏农牧科技职业学院的王健、刘剑华、齐富刚、袁橙、黄银云、蔡丙严、戴丽红、魏冬霞老师制作完成。本书还邀请扬州大学的陶建平教授、中国检验检疫科学研究院动物检疫研究所吴绍强研究员、江苏农牧科技职业学院陆辉教授担任本书主审。张宏伟教授对本教材的第一版和第二版倾注了大量心血，为第三版和第四版教材的编写奠定了坚实的基础，本教材引用前两版教材中的图片和文字描述，还引用了国内外同行已发表的论文、著作，国家标准、地方标准、行业标准及网络资源等，谨向他们表示最诚挚的感谢！

由于编者的水平和经验有限，书中疏漏和不妥之处在所难免，恳请广大同行、师生及读者指正，多提宝贵意见。

编 者

2022 年 1 月

第一版前言

○○○○○○○○○○○○○○○○○○○○

　　本教材是在《教育部关于加强高职高专教育人才培养工作的意见》《关于加强高职高专教育教材建设的若干意见》等文件精神，以及高职高专的培养目标，即"培养适应生产、建设、管理、服务第一线，德、智、体、美全面发展的高等技术应用性专门人才"的指导下而编写。

　　在编写过程中，遵循高职高专教育的教学规律，充分体现其教育特点，突出能力和素质培养，注重实践技能的训练和提高，尤其注重教材内容的科学性、针对性、应用性和实践性。正确处理理论与实践、局部与整体、微观与宏观、个性与共性、现实与长远、深与浅、宽与窄、详与略等方面的关系。在内容上力求反映当代新知识、新方法和新技术，以保证其先进性；在结构体系上力求既适应于教学，又方便于实际工作，以保证其实用性；在阐述上力求精练，又尽可能地加大信息量，以保证其完整性。

　　在结构体系上与传统方式有较大改变，疾病大类按寄生虫分类系统编排，在此之下则按动物种类编排。这样既保证了教学内容的连贯，又便于理论内容与实验实习的衔接，亦适用于实际生产工作。每个寄生虫病的各部分内容，均分解为条目式阐述，不但为教学提供了方便，亦为教师制作课件搭建了平台。在"病原形态构造"和"生活史"部分，绝大多数都配有插图，使较为抽象的文字叙述变为直观的形象，有助于理解和记忆。

　　为了兼顾教学与实际生产工作，而将操作技术单列。"课堂实验实习项目"应穿插在理论教学中进行；"实践技能训练项目"可在实践技能训练（集中教学实习）时间进行，在有些项目中提供了必要的参考资料。

　　由于寄生虫的区系决定了动物寄生虫病的分布具有较为明显的地区性特点，加之各地区所饲养的动物种类又有所差异，因此，在教学中可根据当地需要和教学时数，有针对性地选择讲授。另外，虽然当地所饲养的动物种群数量较少，但该种动物的一些寄生虫病对人类威胁较大，在公共卫生上具有重大意义，或者考虑出入境检验检疫工作的需要，亦应有所侧重地加以选择。

本教材编写人员分工为（按章顺序排列）：张宏伟编写绪论，第一、二、三、四章，课堂实验实习项目，实践技能训练项目；赵庶吏编写第五章；侯继勇编写第六章；刘孝刚编写第七章；胡士林编写第八、九、十一章；杨廷桂、匡存林编写第十章。张宏伟设计和绘制了插图。全书由张宏伟、杨廷桂统稿，侯继勇协助了统稿工作。本教材由东北农业大学硕士研究生导师宋铭忻教授、路义鑫教授、中国农业科学院兰州兽医研究所博士研究生导师才学鹏研究员审定，在此谨致谢忱。

本教材在编写过程中，得到了相关院校的大力支持，在此一并表示感谢。向参考文献中的作者表示诚挚的谢意。

由于编者水平所限，难免有不足之处，恳请专家和读者赐教指正。

编　者

2006 年 1 月

第三版前言

□□□□□□□□□□□□□□□□□□□□□

本教材是在教育部《关于加强高职高专教育人才培养工作的意见》《关于加强高职高专教育教材建设的若干意见》《关于推进高等职业教育改革发展的若干意见》等文件精神的指导下而编写的。

在编写过程中，遵循高职高专教育的教学规律，充分体现其教育特点，突出职业能力和素质培养，注重实践技能的训练和提高，尤其注重教材内容的科学性、针对性、应用性和实践性。在内容上力求反映当代新知识、新方法和新技术，以保证其先进性；在结构体系上力求既适应于教学，又方便于实际工作，以保证其实用性；在阐述上力求精练，又尽可能地加大信息量，以保证其完整性。

在结构体系上与传统方式有较大改变，疾病大类按寄生虫分类系统编排，而每类中则按动物种类编排。这样既保证了教学内容的连贯，又便于理论内容与实习实训的衔接，亦适用于实际生产工作。每个寄生虫病的各部分内容，均分解为条目式阐述，不但为教学提供了方便，亦为教师制作教学课件搭建了平台。

由于寄生虫的区系决定了动物寄生虫病的分布具有较为明显的地区性特点，加之各地区所饲养的动物种类又有所差异，因此，在教学中可根据当地需要和教学时数，有针对性地选择讲授。另外，虽然当地所饲养的动物种群数量较少，但该种动物的一些寄生虫病对人类威胁较大，在公共卫生上具有重大意义，或者考虑出入境检验、检疫工作的需要，亦应有所侧重地选择。

本教材编写人员分工为：黑龙江生物科技职业学院张宏伟编写绪论、第一章动物寄生虫基础知识、第二章动物寄生虫病基础理论、第三章人兽共患寄生虫病概述、第四章寄生虫免疫基础知识、实践技能训练；黑龙江生物科技职业学院胡喜斌编写第五章吸虫病；山东畜牧兽医职业学院于淼、保定职业技术学院闫永平编写第六章绦虫病；黑龙江职业学院邹洪波、韩晓辉编写第七章线虫病、第八章棘头虫病；上海农林职业技术学院孙维平、河北农业大学陈福星编写第九章蜱螨与昆虫病；江苏畜牧兽医职业技术学院匡存林、黑龙江农业经济职业学院王宏刚编写第十章原虫病。张宏伟设计和绘制了插图并统稿，匡存林协助了统稿工作。本教材由东北农业大学博士研究生导师宋铭忻教授审定。

本教材不足之处，恳请专家和读者赐教指正。

编　者

2012 年 9 月

第三版前言

自 2006 年 8 月普通高等教育"十一五"国家级规划教材《动物寄生虫病》出版以后，在全国高职院校历经 6 年的连续使用，反响良好；根据教育部关于加强高职高专教育人才培养、教材建设和改革发展等方面的文件精神，2012 年 11 月，对第一版教材进行了修订，出版了高等职业教育农业部"十二五"规划教材《动物寄生虫病》（第二版），该教材一直连续使用至今。本教材的前两版在全国涉农高职高专院校相关专业广泛应用，深受教师和同学们的欢迎。随着新的动物寄生虫病的诊断和防治方法不断出现，为使教材保持先进性和实用性，我们组织编者对第二版教材进行了修订。第三版教材以畜牧产业链各岗位典型工作任务为主线，以工作过程为导向，以案例分析为载体，以职业技能培养为重点，在分析高职高专学生学习特点、实际需要和接受能力的基础上，结合动物寄生虫病防治的特点设计成基于工作任务的项目式教材。同时，为适应新时期数字教学需求，教材编写时在关键知识点部分加入了视频、动画等数字资源，扫码即可直接观看，极大地方便了教师教学和学生自学。

本教材在结构体系上与前两版有较大改变，第三版教材按照工作岗位设计了认识动物寄生虫和动物寄生虫病、人畜共患寄生虫病防治、猪寄生虫病防治、牛寄生虫病防治、羊寄生虫病防治、鸡寄生虫病防治、犬寄生虫病防治和其他动物寄生虫病防治 8 个项目，其中包括 33 个任务和 7 个岗位工作任务，共选编了 80 余种动物寄生虫病。根据目前寄生虫病流行情况和畜牧业发展现状，删减了部分理论内容和部分寄生虫病，对一些不常见的寄生虫病以知识拓展的形式展现给读者。

为了贴合现代兽医以预防疫病为主的重要职能，本教材改变了第二版教材中病原、生活史、流行病学、主要症状、病理变化、诊断要点、治疗和防制措施的内容组织形式，而是基于工作过程进行组织内容，在阐述寄生虫病原特征和生活史的基础上，通过典型案例展示，对该寄生虫病的预防、诊断和治疗进行了详细阐述，再现各种寄生虫病的预防、诊断和治疗过程。

本教材紧扣《动物疫病防治员国家职业标准》《动物检疫检验工国家职业标准》《宠物医师国家职业标准》和《执业兽医师考试大纲》而选择教学内容，并引入行业企业技术标准，以适用、够用、实用为度，并力求教材内容具有科学性、针对性、应用性和实用性，并能反映新知识、新方法和新技术。

本教材引入了典型临床案例，促进了理论知识和临床实践的结合，并且每个项目前面设有项目设置描述、学习目标，后面设有岗位操作任务，项目小结和职业能力和职业资格测试，便于学生学习和教师教学。同时，为适应现代高职高专学生的学习习惯和学习方式，配有丰富的实物图片、动画和视频，制作成了立体化教材，更便于学生和教师使用。

本教材的前言、绪论、项目一、项目二由魏冬霞（江苏农牧科技职业学院）和张宏伟（黑龙江生物科技职业学院）编写，项目三由刘红（黑龙江农业职业技术学院）和刘广振（涡阳县农大牧业有限公司）编写，项目四由蔡丙严（江苏农牧科技职业学院）编写，项目五由朱凤云（贵州农业职业学院）编写，项目六由杨靖（新疆农业职业技术学院）编写，项目七由郝菊秋（辽宁职业学院）编写，项目八和附录由付文艳（朔州职业技术学院）和齐富刚（江苏农牧科技职业学院）编写，岗位操作任务由邓艳（广东出入境检验检疫局）和张库食（苏州市吴中区农业农村局）编写。数字资源由来自江苏农牧科技职业学院的刘剑华、匡存林、齐富刚、袁橙、黄银云、蔡丙严和魏冬霞老师制作完成。本教材邀请了扬州大学的陶建平教授和中国检验检疫科学研究院动物检疫研究所吴绍强研究员担任主审。教材还引用了国内外同行已发表的论文、著作，国家标准、地方标准、行业标准及网络资源等，谨向他们表示最诚挚的感谢！

由于编者水平和经验有限，书中疏漏和不妥之处在所难免，恳请广大同行、师生及读者指正，多提宝贵意见。

编　者

2019 年 1 月

目 录

□□□□□□□□□□□□□□□□□□□□

项目一

认识动物寄生虫和动物寄生虫病

【项目设置描述】

本项目是根据执业兽医及其他动物疫病防治、检疫、检验工作人员的工作要求而安排，通过对寄生虫和寄生虫病相关知识的介绍，为各种动物寄生虫病的预防、诊断和治疗奠定基础。

【学习目标与思政目标】

通过本项目的学习，你应能够：认识寄生虫和宿主；能阐明不同类型寄生虫的形态和发育史区别；能陈述动物寄生虫病的危害；能阐明常用的寄生虫病预防、诊断和治疗的方法、技术；能阐明动物寄生虫病预防的常规措施、常用诊断技术、治疗方法。能用辩证思维分析和理解寄生虫与宿主的关系；树立科技自强自立的决心。

任务 1-1　了解寄生虫和宿主

一、寄生生活

自然界中的各种生物均需要有赖以生活、生长、繁殖的生存环境。有些生物适应于自由生活，而有一些生物彼此之间产生了某种相互关系。两种生物生活在一起的现象称为共生生活。根据共生双方的利害关系不同，可将其分为以下三种类型。

1. 互利共生　共生生活中的双方互相依赖，双方获益而互不损害，这种生活关系称为互利共生。例如，寄居在反刍动物瘤胃中的纤毛虫，帮助其分解植物纤维，有利于反刍动物的消化；而瘤胃则为其提供了生存、繁殖需要的环境条件以及营养。

2. 偏利共生　共生生活中的一方受益，而另一方既不受益，也不受害，这种生活关系称为偏利共生，又称共栖。例如，鲫鱼用吸盘吸附在大型鱼类的体表被带到各处觅食，对大鱼没有任何损害，大鱼对鲫鱼也不存在任何依赖。

3. 寄生　共生生活中的一方受益，而另一方受害，这种生活关系称为寄生生活。受益的一方称为寄生物，受损害的一方称为宿主。例如，病毒、立克次体、胞内寄生菌、寄生虫等永久、长期或暂时地寄生于植物、动物和人的体表或体内以获取营养，赖以生存，并损害对方，这类营寄生生活的生物统称为寄生物；而营寄生生活的动物则称寄生虫。

二、寄生虫与宿主的类型

（一）寄生虫的类型

从不同的角度可以将寄生虫分为不同的类型。

1. 内寄生虫与外寄生虫　这是从寄生虫的寄生部位来分。凡是寄生在宿主体内的寄生虫称为内寄生虫，如吸虫、绦虫、线虫等；寄生在宿主体表的寄生虫称为外寄生虫，如蜱、螨、虱等。

2. 单宿主寄生虫与多宿主寄生虫　这是从寄生虫的发育过程来分。凡是发育过程中仅需要1个宿主的寄生虫称为单宿主寄生虫（亦称土源性寄生虫），如蛔虫、球虫等，这类寄生虫分布较为广泛；发育过程中需要多个宿主的寄生虫称为多宿主寄生虫（亦称生物源性寄生虫），如吸虫、绦虫等。

3. 长久性寄生虫与暂时性寄生虫　这是从寄生虫的寄生时间来分。一生都不能离开宿主，否则难以存活的寄生虫称为长久性寄生虫，如旋毛虫等；而只是在采食时才与宿主接触的寄生虫称为暂时性寄生虫，如蚊子等。

4. 专一宿主寄生虫与非专一宿主寄生虫　这是从寄生虫的寄生宿主范围来分。有些寄生虫只寄生于一种特定的宿主，对宿主有严格的选择性，称为专一宿主寄生虫，如马尖尾线虫只寄生于马属动物，鸡球虫只感染鸡等；有些寄生虫能寄生于多种宿主，称为非专一宿主寄生虫，如旋毛虫可以寄生于猪、犬、猫等多种动物和人。有些非专一宿主寄生虫可通过生物媒介在不同宿主之间传播，因此，分布广泛，难于防制。

5. 专性寄生虫与兼性寄生虫　这是从寄生虫对宿主的依赖性来分。寄生虫在生活史中必须有寄生生活阶段，否则，生活史就不能完成，这种寄生虫称为专性寄生虫，如吸虫、绦虫等；既可营自由生活，又能营寄生生活的寄生虫称为兼性寄生虫，如类圆线虫、丽蝇等。

6. 机会致病寄生虫与偶然寄生虫　有些寄生虫在宿主体内通常处于隐性感染状态，但当宿主免疫功能受损时，虫体出现大量繁殖和强致病力，称为机会致病寄生虫，如隐孢子虫；有些寄生虫进入一个不是其正常宿主的生物体内或黏附于其体表，这样的寄生虫称为偶然寄生虫，如啮齿动物的虱偶然叮咬犬或人。

（二）宿主的类型

1. 终末宿主　寄生虫成虫期（性成熟）或有性生殖阶段寄生的宿主称为终末宿主，如人是猪带绦虫的终末宿主。某些寄生虫的有性生殖阶段不明显，这时可将对人最重要的宿主认为是终末宿主，如锥虫。

2. 中间宿主　寄生虫幼虫期或无性生殖阶段寄生的宿主称为中间宿主，如猪是猪带绦虫的中间宿主。

3. 补充宿主　某些寄生虫在发育过程中需要两个中间宿主，第二个中间宿主称为补充宿主，如支睾吸虫的补充宿主是淡水鱼和虾。

4. 贮藏宿主　寄生虫的虫卵或幼虫在其宿主体内虽不发育，但保持对易感动物的感染力，这种宿主称为贮藏宿主，亦称转续宿主或转运宿主，如蚯蚓是鸡蛔虫的贮藏宿主。贮藏宿主在流行病学上具有重要意义。

5. 保虫宿主　某些经常寄生于某种宿主的寄生虫，有时也可寄生于其他一些宿

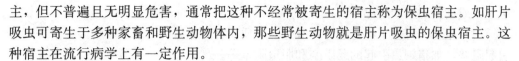

主，但不普遍且无明显危害，通常把这种不经常被寄生的宿主称为保虫宿主。如肝片吸虫可寄生于多种家畜和野生动物体内，那些野生动物就是肝片吸虫的保虫宿主。这种宿主在流行病学上有一定作用。

6. 带虫宿主 宿主被寄生虫感染后，由于机体抵抗力增强或药物治疗，宿主体内仍有一定数量的虫体，处于隐性感染状态，在临床上不表现症状也不发病，并且对该种寄生虫保持着一定的免疫力，这种宿主称为带虫宿主，亦称"带虫者"。带虫者最容易被忽略，常把它们视为健康动物。事实上，带虫者在经常不断地向周围环境中排出病原。

7. 超寄生宿主 许多寄生虫可以作为其他寄生虫的宿主，称为超寄生宿主，如蚊子是疟原虫的超寄生宿主。

8. 传播媒介 通常是指在脊椎动物宿主之间传播寄生虫病的一类动物，主要是指吸血的节肢动物，如蜱在牛之间传播梨形虫等。

寄生虫与宿主的类型只是人为的划分，各类型之间有交叉或重叠，有时并无严格的界限。

三、寄生虫与宿主的相互影响

(一) 寄生虫对宿主的影响

寄生虫侵入宿主，在其体内移行、生长发育和繁殖过程中，对宿主机体产生多种有害作用。主要表现在以下方面：

1. 夺取营养

(1) 夺取营养的方式。寄生虫夺取营养的方式有两种：一种是具有消化器官的寄生虫，用口摄取宿主的血液、体液、组织以及食糜等，经消化器官进行消化和吸收，如吸虫、线虫和昆虫等；另一种是无消化器官的寄生虫，通过体表摄取营养物质，如绦虫依靠体表突出的绒毛吸取营养，棘头虫以布满体表的细孔摄取营养等。

(2) 夺取的营养物质。寄生虫所夺取的营养物质除蛋白质、糖类和脂肪外，还有维生素、矿物质和微量元素。如羊感染肝片形吸虫和鸡感染蛔虫后，肝脏维生素 A 的含量明显减少；人寄生阔节裂头绦虫时所发生的恶性贫血，是寄生虫夺取宿主的大量维生素 B_{12} 所致；100 条羊仰口线虫 1d 所吸血液可达 8mL，使宿主失去 4mg 的铁，犊牛体内有 1 000 条虫体时即可引起死亡；某些血液原虫可大量破坏宿主红细胞，夺取血红蛋白等。

2. 机械性损伤

(1) 固着。寄生虫利用吸盘、小钩、小棘、口囊、吻突等器官，固着于寄生部位，对宿主造成损伤，甚至引起出血和炎症。

(2) 移行。寄生虫从进入宿主至寄生部位的过程称为移行。寄生虫在移行过程中形成"虫道"，破坏了所经过器官或组织的完整性，对其造成严重损伤，如肝片形吸虫囊蚴侵入牛羊消化道后，脱囊的幼虫经门静脉或穿过肠壁从肝脏表面进入肝脏，再穿过肝实质到达肝脏胆管，引起肝实质的损伤和出血。

(3) 压迫。某些寄生虫体积较大，压迫宿主的器官，造成组织萎缩和功能障碍，如寄生于动物和人的棘球蚴可达 5～10cm，压迫肝脏和肺脏。还有些寄生虫虽然体积不大，但由于寄生在宿主的重要生命器官，也会因压迫而引起严重疾病，如囊尾蚴寄生于人或动物的脑和眼部等。

（4）阻塞。寄生于消化道、呼吸道、实质器官和腺体的寄生虫，常因大量寄生而引起阻塞，如猪蛔虫引起的肠阻塞和胆道阻塞等。

（5）破坏。在宿主组织细胞内寄生的原虫，在繁殖中大量破坏组织细胞而引起严重疾病，如泰勒虫和巴贝斯虫破坏红细胞、球虫破坏肠上皮细胞等。

3. 继发感染 一些寄生虫侵袭或侵入宿主时，往往引起其他继发感染，主要表现是：

（1）接种病原。某些昆虫叮咬动物时，将病原微生物注入其体内，这亦是昆虫的传播媒介作用，如某些蚊虫传播流行性乙型脑炎，某些蚤传播鼠疫杆菌，某些蜱传播脑炎、布鲁菌病和炭疽杆菌病等。

（2）携带病原。某些蠕虫在感染宿主时，将病原微生物或其他寄生虫携带到宿主体内，如猪毛尾线虫携带副伤寒杆菌，鸡异刺线虫携带火鸡组织滴虫等。

（3）协同作用。某些寄生虫的侵入可以激活宿主体内处于潜伏状态的病原微生物和条件性致病菌，如仔猪感染食道口线虫后，可激活副伤寒杆菌；还可为病原微生物的侵入打开门户，如移行期的猪蛔虫幼虫，为猪支原体进入猪肺脏创造了条件，从而诱发气喘病；亦可降低宿主抵抗力，促进传染病的发生，如犬感染蛔虫、钩虫和绦虫时，比健康犬更易发生犬瘟热，鸡球虫病时更易发鸡马立克病。

4. 毒性作用 寄生虫的分泌物、排泄物和死亡虫体的分解产物对宿主均有毒性作用，如吸血的寄生虫分泌溶血物质和乙酰胆碱类物质，使宿主血凝缓慢，血液流出量增多；阔节裂头绦虫的分泌物和排泄物可以影响宿主的造血功能而引起贫血。寄生虫的代谢产物和死亡虫体的分解产物又都具有抗原性，可使宿主致敏而引起局部或全身变态反应等免疫病理反应。

（二）宿主对寄生虫的影响

寄生虫一旦进入宿主，机体必然出现防御性生理反应，产生非特异性和特异性的免疫应答。通过免疫应答，宿主对寄生虫产生不同程度的抵抗，力图抑制或消灭侵入的虫体。还有其他一些因素如宿主的自然屏障、营养状况、年龄、种属等也对寄生虫产生不同程度的影响。如一般成年动物和营养状况良好的动物具有较强的抵抗力，或抑制虫体的生长发育，或降低其繁殖力，或缩短其生活期限，或能阻止虫体附着并促其排出体外，或以炎症反应包围虫体，或能沉淀及中和寄生虫的产物等，从而对寄生虫的寄生产生一定的影响。相反，幼龄动物和体弱的动物则很难抵抗寄生虫的侵入和寄生。

（三）寄生虫与宿主相互作用的结果

寄生虫对宿主的影响是对宿主的损害，同时宿主对寄生虫的反应是产生不同程度的免疫力并设法将其清除。相互之间的作用，一般贯穿于从寄生虫侵入宿主、移行、寄生到排出的全部过程中，其结果一般可归纳为三种情况：

1. 完全清除 宿主将寄生虫全部清除，并具有抵御再感染的能力，但寄生虫感染中这种现象极为罕见。

2. 带虫状态 宿主能清除部分寄生虫，并对再感染产生部分抵御能力，大多数寄生虫与宿主的关系属于此类型。

3. 机体发病 宿主不能有效控制寄生虫，寄生虫在宿主体内发育甚至大量繁殖，引起寄生虫病，严重者可以致死。

寄生虫与宿主相互作用会出现何种结果与宿主的遗传因素、营养状态、免疫功能、寄生虫种类、数量等因素有关，这些因素的综合作用决定了宿主的感染程度或疾病状态。

四、寄生虫的生活史

（一）寄生虫生活史的概念和类型

寄生虫完成一代生长、发育和繁殖的全过程称为生活史，亦称发育史。寄生虫的种类繁多，生活史形式多样，简繁不一。根据寄生虫在生活史中有无中间宿主，大体可分为两种类型。

1. 直接发育型　寄生虫完成生活史不需要中间宿主，虫卵或幼虫在外界发育到感染期后直接感染动物或人，此类寄生虫称为土源性寄生虫，如蛔虫、牛羊消化道线虫等。

2. 间接发育型　寄生虫完成生活史需要中间宿主，幼虫在中间宿主体内发育到感染期后再感染动物或人，此类寄生虫称为生物源性寄生虫，如旋毛虫、猪带绦虫等。

（二）寄生虫完成生活史的条件

寄生虫完成生活史必须具备以下条件：

1. 适宜的宿主　适宜的甚至是特异性的宿主是寄生虫建立生活史的前提。

2. 发育到感染性阶段　寄生虫有多个生活阶段，并不是所有的阶段都对宿主具有感染能力。能使动物机体感染的阶段称为感染性阶段或感染期。虫体必须发育到感染性阶段（或称侵袭性阶段），才具有感染宿主的能力。

3. 适宜的感染途径　寄生虫均有特定的感染宿主的途径，如蛔虫感染途径是经口感染。

4. 接触机会　寄生虫必须有与宿主接触的机会。

5. 抵抗力　寄生虫必须能抵御宿主的抵抗力。

6. 移行　移行是指寄生虫从侵入部位，沿一定的路线到达其特定的寄生部位的过程。寄生虫进入宿主体后，往往要经过一定的移行路径才能最终到达其寄生部位，并在此生长、发育和繁殖。

五、寄生虫感染的免疫

机体排除病原体和非病原体异体物质，或已改变了性质的自身组织，以维持机体正常生理平衡的过程，称为免疫反应，或称免疫应答。

（一）免疫的类型

1. 先天性免疫　先天性免疫是动物先天所建立的天然防御能力，它受遗传因素控制，具有相对稳定性，对寄生虫感染具有一定程度的抵抗作用，但没有特异性，一般也不强烈，故又称为非特异性免疫。宿主对寄生虫的抵抗，包括自然抵抗力和恢复力。

（1）自然抵抗力。是指宿主在寄生虫感染之前就已存在，而且被感染后也不提高的抵抗力，又称为自然抗性。这种自然抗性又分为绝对抗性和相对抗性，前者是指宿主对某种寄生虫的侵袭完全不易感；后者是指宿主能降低寄生虫生存的适应性。自然抗性主要是指宿主的皮肤、黏膜的阻隔等物理屏障作用，溶菌酶、干扰素等化学作用，pH、温度等理化环境，以及非特异性吞噬作用和炎性反应等生物学条件。

（2）恢复力。是指被寄生虫感染的个体对损伤恢复和补偿的能力。这种特性是遗传所产生的，与免疫反应无关。

2. 获得性免疫　寄生虫侵入宿主后，抗原物质刺激宿主免疫系统而出现的免疫，称为获得性免疫。这种免疫具有特异性，往往只对激发动物产生免疫的同种寄生虫起作用，故又称为特异性免疫。其宿主对寄生虫产生的抵抗力称为获得性抵抗力，与自然抗性不同的是它是由抗体或细胞介导所产生。获得性免疫大致可分为消除性免疫和非消除性免疫。

（1）消除性免疫。是指宿主能完全消除体内的寄生虫，并对再感染具有特异性抵抗力。但这种免疫状态较为少见。

（2）非消除性免疫。是指寄生虫感染后，虽然可诱导宿主对再感染产生一定程度的抵抗力，但对体内原有的寄生虫不能完全清除，维持在较低的感染状态，使宿主免疫力维持在一定水平上，如果残留的寄生虫被清除，宿主的免疫力也随之消失，这种免疫状态为带虫免疫，如患双芽巴贝斯虫病的牛痊愈后，就会出现带虫免疫现象。

（二）寄生虫免疫的特点

寄生虫免疫具有与微生物免疫所不同的特点，主要体现在免疫复杂性和带虫免疫两个方面。

1. 免疫的复杂性　由于绝大多数寄生虫是多细胞动物，因而组织结构复杂；虫体发育过程存在遗传差异，有些为适应环境变化而产生变异；寄生虫生活史十分复杂，不同的发育阶段具有不同的组织结构。这些因素决定了寄生虫抗原的复杂性，因而其免疫反应也十分复杂。

2. 带虫免疫　带虫免疫是寄生虫感染中常见的一种免疫状态，虽然可以在一定程度上抵抗再感染，但抗寄生虫免疫产生较慢，并伴有活虫或死虫的持续存在，在抗原刺激下虽然能产生某种程度的抵抗力，但这种抵抗力往往并不十分强大和持久（尤其是节肢动物和蠕虫）。这与许多微生物感染后所获得的免疫有所不同。

3. 不完全免疫　即宿主尽管对寄生虫感染能起到一定的免疫作用，但不能将虫体完全清除，以致寄生虫可以在宿主体内生存和繁殖。

（三）寄生虫免疫逃避

寄生虫可以侵入免疫功能正常的宿主体内，有些能逃避宿主的免疫效应，而在宿主体内发育、繁殖、生存，这种现象称为免疫逃避。其主要原因有以下几点。

1. 组织学隔离　寄生虫一般都具有较固定的寄生部位。有些寄生在组织、细胞和腔道中，特殊的生理屏障使之与免疫系统隔离，如寄生在眼部或脑部的囊尾蚴。有些寄生虫在宿主体内形成保护层如棘球蚴囊壁或包囊，在肌肉组织中形成包囊的旋毛虫幼虫也可逃避宿主的免疫效应。另外，还有一些寄生虫寄居在宿主细胞内而逃避宿主的免疫清除。如果寄生虫的抗原不被呈递到感染细胞的外表面，宿主的细胞介导效应系统不能识别感染细胞。有些细胞内的寄生虫，宿主的抗体难以对其发挥中和作用和调理作用。

2. 虫体抗原的改变

（1）抗原变异。寄生虫的不同发育阶段，一般都有其特异性抗原。即使在同一发育阶段。有些虫种抗原亦可产生变化，当宿主对一种抗原的抗体反应刚达到一定程度时，另一种新型的抗原又出现了，总是与宿主特异抗体合成形成时间差，使宿主的免疫效应系统对其失去作用，如锥虫。

（2）抗原模拟与伪装。有些寄生虫体表能表达与宿主组织抗原相似的成分，称为抗原模拟。有些寄生虫能将宿主的抗原分子镶嵌在虫体体表，或用宿主抗原包被，称为抗原伪装。如分体吸虫吸收许多宿主抗原，所以宿主免疫系统不能把虫体作为侵入者识别出来。

（3）表膜脱落与更新。蠕虫虫体表膜不断脱落与更新，与表膜结合的抗体随之脱落，从而出现免疫逃避。

3. 抑制宿主的免疫应答 寄生虫抗原有些可直接诱导宿主的免疫抑制。表现为：使 B 细胞不能分泌抗体，甚至出现继发性免疫缺陷；抑制性 T 细胞（Ts）的激活，可抑制免疫活性细胞的分化和增殖，出现免疫抑制；有些寄生虫的分泌物和排泄物中的某些成分具有直接的淋巴细胞毒性作用，或可以抑制淋巴细胞的激活；有些寄生虫抗原诱导的抗体可结合在虫体表面，不仅对宿主不产生保护作用，反而阻断保护性抗体与之结合，这类抗体称为封闭抗体，其结果是宿主虽抗体滴度较高，但对再感染无抵抗力。

4. 代谢抑制 寄生虫生活史中某些阶段活跃，与宿主相互作用强烈，某些阶段保持静息状态，此时的寄生虫代谢水平降低，较少产生功能性抗原，也就降低了宿主对该阶段寄生虫的免疫识别和攻击，从而使寄生虫成功逃避宿主免疫系统对该阶段虫体的损伤。

（四）免疫的实际应用

由于寄生虫组织结构和生活史复杂等因素，致使获得足够量的特异性抗原还有困难，而其功能性抗原的鉴别和批量生产更为不易。因此，寄生虫免疫预防和诊断等实际应用受到限制，但也取得了一些成果。

1. 免疫预防 目前，对寄生虫感染免疫预防的主要研究方向和方法有以下几个方面。

（1）提取物免疫。给宿主接种已死亡、整体或颗粒性寄生虫或其粗提物，诱导宿主产生获得性免疫，但其保护性极其微小，并可迅速消失。如旋毛虫成虫可溶性抗原和弗氏佐剂配合制备而成的疫苗；猪囊虫全虫匀浆灭活苗等。

相比之下，从寄生虫的分泌物、排泄物，以及宿主体液或寄生虫培养液中提存抗原，给予宿主后所产生的保护力大大提高。其不足是提纯抗原不易批量生产，更不易标准化，但分子生物学技术和基因工程技术为功能抗原的鉴定和生产提供了前景。

（2）虫苗免疫。常见的虫苗有以下几种类型。

①基因工程虫苗免疫。基因工程疫苗是利用 DNA 重组技术，将编码虫体的保护性抗原的基因导入受体菌（如大肠杆菌）或细胞，使其高度表达，表达产物经纯化复性后，加入或不加入免疫佐剂而制成的疫苗，如鸡球虫疫苗。

②DNA 虫苗免疫。DNA 疫苗又称核酸疫苗或基因疫苗。是利用 DNA 技术，将编码虫体的保护性抗原的基因插入到真核表达载体中，通过注射接种到宿主体内（皮下、肌肉、静脉、腹腔），在其体内表达后，可诱导产生特异性免疫，如羊绦虫的 DNA 虫苗免疫。

③致弱虫苗免疫。通过人工致弱或筛选，使寄生虫自然株变为无致病力或弱毒且保留保护性免疫源性的虫株，免疫宿主使其产生免疫，如鸡球虫弱毒苗，弓形虫、枯氏锥虫、牛羊网尾线虫致弱虫苗等。

④异源性虫苗免疫。利用与强致病力有共同保护性抗原且致病力弱的异源虫株免疫宿主，使其对强致病力的寄生虫产生免疫保护力，如用日本分体吸虫动物株免疫猴，能产生对日本分体吸虫人类株的保护力。

（3）非特异性免疫。是对宿主接种非寄生虫抗原物质，以增强其非特异性免疫力。如给啮齿动物接种卡介苗（BCG）免疫增强剂，可不同程度地保护其对巴贝斯虫、疟原虫、利什曼原虫、分体吸虫和棘球蚴的再感染。

2. 免疫学诊断　免疫学诊断是利用寄生虫所产生的抗原与宿主产生的抗体之间的特异性反应，或其他免疫反应而进行的诊断，如变态反应、沉淀反应、凝集反应、补体结合试验、免疫荧光抗体技术、免疫酶技术、放射免疫分析技术、免疫印渍技术等。目前，在我国这些免疫学诊断方法已应用到一些重要寄生虫病的诊断，如猪囊尾蚴病、棘球蚴病、弓形虫病、日本血吸虫病、肝片吸虫病、旋毛虫病、卫氏并殖吸虫病和锥虫病等。这些方法具有简便、快速、敏感、特异等优点，但有时也可能出现假阳性或假阴性。

六、寄生虫的分类和命名

（一）分类

1. 寄生虫分类的依据　在寄生虫的同一群体内，以其基本特征尤其是形态特征的相似作为分类的依据。

2. 寄生虫分类的方法　依据各种寄生虫之间相互关系的密切程度，分别组成不同的分类阶元。寄生虫分类的最基本单位是种，是指具有一定形态学特征和遗传学特性的生物类群。近缘的种集合成属，近缘的属集合成科，以此类推为目、纲、门、界。为了更加细致地表达相近程度，还可有亚门、亚纲、亚目、超科、亚科、亚属、亚种或变种等。如肝片形吸虫，隶属于动物界、扁形动物门、吸虫纲、复殖目、片形科、片形属。

与动物医学有关的寄生虫主要隶属于扁形动物门吸虫纲、绦虫纲；线形动物门线虫纲；棘头动物门棘头虫纲；节肢动物门蛛形纲、昆虫纲；环节动物门蛭纲；还有原生动物亚界原生动物门等。

为了表述方便，习惯上将吸虫纲、绦虫纲、线虫纲的寄生虫统称为蠕虫；昆虫纲的寄生虫称为昆虫；原生动物门的寄生虫称为原虫。由其所致的寄生虫病则分别称为动物蠕虫病、动物昆虫病、动物原虫病。蛛形纲的寄生虫主要为蜱、螨。

寄生虫的种类繁多，随着对寄生虫的形态学、生态学、遗传学、分子生物学等方面的进一步研究，寄生虫的分类也在不断改变。

（二）命名

1. 寄生虫的命名　国际公认的生物命名规则为双名制法，用此方法为寄生虫规定的名称称为寄生虫的学名，即科学名。学名由两个不同的拉丁文或拉丁化文字单词组成，属名在前，种名在后。例如，日本分体吸虫的学名为 *Schistosoma japonicum*，其中 *Schistosoma* 意为分体属，*japonicum* 意为日本种。属名第一个字母大写，种名字母全部小写。学名用斜体。

2. 寄生虫病的命名　寄生虫病的命名原则上以寄生虫属名定为病名，如阔盘属的吸虫所引起的寄生虫病称为阔盘吸虫病。但在习惯上也有突破这一原则的情况，如牛羊消化道线虫病，就是若干个属的线虫所引起寄生虫病的统称。在某属寄生虫只引起一种动物发病时，通常在病名前冠以动物种名，如鸭鸟蛇线虫病。

任务 1-2　认识各类寄生虫及其生活史

一、吸虫的形态构造和生活史

认识吸虫

吸虫是扁形动物门吸虫纲的动物，包括单殖吸虫、盾殖吸虫和复殖吸虫三大类。寄生于畜、禽的吸虫以复殖吸虫为主，可寄生于畜禽肠道、结膜囊、肠系膜静脉、肾和输尿管、输卵管及皮下部位。兽医临床上常见的吸虫主要有肝片吸虫、姜片吸虫、日本分体吸虫、华支睾吸虫、并殖吸虫、阔盘吸虫、前殖吸虫、前后盘吸虫、棘口吸虫等。

（一）吸虫的形态构造

1. 外部形态　虫体多呈背腹扁平的叶状，有的似圆形或圆柱状。为乳白色、淡红色或棕色。长度范围在0.3～75mm。体表光滑或有小刺、小棘等。有两个杯状吸盘，围绕口孔的为口吸盘，腹面的腹吸盘位置不定，在后端的称为后吸盘，个别虫体无腹吸盘。

2. 体壁　吸虫无表皮，体壁由皮层和肌层构成皮肌囊。皮层具有抗宿主消化酶和保护虫体的作用，具有分泌、排泄、吸收营养物质、氧气和二氧化碳交换等功能。肌层由三层组成，是虫体伸缩活动的组织。无体腔，皮肌囊内由网状组织包裹着各器官。

3. 内部构造（图1-1）

（1）消化系统。包括口、前咽、咽、食道和肠管。口通常位于口吸盘中央。前咽短小或缺，咽后接食道，下分两条肠管，沿体侧至后部，其末端为盲管称为盲肠。无肛门，肠内废物经口排出体外。

（2）排泄系统。由分布虫体各处的焰细胞收集排泄物，经毛细管、集合管、排泄总管集中到排泄囊，由末端的排泄孔排出体外。焰细胞的数目与排列，在吸虫分类上具有重要意义。

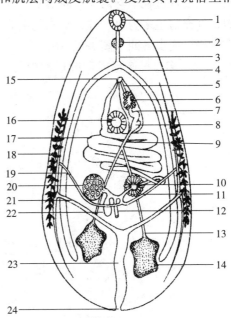

图1-1　吸虫构造示意

1. 口吸盘　2. 咽　3. 食道　4. 肠　5. 雄茎　6. 前列腺
7. 雄茎囊　8. 贮精囊　9. 输精管　10. 卵模　11. 梅氏腺　12. 劳氏管　13. 输出管　14. 睾丸　15. 生殖孔　16. 腹吸盘　17. 子宫　18. 卵黄腺　19. 卵黄管　20. 卵巢　21. 排泄管　22. 受精囊　23. 排泄囊　24. 排泄孔

（3）神经系统。在咽的两侧各有1个神经节，相当于神经中枢，由此向前后各发出3对神经干，分布于虫体背、腹和两侧，神经末梢分布到口、咽、腹吸盘等器官。在皮层有许多感觉器。

（4）生殖系统。吸虫除分体吸虫外，均为雌雄同体。生殖系统发达。

雄性生殖器官包括睾丸、输出管、输精管、贮精囊、射精管、前列腺、雄茎、雄茎囊和生殖孔等。多数为2个睾丸，圆形、椭圆形或分叶，左右或前后排列在腹吸盘后或虫体后半部。睾丸发出的输出管汇合为输精管，远端膨大为贮精囊，通入射精管，其末端为雄茎。贮精囊至雄茎周围有前列腺，这些器官被包围在雄茎囊内。有些吸虫无雄茎囊。雄茎可伸出生殖孔外，与雌性生殖器官交配。

雌性生殖器官包括卵巢、输卵管、卵模、受精囊、梅氏腺、卵黄腺、子宫及生殖孔等。卵巢常偏于虫体一侧，所发出的输卵管与受精囊及卵黄总管相接。虫体两侧有许多卵黄滤泡组成的卵黄腺，左右两条卵黄管汇合为卵黄总管。卵黄总管与输卵管汇合处的囊腔为卵模，其周围的单细胞腺为梅氏腺。

成熟的卵细胞由卵巢的收缩作用移向输卵管，与受精囊中的精子相遇受精后进入卵模。卵黄腺分泌的卵黄颗粒与梅氏腺的分泌物进入卵模形成卵壳。虫卵由卵模进入与此相连的子宫，成熟后通过阴道经生殖孔排出。阴道与雄茎多开口于一个共同的生殖腔，再经生殖孔通向体外。

另外，有的吸虫还有淋巴系统，具有输送营养物质的功能。

（二）吸虫生活史

吸虫在发育过程中均需要中间宿主，有的还需要补充宿主。中间宿主为淡水螺或陆地螺；补充宿主多为鱼、蛙、螺或昆虫等。发育过程有虫卵、毛蚴、胞蚴、雷蚴、尾蚴、囊蚴、成虫各期（图1-2、图1-3）。

1. 虫卵　多呈椭圆形或卵圆形，为灰白、淡黄至棕色，具有卵盖（分体吸虫除

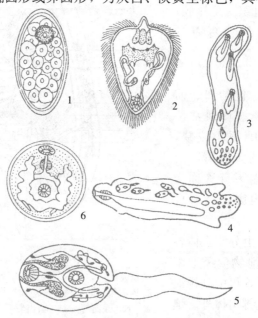

图1-2　吸虫各期幼虫形态

1. 虫卵　2. 毛蚴　3. 胞蚴　4. 雷蚴　5. 尾蚴　6. 囊蚴

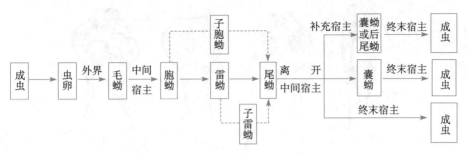

外）。有些虫卵在排出时只含有胚细胞和卵黄细胞，有的已发育有毛蚴。

认识绦虫

2. 毛蚴　外形似等边三角形，外被有纤毛，运动活泼。消化道、神经和排泄系统开始分化。卵在水中完成发育，毛蚴从卵盖破壳而出游于水中，在 1～2d 遇到适宜的中间宿主，即利用其头腺钻入螺体，脱去纤毛发育为胞蚴。

3. 胞蚴　呈包囊状，营无性繁殖，在体内生成雷蚴。

4. 雷蚴　呈包囊状，营无性繁殖。有的吸虫只有 1 代雷蚴，有的则有母雷蚴和子雷蚴两期。雷蚴发育为尾蚴由产孔排出，在螺体内停留一段时间，成熟后逸出螺体，游于水中。

5. 尾蚴　由体部和尾部构成。除原始的生殖器官外，其他器官均开始分化。尾蚴在水中运动活跃，黏附在某些物体上形成囊蚴感染终末宿主；或直接经皮肤钻入终末宿主体内，脱去尾部，移行到寄生部位发育为成虫。有些吸虫的尾蚴需进入补充宿主体内发育为囊蚴再感染终末宿主。

6. 囊蚴　由尾蚴脱去尾部形成包囊发育而成，呈圆形或卵圆形。囊蚴通过其附着物或补充宿主进入终末宿主的消化道内，囊壁被消化溶解，幼虫破囊而出，移行至寄生部位发育为成虫。

二、绦虫的形态构造和生活史

（一）绦虫的形态构造

寄生于动物和人体的绦虫以圆叶目绦虫为多，其次是假叶目。现以**圆叶目**为例。

1. 外部形态　绦虫呈扁平的带状，多为乳白色，大小自数毫米至 10m 以上。从前至后分为头节、颈节与体节 3 部分。

（1）头节。头节位于虫体的最前端，为吸附和固着器官，种类不同，形态构造差别很大。圆叶目绦虫的头节上有 4 个圆形或椭圆形的吸盘，对称地排列在头节的四面，如微小膜壳绦虫、肥胖带绦虫、链状带绦虫等。有的绦虫头节顶端中央有顶突，其上有 1 排或数排小钩，也起固着作用，如链状带绦虫。顶突的有无、其上小钩的排列和数目，具有种的鉴定意义。假叶目绦虫的头节一般为指形，其背、腹面各有 1 个沟样的吸槽，如曼氏迭宫绦虫的头节（图 1-4）。

（2）颈节。纤细，体节由此生长而成。

（3）体节。由数节至数千节的节片组成。按生殖器官发育程度分成 3 个部分，接颈节的节片由于生殖器官尚未发育成形，称未成熟节片（幼节）；其后已形成两性生殖器官，称成熟节片（成节）；最后部分节片的生殖器官逐渐退化消失，只有充满虫

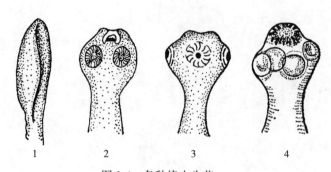

图1-4　各种绦虫头节

1. 曼氏迭宫绦虫　2. 微小膜壳绦虫　3. 肥胖带吻绦虫　4. 链状带绦虫

卵的子宫，称孕卵节片（孕节）。

2. 体壁　绦虫体表为皮层，其下为肌层，没有体腔，各器官包埋于实质内。

3. 内部构造（图1-5）

（1）神经系统。神经中枢在头节中，自中枢发出两条大的和几条小的纵神经干，贯穿于各个链节，直达虫体后端。

（2）排泄系统。起始于焰细胞，由焰细胞发出来的细管汇集成为排泄管，与虫体两侧的纵排泄管相连，纵排泄管与每一体节后缘的横管相通，在最后体节后缘中部有1个总排泄孔通向体外。

（3）生殖系统。绦虫多为雌雄同体，即每个成熟节片中都具有1组或2组雄性和雌性生殖系统，故绦虫生殖器官十分发达。

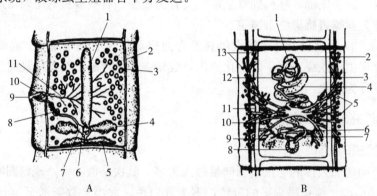

图1-5　绦虫构造

A. 圆叶目　1. 子宫　2. 排泄管　3. 睾丸　4. 卵巢　5. 卵黄腺　6. 梅氏腺　7. 受精囊　8. 阴道　9. 生殖孔　10. 雄茎囊　11. 输精管

B. 假叶目　1. 雄茎　2. 雄茎囊　3. 阴道　4. 子宫　5. 睾丸　6. 卵黄管　7. 受精囊　8. 梅氏腺　9. 卵巢　10. 卵黄腺　11. 排泄管　12. 输精管　13. 睾丸

雄性生殖器官有睾丸1个至数百个，呈圆形或椭圆形，输出管互相连接成网状，在节片中央部附近会合成输精管。输精管曲折向节片边缘，并有两个膨大部，一个在雄茎囊外，称为外贮精囊，另一个在雄茎囊内，称为内贮精囊。输精管末端为射精管和雄茎，雄茎可自生殖腔伸出体节边缘，生殖腔开口处为生殖孔。内贮精囊、射精管、前列腺及雄茎的大部分均包含在圆形的雄茎囊内。

雌性生殖器官有处在中心位置的卵模，其他器官均与此相通。卵巢在节片的后半部，一般呈两瓣状，均为许多细胞组成，各细胞有小管，最后汇合成1支输卵管通入卵模。阴道的膨大部分为受精囊，近端通入卵模，远端开口于生殖腔的雄茎下方。卵黄腺分为2叶或1叶，在卵巢附近，由卵黄管通向卵模。子宫一般为盲囊状，并且有袋状分支，由于没有开口，虫卵不能自动排出，须孕卵节片脱落破裂时才散出虫卵。虫卵内含具有3对小钩的胚胎，称六钩蚴。有些绦虫包围六钩蚴的内胚膜形成突起，似梨籽形状而称梨形器。有些绦虫的子宫退化消失，若干个虫卵被包围在称为副子宫或子宫周围器的袋状腔内。

绦虫没有消化系统，通过体表吸收营养物质。

假叶目绦虫头节一般为双槽型。分节明显或不明显。生殖器官节常有1套。子宫向外开口，虫卵随宿主粪便排出体外。孕卵节片内的子宫常呈弯曲管状。成虫多寄生于鱼类。

（二）绦虫生活史

绦虫的生活史比较复杂，绝大多数在发育过程中都需1个或2个中间宿主。绦虫的受精方式主要为同体节受精，也有异体节受精和异体受精。

1. 圆叶目绦虫　绦虫寄生于终末宿主的小肠内，孕卵节片（或孕卵节片先已破裂释放出虫卵）随粪便排出体外，被中间宿主吞食后，卵内六钩蚴逸出，在寄生部位发育为绦虫蚴期（幼虫期），亦称为中绦期。如果以哺乳动物作为中间宿主，在其体内发育为囊尾蚴、多头蚴、棘球蚴等类型中的一种；如果以节肢动物和软体动物等无脊椎动物作为中间宿主，则发育为似囊尾蚴。以上各种类型的幼虫被各自固有的终末宿主吞食，在其消化道内发育为成虫（图1-6）。

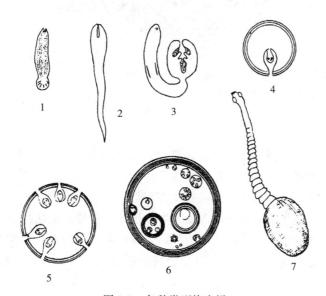

图1-6　各种类型绦虫蚴
1. 原尾蚴　2. 裂头蚴　3. 似囊尾蚴　4. 囊尾蚴　5. 多头蚴　6. 棘球蚴　7. 链尾蚴

2. 假叶目绦虫　虫卵随宿主粪便排出体外，在水中适宜条件下孵化为钩毛蚴（钩球蚴），被中间宿主（甲壳纲昆虫）吞食后发育为原尾蚴，含有原尾蚴的中间宿主被补充宿主（鱼、蛙类或其他脊椎动物）吞食后发育为实尾蚴（裂头蚴），终末宿主吞食带有实尾蚴的补充宿主而感染，在其消化道内经消化液作用，蚴体吸附在肠壁上发育为成虫。

三、线虫的形态构造和生活史

（一）线虫的形态构造

认识线虫

1. 外部形态 线虫一般呈圆柱形或纺锤形，有的呈毛发状。前端钝圆，后端较尖细。活体呈乳白色或淡黄色，吸血虫体略带红色。线虫大小差别很大，小的仅1mm左右，最长可达1m以上。均为雌雄异体，一般为雄虫小，雌虫大。

2. 体壁 线虫体壁由角皮（角质层）、皮下组织和肌层构成。角皮光滑或有横纹、纵线等。有些线虫体表还常有由角皮参与形成的特殊构造，如头泡、颈泡、唇片、叶冠、颈翼、侧翼、尾翼、乳突、交合伞等，有附着、感觉和辅助交配等功能，其位置、形状和排列是分类的依据。皮下组织在背面、腹面和两侧的中部增厚，形成四条纵索，在两侧索内有排泄管，背索和腹索内有神经干。体壁包围的腔（假体腔）内充满液体，其中有器官和系统（图1-7）。

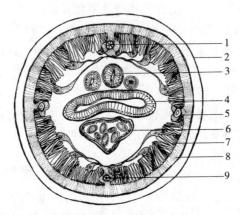

图 1-7 线虫横切面

1. 背神经 2. 角皮 3. 卵巢 4. 肠道 5. 排泄管 6. 子宫 7. 肌肉 8. 皮下组织 9. 腹神经

（朱兴全 . 2006. 小动物寄生虫病学）

3. 内部构造

（1）消化系统。包括口孔、口腔、食道、肠、直肠、肛门。口孔位于头部顶端，常有唇片围绕，无唇片者，有的在口缘部发育为叶冠、角质环（口领）等。有些线虫的口腔内形成硬质构造，称为口囊，有些在口腔中有齿或切板等。食道多呈圆柱状、棒状或漏斗状，有些线虫的食道后部膨大为食道球。食道的形状在分类上具有重要意义。食道后为管状的肠、直肠，末端为肛门。雌虫肛门单独开口。雄虫的直肠和肛门与射精管汇合为泄殖腔，开口在泄殖孔，其附近乳突的数目、形状和排列具有分类意义。

（2）排泄系统。有两条从后向前延伸的排泄管在虫体前部相连，排泄孔开口于食道附近的腹面中线上。有些线虫无排泄管而只有排泄腺。

（3）神经系统。位于食道部的神经环相当于中枢，由此向前后各伸出若干条神经干，分布于虫体各部位。线虫体表有许多乳突，如头乳突、唇乳突、颈乳突、尾乳突或生殖乳突等，均是神经感觉器官。

（4）生殖系统。线虫雌雄异体。雌虫尾部较直，雄虫尾部弯曲或蜷曲。雌虫和雄虫的生殖器官均呈简单弯曲并相通的管状，形态上几乎没有区别。

雌性生殖器官多数为双管型（双子宫型），即有两组生殖器官，2条子宫最后汇合成1条阴道。少数为单管型（单子宫型），由卵巢、输卵管、子宫、受精囊、阴道和阴门组成。有些线虫无受精囊或阴道。阴门的位置在虫体腹面的前、中、后部不定，其位置及形态具有分类意义。有些线虫的阴门被有表皮形成的阴门盖。

雄性生殖器官为单管型，由睾丸、输精管、贮精囊和射精管组成，开口于泄殖腔。许多线虫还有辅助交配器官，如交合刺、导刺带、副导刺带、性乳突和交合伞，具有分类鉴定意义。交合刺多为2根，包藏在交合鞘内并能伸缩，在交配时有掀开雌虫生殖孔的功能。导刺带具有引导交合刺的作用。交合伞为对称的叶状膜，由肌质的腹肋、侧肋和背肋支撑，在交配时具有固定雌虫的功能（图1-8～图1-10）。

线虫无呼吸器官和循环系统。

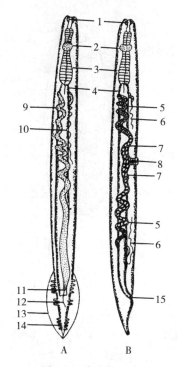

图1-8 线虫构造

A. 雄虫   B. 雌虫

1. 口腔 2. 神经节 3. 食道 4. 肠 5. 输卵管
6. 卵巢 7. 子宫 8. 生殖孔 9. 输精管
10. 睾丸 11. 泄殖腔 12. 交合刺
13. 翼膜 14. 乳突 15. 肛门

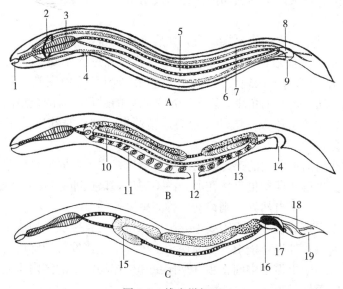

图1-9 线虫纵切面

A. 消化系统、分泌系统、神经系统 1. 口腔 2. 神经环 3. 食道 4. 排泄孔
5. 肠 6. 腹神经索 7. 神经索 8. 直肠 9. 肛门
B. 雌性生殖系统 10. 卵巢 11. 子宫 12. 阴门 13. 虫卵 14. 肛门
C. 雄性生殖系统 15. 睾丸 16. 交合刺 17. 泄殖腔 18. 肋 19. 交合伞

（朱兴全 . 2006. 小动物寄生虫病学）

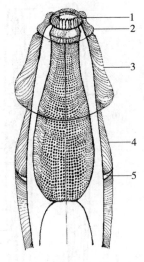
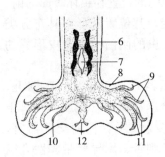

图 1-10　线虫角皮的分化构造

1. 叶冠　2. 头泡　3. 颈泡　4. 颈翼　5. 颈乳突　6. 交合刺
7. 引器　8. 背叶　9. 腹肋　10. 外背肋　11. 侧肋　12. 背肋

(朱兴全 . 2006. 小动物寄生虫病学)

(二) 线虫生活史

1. 线虫的生殖方式　线虫有 3 种生殖方式，大部分为卵生，有的为卵胎生或胎生。

(1) 卵生。卵生时有 3 种情况，一种是虫卵的胚胎处于单细胞期的尚未分裂状态，如蛔虫类、毛首线虫类；还有一种是胚胎处于早期分裂状态，如钩虫类；另外一种是胚胎处于晚期分裂状态，如某些圆线虫卵。

(2) 卵胎生。雌虫产出的虫卵内已经形成幼虫，如后圆线虫类、类圆线虫类和多数旋尾线虫类。

(3) 胎生。雌虫产出的是早期幼虫，如旋毛虫类和犬心丝虫类。

2. 线虫的基本发育方式　线虫的典型发育都要经过 5 个幼虫期，每期之间均要进行蜕皮 (蜕化)，故有 4 次蜕皮。前 2 次蜕皮在外界环境中完成，后 2 次在宿主体内完成。蜕皮是幼虫蜕去旧角皮，新生一层新角皮的过程。有的线虫的幼虫蜕皮后的旧角皮仍然包裹在幼虫体表，该幼虫称为披鞘幼虫。蜕皮时幼虫处于不生长、不采食、不活动的休眠状态。

绝大多数线虫的虫卵内的第 1 期幼虫经过 2 次蜕皮后，即发育到第 3 期幼虫时才具有感染性。如果第 3 期幼虫仍然在卵壳内不孵出，该虫卵称为感染性虫卵；如果幼虫从卵内孵出，生活于自然界，则该幼虫称为感染性幼虫。

根据线虫在发育过程中需不需要中间宿主，可分为直接发育型线虫和间接发育型线虫。前者系幼虫在外界环境中 (如粪便和土壤) 中直接发育到感染阶段，故又称土源性线虫；后者的幼虫需在中间宿主 (如昆虫和软体动物) 的体内方能发育到感染阶段，故又称生物源性线虫。

四、棘头虫的形态构造和生活史

(一) 棘头虫的形态构造

1. 外部形态　棘头虫一般呈椭圆、纺锤或圆柱形等。大小为 1～65cm，多数在

认识棘头虫

25cm左右。一般分为细短的前体和粗长的躯干两部分。前端为一个可伸缩的吻突，其上排列有许多角质的倒钩或棘，故称棘头虫。颈部较短。体表常由于吸收宿主的营养物质而呈不同的颜色。

2. 体壁　体壁由5层固有体壁和2层肌肉组成，由表及里分别为上角皮、角皮、条纹层、覆盖层、辐射层，再下为基膜和由结缔组织围绕着的环肌层和纵肌层。肌层内是假体腔，无体腔膜。角皮上的密集小孔具有吸收营养的功能。

3. 内部构造

（1）腔隙系统。由贯穿身体的背、腹或两侧纵管和与此相连的细微横管网系组成。是贮藏营养的地方。

（2）吻囊。为肌质囊，由肌鞘和吻突壁的内侧面相连，悬系于假体腔内。

（3）吻腺。又称"系带"或"棒"。呈长形，附着于吻囊两侧的体壁上，悬垂于假体腔中。在吻突伸缩时，吻腺具有调节前体部腔隙液的功能。

（4）韧带囊。为结缔组织构成的空管状构造。从吻囊起贯穿全长，包围着生殖器官。性成熟雌虫的韧带囊常破裂而成为带状物。

（5）排泄器官。由1对位于生殖系统两侧的原肾组成，包含许多焰细胞和收集管，通过左右原肾管汇合成1条单管通入排泄囊，再连接于雄虫的输精管或雌虫的子宫与外界相通。

（6）神经系统。中枢是位于吻鞘内收缩肌上的中央神经节，从此发出神经达各器官组织。

（7）生殖系统。棘头虫为雌雄异体。

雄虫有2个前后排列的圆形或椭圆形睾丸，被包裹在韧带囊中。每个睾丸的输出管汇合成一条输精管。睾丸的后方有黏液腺、黏液囊和黏液管，黏液管与射精管相连。体后端有一肌质的交配器官，包括雄茎和一个可以伸缩的交合伞。

雌虫的卵巢在背韧带囊壁上发育，以后逐渐崩解为卵球或浮游卵巢。子宫钟呈倒置的钟形，前端为一大的开口，后端的窄口与子宫相连。在子宫钟的后端有侧孔与开口于背韧带囊或假体腔（当韧带囊破裂时）。子宫后为阴道，末端为阴门。

（二）棘头虫生活史

雌虫与雄虫交配后，成熟的虫卵由子宫钟进入子宫，经阴道、阴门排出体外。成熟的卵内含有幼虫，称为棘头蚴。棘头蚴被甲壳类动物或昆虫等中间宿主吞入，在其体内发育为棘头体，然后发育为感染性幼虫棘头囊。终末宿主吞入含有棘头囊的中间宿主而感染，在其体内发育为成虫。在某些情况下，棘头虫的生活史可能有贮藏宿主，如蛙、蛇或蜥蜴等脊椎动物。

五、节肢动物的形态构造和基本发育过程

（一）节肢动物的形态构造

认识节肢动物

虫体左右对称，躯体和附肢（如足、触角、触须等）既分支，又是对称结构；体表由几丁质及其他无机盐沉着而成，称为外骨骼，具有保护内部器官和防止水分蒸发的功能，与内壁所附肌肉共同完成动作，当虫体发育中体形变大时则必须蜕去旧表皮而产生新的表皮，这一过程称为蜕皮。

1. 蛛形纲　躯体呈椭圆形或圆形，分头胸和腹两部，或者头、胸、腹融合。假头突出在躯体前或位于躯体前端腹面，由口器和假头基组成，口器由 1 对螯肢（第 1 对，是采食器官）、1 对须肢（第 2 对，能协助采食和交配）、1 个口下板组成。成虫有足 4 对。有的有单眼。以气门或书肺呼吸。

2. 昆虫纲 主要特征是身体分为头、胸、腹三部，头上有触角 1 对，胸部有足 3 对，腹部无附肢。

（1）头部。头部有眼、触角和口器。绝大多数为 1 对复眼，由许多六角形小眼组成，为主要的视觉器官。有的亦为单眼。触角着生于头部前面的两侧。口器是昆虫的摄食器官，由于昆虫的采食方式不同，其口器的形态和构造亦不相同，主要有咀嚼式、刺吸式、刮舐式、舐吸式及刮吸式 5 种口器。

（2）胸部。胸部分前胸、中胸和后胸，各胸节的腹面均有足 1 对，分别称前足、中足和后足。多数昆虫的中胸和后胸的背侧各有翅 1 对，分别称前翅和后翅。双翅目昆虫仅有前翅，后翅退化为平衡棒。有些昆虫翅完全退化，如虱、蚤等。

（3）腹部。腹部由 8 节组成，但有些昆虫的腹节互相愈合，通常可见的节数没有那么多，如蝇类只有 5～6 节，腹部最后数节变为雌雄外生殖器。

（4）内部。体腔为混合体腔，因其充满血液，所以又称为血腔。多数利用鳃、气门或书肺来进行气体交换。具有触、味、嗅、听觉及平衡器官，具有消化和排泄系统。雌雄异体，有的为雌雄异形。

（二）基本发育过程

蛛形纲的虫体为卵生，从卵孵出的幼虫，经过若干次蜕皮变为若虫，再经过蜕皮变为成虫，其间在形态和生活习性上基本相似。若虫和成虫在形态上相同，只是体形小和性器官尚未成熟。

昆虫纲的昆虫多为卵生，极少数为卵胎生。发育具有卵、幼虫、蛹、成虫 4 个形态与生活习性都不同的阶段，这一类称为完全变态；另一类无蛹期，称为不完全变态。发育过程中都有变态和蜕皮现象。

六、原虫的形态构造和生殖方式

认识原虫

原虫即是原生动物，能由一个细胞进行和完成生命活动的全部功能。寄生于动物的腔道、体液、组织和细胞内。

（一）原虫的形态构造

1. 基本形态构造 原虫微小，多数在 $1\sim30\mu m$，有圆形、卵圆形、柳叶形或不规则等形状，其不同发育阶段可有不同的形态。原虫的基本构造包括细胞膜、细胞质和细胞核三部分。

（1）细胞膜。是由 3 层结构的单位膜组成，能不断更新，细胞膜可保持原虫的完整性，并参与摄食、营养、排泄、运动、感觉等生理活动。有些寄生性原虫的细胞膜带有多种受体、抗原、酶类，甚至毒素。

（2）细胞质。中央区的细胞质称为内质，周围区的称为外质。内质呈溶胶状态，含有细胞核、线粒体、高尔基体等。外质呈凝胶状态，具有维持虫体结构的作用。鞭毛、纤毛的基部均包埋于外质中。

（3）细胞核。多数为囊泡状（纤毛虫除外），染色质在核的周围或中央，有 1 个或多个核仁（图 1-11）。

2. 运动器官 原虫运动器官有鞭毛、纤毛、伪足和波动嵴。

（1）鞭毛。由中央的轴丝和外鞘构成。轴丝起始于细胞质中的一个小颗粒，称为毛基体。

（2）纤毛。结构与鞭毛相似，但较短，密布于虫体表面。

（3）伪足。可以引起虫体运动以获取食物。

（4）波动嵴。是孢子虫定位的器官。只有在电子显微镜下才可见到。

3. 特殊细胞器 一些原虫有动基体和顶复合器等特殊的细胞器。动基体呈点状或杆状，位于毛基体后，是重要的生命器官。顶复合器是顶复门原虫在生活史的某些阶段所具有的特殊结构，只有在电子显微镜下才可见到。

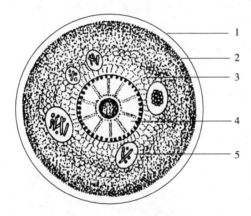

图 1-11 原虫形态结构
1. 细胞膜 2. 外质 3. 内质 4. 细胞核 5. 食物泡

（二）艾美耳科原虫的形态构造

艾美耳科原虫又称球虫，宿主范围十分广泛，因其涉及多种动物寄生虫病，故在此叙述。

艾美耳科原虫属于孢子虫纲、球虫亚纲、真球虫目、艾美耳亚目。艾美耳科的虫体为单宿主寄生。裂殖生殖和配子生殖在宿主细胞内进行，孢子生殖通常在宿主体外进行。具有感染性的卵囊必须含有子孢子，即孢子化卵囊。一般根据卵囊内的孢子囊数目和每个孢子囊内子孢子的数目分属。本科的形态构造以艾美耳属最具代表性。

1. 艾美耳属 卵囊壁1层或2层，内壁有一层膜。可有卵膜孔，孔上有一小盖称极帽。卵囊内有4个孢子囊，每个孢子囊内有2个子孢子。孢子囊一端有一突起称斯氏体。子孢子呈一端尖、一端钝的香蕉形。卵囊和孢子囊内均有形成后

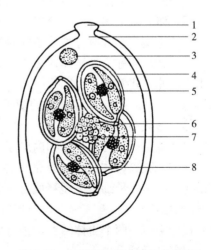

图 1-12 艾美耳属球虫孢子化卵囊
1. 极帽 2. 微孔 3. 极粒 4. 孢子囊
5. 子孢子 6. 斯氏体 7. 卵囊残体 8. 孢子囊残体

的剩余物质，称为卵囊残体和孢子囊残体（图1-12）。几乎感染所有的家畜及一些鸟类，但各自有特定的虫种。

2. 等孢属 卵囊内有2个孢子囊，每个孢子囊内有4个子孢子。可以感染多种动物，对猪、犬、猫危害较大。

3. 温杨属 卵囊内有4个孢子囊，每个孢子囊内有4个子孢子。主要寄生于鸭。

4. 泰泽属 卵囊内有8个裸露的子孢子，无孢子囊。主要寄生于鹅。

（三）原虫的生殖方式

原虫的生殖有无性生殖和有性生殖两种方式（图1-13）。

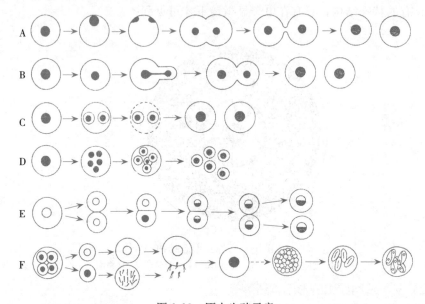

图1-13 原虫生殖示意

A. 二分裂　B. 外出芽生殖　C. 内出芽生殖　D. 裂殖生殖　E. 接合生殖　F. 配子生殖

1. 无性生殖

（1）二分裂。分裂由毛基体开始，依次为动基体、细胞核、细胞质，形成两个大小相等的新个体。鞭毛虫为纵二分裂，纤毛虫为横二分裂。

（2）裂殖生殖。亦称复分裂。细胞核先反复分裂，细胞质向核周围集中，产生大量子代细胞。其母体称为裂殖体，后代称为裂殖子。一个裂殖体内可含有数十个裂殖子。球虫常以此方式繁殖。

（3）孢子生殖。是在有性生殖的配子生殖阶段形成合子后，合子所进行的复分裂。孢子体可形成多个子孢子。

（4）出芽生殖。分为外出芽和内出芽两种形式。外出芽生殖是从母细胞边缘分裂出一个子个体，脱离母体后形成新的个体。内出芽生殖是在母细胞内形成两个子细胞，子细胞成熟后，母细胞破裂释放出两个新个体。

2. 有性生殖

（1）接合生殖。两个虫体结合，进行核质交换，核重建后分离，成为两个含有新核的个体。多见于纤毛虫。

（2）配子生殖。虫体在裂殖生殖过程中出现性分化，一部分裂殖体形成大配子体（雌性），一部分形成小配子体（雄性）。大、小配子体发育成熟后分别形成大、小配子，小配子进入大配子内，结合形成合子。1个小配子体可产生若干小配子，而1个大配子体只产生1个大配子。

任务 1-3　认识动物寄生虫病的流行规律

动物寄生虫流行病学是研究某种寄生虫病在动物（包括畜、禽、鱼类等）群体中的发病原因和条件，传播途径，发生发展规律，流行过程及其转归等方面的特征。它需要回答群体中疾病的下列问题：为什么发病？如何发病？何时何地发病？疾病的严重程度如何？防治对策及其效果如何？动物寄生虫病在一个地区流行必须具备三个基本条件，即感染来源、感染途径和易感动物。这三个条件通常称为动物寄生虫病流行的三个环节。当这三个环节在某一地区同时存在并相互联系时，就会引起动物寄生虫病的流行。另外，寄生虫病的流行还受到自然因素、生物因素和社会因素的影响。

一、流行过程的基本环节

某种寄生虫病在一个地区流行必须同时存在三个基本环节，即感染来源、感染途径和易感动物。

（一）感染来源

感染来源一般是指寄生有某种寄生虫的终末宿主、中间宿主、补充宿主、贮藏宿主、保虫宿主、带虫宿主及生物传播媒介等。虫卵、幼虫、虫体等病原体通过这些宿主的粪、尿、痰、血液以及其他分泌物、排泄物排出体外，污染外界环境。然后发育到感染性阶段，经一定的方式或途径感染易感宿主。有些病原体不排出宿主体外，但也会以一定的形式作为感染源，如旋毛虫，是以包囊的形式存在于宿主肌肉中。

（二）感染途径

感染途径是指病原体感染易感动物的方式，可以是单一途径，也可以是多种途径。

1. 经口感染　寄生虫随着动物的采食、饮水，经口腔进入宿主体内。这种途径最为多见。

2. 经皮肤感染　寄生虫从宿主皮肤钻入，如分体吸虫、仰口线虫、皮蝇幼虫等。

3. 经生物媒介感染　寄生虫通过节肢动物的叮咬、吸血而传播给易感动物，主要是一些血液原虫和丝虫。

4. 接触感染　寄生虫通过宿主之间直接接触或通过用具、人员和其他动物等的传递而间接接触传播，如蜱、螨和虱等。

5. 经胎盘感染　寄生虫由母体通过胎盘进入胎儿体内使其发生感染，如弓形虫等。

6. 交配感染　动物直接交配或经被病原体污染的人工授精器械而感染，如牛胎儿毛滴虫、马媾疫等。

7. 自身感染　某些寄生虫产生的虫卵或幼虫，在原宿主体内使其再次遭受感染，如猪带绦虫患者感染猪囊尾蚴病。

（三）易感动物

易感动物是指对某种寄生虫缺乏免疫力或免疫力低下而处于易感状态的动物。一方面，通常某种动物只对特定种类的寄生虫有易感性，例如猪只感染猪蛔虫，而不感染其他蛔虫；或是多种动物对同一种寄生虫都有易感性，例如牛、羊等多种动物都能感染肝片吸虫。另一方面，同种动物不同的个体对同一种寄生虫的感染性也不同。动物对寄生虫感染的免疫力多属带虫免疫，未经感染的动物因缺乏特异性免疫力而成为易感动物。具有免疫力的动物，当寄生虫从其体内清除后，这种免疫力往往也会逐渐消失，重新处于易感状态。此外，动物对寄生虫的易感性常受年龄、品种、营养状况等因素的影响。

二、影响寄生虫病流行的因素

某种寄生虫病之所以能在某一地区流行，除了必须具备三个基本环节之外，还受许多其他因素的影响，主要是自然因素、生物因素和社会因素。

（一）自然因素

包括地理条件和气候条件，如温度、湿度、降水量、光照、土壤的理化性状等。地理条件可以直接影响寄生虫的分布，如球虫、蛔虫、钩虫等一些土源性寄生虫，常呈世界性分布。地理条件也可以通过影响生物种群的分布及其活动而影响寄生虫病的流行。如血吸虫主要在南方流行，不在我国的北方流行，其主要原因是血吸虫的中间宿主钉螺在我国的分布不超过北纬33.7°，因此我国北方地区无血吸虫病流行。

气候条件的变化对寄生虫病的流行有着直接和间接的影响。如多数线虫幼虫发育的最适温度为18～26℃。若温度太高，由于幼虫发育太快而消耗掉大量贮藏的营养，增加了死亡率，因此很少能够发育至第3期幼虫。若温度太低，则发育减缓，如处于5～10℃，常不能从虫卵发育至第3期幼虫；如低于5℃，则第3期幼虫的运动和代谢降到最低，存活能力反而增强。温度对球虫卵囊的影响也很大，卵囊孢子化的最适温度是27℃左右，若温度偏低或偏高均影响其孢子化率而使其感染强度下降。各种圆线虫的各期幼虫，其行为最易受温度和湿度的影响，如犬钩虫的幼虫随着土壤水的升降而上行或下行，此系一种固定反应性，而不是由于水的搬运作用。因此，湿度对于钩虫幼虫非常重要。在干燥、缺雨地区就较少有钩虫，甚至没有。

在同一地区，随着雨量的不同和温度的变异，有些寄生虫病的流行情况也可能有很大的区别。例如，多雨季节或年份由于椎实螺数量剧增，肝片吸虫病最为流行，而干旱季节或年份由于椎实螺减少，牛、羊感染肝片吸虫的概率也随之下降。

水土与寄生虫的生存有密切关系。对外界环境中的寄生虫来说，土壤是它们的培养基；一般疏松的沙质土壤比坚硬的黏质土壤更适于寄生虫的生活；有腐殖质的浅表层土壤比深层土壤也更适合于寄生虫的生活。此外，水化学因子如溶氧、盐度对鱼类寄生虫都有或多或少的影响。另外，纬度的不同、海拔的高低，无疑都对气候、光照和土壤等方面产生重要的影响，随之也将影响到寄生虫的分布和流行。

（二）生物因素

宿主、寄生虫本身的生物学特性或媒介性的节肢动物的生物学特性也对寄生虫病的传播和流行产生重要影响。

1. 宿主因素　宿主的年龄、体质、营养状况、遗传因素以及免疫机能强弱等都会影响到许多寄生虫病的发生和流行。宿主的年龄不同，对同种寄生虫易感性不同。一般来讲，幼龄动物较易感染，且发病较重。不同种动物对同一种寄生虫的易感性有显著差异。即使是同种动物，因个体抵抗力不同，有的易感且发病较重，有的则感染较轻。

另外，对宿主的饲养管理和动物使役对寄生虫病的发生和流行也产生较明显的影响。不同的饲养方法及方式对寄生虫病的发生和传播有很大影响。如饲养密度过大，一旦发生螨病，传播迅速，不易控制；地面平养的鸡比笼养的鸡患鸡球虫病的概率大；放牧的动物比舍饲的动物感染寄生虫的机会多；早晚放牧于露水草或雨后低洼地的牛、羊感染寄生虫的机会增加。全价饲料饲养的动物可增强体质，增强动物对寄生虫的抵抗力；如果营养不良且缺乏维生素则易受到寄生虫的侵袭。使役不当、过度疲劳，往往提高宿主对寄生虫的感受性。

2. 寄生虫的生物学特性　寄生虫的种类、致病力、寿命、寄生虫虫卵或幼虫对外界的抵抗力、感染宿主到它们成熟排卵所需的时间等都直接影响某种寄生虫病的流行。

寄生虫在宿主体内寿命的长短决定了其向外界散布病原体的时间。长寿的寄生虫会长期地向外界散布该种病原体，使更多的易感动物感染发病。如猪蛔虫成虫的寿命为7～10个月，而猪带绦虫在人体内的存活时间可长达25年以上。

从寄生虫幼虫感染宿主到它们成熟排卵所需时间，对于那些有季节性的蠕虫病特别重要。这个数据对于推测最初的感染时间及其移行过程的长短，以及制定防治措施极具参考价值。

寄生虫对外界环境的耐受性，在自然界保持存活、发育和感染能力的期限等都会影响该寄生虫病的流行情况。如猪蛔虫虫卵在外界可保持活力达5年之久，因此对于污染严重、卫生状况不良的猪场，蛔虫病具有顽固、难以消除的特点。

3. 中间宿主和传播媒介　许多种寄生虫在其发育过程中需要中间宿主和传播媒介的参与，因此中间宿主和传播媒介的分布、密度、习性、栖息场所、出没时间、越冬地点和有无自然天敌等均可影响到寄生虫病的流行程度。如吸虫以螺蛳为中间宿主，因此螺蛳在自然界的分布、密度、栖息地等生物学特性对吸虫病的流行有很大影响。一些寄生虫需要昆虫、蜱类、贝类及其他动物作为中间宿主；另一些寄生虫需要节肢动物作为传播媒介。如果缺少这种动物群体之间的联系，寄生虫就中断了发育而无法生存下去。此外，寄生虫的储藏宿主（转续宿主）、保虫宿主、带虫宿主也对寄生虫病的流行有较大影响。

（三）社会因素

社会因素包括社会制度、经济状况、生活方式、风俗习惯、科学水平、文化教育、法律法规的制定和执行、防疫保健措施以及人的行为等，都会对寄生虫病的流行产生影响。比如，随着《中华人民共和国动物防疫法》《生猪屠宰管理条例》和《动物检疫管理办法》等法律法规的制定和实施，猪囊尾蚴病、日本血吸虫病等许多危害人畜健康的寄生虫病的感染率和发病率明显下降。但还有些地区有食半生猪肉的习惯，导致旋毛虫病在人群中得以流行，如我国云南、西藏地区有吃生猪肉的习惯，所以该地区流行此病。因此，向群众宣传科普知识，改变不良卫生习惯和风俗习惯，改善和提高饲养管理方法和水平，是预防寄生虫病流行的重要环节。

社会因素、自然因素和生物因素常常相互作用，共同影响寄生虫病的流行。由于自然因素和生物学因素一般是相对稳定的，而社会因素往往是可变的。因此社会因素对寄生虫病流行的影响往往起决定性作用。

三、寄生虫病流行特点

1. 地区性 寄生虫病的传播流行常呈明显的区域性或地方性，这种特点与当地的气候条件，中间宿主或媒介节肢动物的地理分布，人群的生活习惯和生产方式有关。例如，我国血吸虫病的流行区与钉螺的地理分布是一致的，只限于长江流域及长江以南地区；肝片吸虫病多发生于低洼和潮湿地带的放牧地区；华支睾吸虫病经常流行于有吃生鱼习惯的地区；在我国西北畜牧地区流行的棘球蚴病则与当地的生产环境和生产方式有关。

2. 季节性 由于温度、湿度、降水量、光照等气候条件会对寄生虫及其中间宿主和媒介节肢动物种群数量的消长产生影响，寄生虫病的流行往往呈现出明显的季节性或季节性差异。多数土源性寄生虫需在外界环境完成其一定的发育阶段，动物感染和发病的时间也随之出现季节性变化。如温暖、潮湿的条件有利于钩虫卵及钩蚴在外界的发育，因此钩虫感染多见于春、夏季节。生活史中需要中间宿主或媒介昆虫的寄生虫，其流行季节常与中间宿主或昆虫出现的季节相一致，例如卡氏住白细胞虫病的流行与库蠓出现的季节相一致；华支睾吸虫病的流行与纹沼螺活动的季节一致。

3. 慢性和隐性感染 寄生虫的繁殖并不像细菌、病毒等那样迅速，同时，寄生虫病的发生和流行受很多因素制约，因此不少寄生虫病都属于慢性感染或隐性感染，缓慢的传播和流行成为许多寄生虫病的重要特点之一。慢性感染是指多次低水平感染或在急性感染之后治疗不彻底，使机体持续带有病原体的状态，这与动物机体对绝大多数寄生虫未能产生完全免疫力有关。隐性感染是指动物感染寄生虫后，没有出现明显的临床表现，也不能用常规方法检测出病原体的一种状态，只有当动物机体抵抗力下降时寄生虫才大量繁殖，导致发病，甚至造成患畜死亡。大多数寄生虫病没有特异性临床症状，在临床上动物主要表现为渐进性消瘦、贫血、发育不良、生产性能降低，导致畜（水）产品的质量和数量下降，严重影响了畜牧业的经济效益。

4. 自然疫源性 在感染动物的寄生虫中，有些虫种可在人迹罕至的原始森林或荒漠地区里的脊椎动物之间互相传播，人或其他动物一旦进入该地区后，这些寄生虫病则可从脊椎动物传播给人或其他动物，这种地区称为自然疫源地。这类不需要人或其他动物的参与而存在于自然界的共患寄生虫病具有明显的自然疫源性。例如在某些地区，特别是灌木丛生的河滩、草垛为蜱类滋生地带，往往成为梨形虫病的疫源地。寄生虫病的这种自然疫源性不仅反映寄生虫在自然界的进化过程，同时也说明某些寄生虫病在流行病学和防治方面的复杂性。

任务 1-4 动物寄生虫病的防治

一、防治原则

（一）寄生虫病的预防原则

寄生虫病发生和流行不仅需要有感染来源、感染途径和易感动物三个基本要素，而且其流行与寄生虫的生物学特性、动物的饲养管理条件、牲畜屠宰管理措施、人类的卫生习惯、经济状况、畜产品贸易中的检疫情况等密切相关，因此预防动物寄生虫病是一项很复杂的工作。然而不管情况如何千变万化，要达到有效防治寄生虫病的目的，最主要的是贯彻"预防为主，防重于治"的方针。在制定预防措施时应从寄生虫病的流行病学环节上着手，围绕感染来源、感染途径和易感动物三要素展开。设法控制感染来源、切断感染途径、保护易感动物。采取对易感动物驱虫，粪便无害化处理，消灭中间宿主或传播媒介，安全放牧，免疫接种，生物防制，加强饲养管理等一系列综合性措施。对于具体的某个寄生虫病而言，要结合每个病的具体特点，因地制宜开展防治工作。

1. 控制和消灭感染来源 在寄生虫病传播过程中，感染来源是寄生虫病发生和流行的基本条件，因此控制感染来源是防止寄生虫病蔓延的重要环节。寄生虫病的感染来源主要存在于发病和带虫的动物体内外，因此控制和消灭感染来源一方面要及时治疗患病动物，驱除或杀灭其体内外的寄生虫；另一方面要根据各种寄生虫的发育规律，定期有计划地进行预防性驱虫，这样做对防止带虫动物体内外的寄生虫扩散和传播尤为重要，也可减轻患病动物的损害。此外，对保虫宿主、储藏宿主的防治也是控制感染来源的重要措施。

2. 切断感染途径 尽管不同的寄生虫，因其生活史和特定的感染阶段传播途径不尽相同，但大多可以归为经生物传播（如中间宿主和传播媒介）和经非生物（如土、水、食物等）传播两大类。对经生物传播的寄生虫病，要设法避免动物和中间宿主以及传播媒介的接触，针对中间宿主或传播媒介制定特异性的防治措施。对经非生物传播的寄生虫病，为了减少或消除动物的感染机会，要经常做好动物舍及环境卫生工作，加强粪便和水源的管理，改良牧地和鱼塘等。

3. 保护易感动物 很多动物对多种寄生虫都具有易感性，尤其是体弱的动物更易发生寄生虫病，因此平时应加强动物饲养管理，以增强动物体质，提高动物抗病能力，必要时用驱虫药或杀虫药进行预防性驱虫或喷洒杀虫剂防止吸血昆虫叮咬。此外对一些免疫效果较好的寄生虫虫苗，可通过人工接种使动物获得抵抗力而达到预防寄生虫病的目的。对某些地方性寄生虫病，可以选择具有抵抗力的品种进行饲养，从而减少动物发病的机会。

（二）寄生虫病的治疗原则

确认动物患何种寄生虫病后，即应根据患病动物的体质和病情制定治疗方案。治疗的原则是"标本兼治，扶正祛邪"。采用特效药物和对症治疗相结合的原则。对于治疗成本超过动物本身价值的动物，或治疗后饲养成本大于其经济价值的动物，应及时淘汰。

二、防治措施

（一）驱虫

驱虫是指用特效的药物将寄生于动物体内或体表的寄生虫驱除或杀灭的措施，是动物寄生虫病综合性防治措施之一。它具有双重意义：一方面是治疗患病动物；另一方面是减少患病动物和带虫者向外界散播病原体，并可对健康动物产生预防作用。

1. 驱虫类型 驱虫并不是单纯的治疗，而是有着积极的预防意义，其关键在于减少了病原体向自然界的散布,控制了感染来源。因此,根据驱虫的目的和意义不同分为治疗性驱虫和预防性驱虫。在防治寄生虫病中,通常是实施预防性驱虫。

(1)治疗性驱虫。治疗性驱虫是当动物感染寄生虫之后出现明显的临床症状时,及时用特效驱虫药对患病动物进行治疗。驱虫的同时,根据动物的不同症状,必要时辅以对症疗法如强心、补液、输血、止痒等;另外,还要注意加强护理,以保证驱虫动物的安全。

(2)预防性驱虫。预防性驱虫也称计划性驱虫,是根据各种寄生虫的生长发育规律,不论动物是否发病,有计划地进行定期驱虫。预防性驱虫是控制寄生虫病发生和流行最常用的方法,该措施不仅能降低动物的带虫量,又能减少对环境的污染,尤其对规模化动物养殖具有重要意义。如北方地区防治绵羊蠕虫病,多采取每年两次驱虫的措施:春季驱虫在放牧前进行,目的在于防止污染牧场;秋季驱虫在转入舍饲后进行,目的在于将动物已经感染的寄生虫驱除,防止发生寄生虫病及散播病原体。对某些原虫病,如鸡球虫病,可用将抗球虫药拌入饲料,连续服用,能预防该病发生。又如对卡氏住白细胞虫病,可在该病的高发季节用复方泰灭净连续添加于鸡的基础日粮中,能预防此病。

2. 驱虫时间的选择 对于预防性驱虫来说,驱虫效果的好坏与驱虫时间选择的合适与否密切相关。大多数寄生虫病的发生与动物的年龄、季节、气候条件、中间宿主或传播媒介的活动有关,因此各类寄生虫的驱虫时间应根据寄生虫病传播规律、流行季节、当地寄生虫病的流行特点、动物本身的年龄和状态来确定驱虫时间。如球虫病的发病与季节、气温、湿度和鸡只年龄密切相关,其流行季节为4~10月份,其中以5~8月份发病率最高,15~50日龄的雏鸡多发,因此,在这个时期饲养雏禽尤其要注意球虫病的预防。对某些蠕虫病,可根据流行病学资料,选择虫体进入宿主体内尚未发育到成虫阶段时进行驱虫,即所谓的"成熟前驱虫"。这样既能保护动物健康,又能防止性成熟的成虫排出虫卵或幼虫对外界环境的污染。如一般对仔猪蛔虫可于2.5~3月龄和5月龄各进行1次驱虫,对犊牛、羔羊的绦虫,应于当年开始放牧后1个月内进行驱虫。对放牧的牛、羊多采取每年春秋两次驱虫的措施。另外,种禽驱虫宜在开产前,母畜驱虫须在空怀期进行。

3. 驱虫药的选择 选择驱虫药时一般应考虑药物的安全、高效、广谱、使用方便、价格低廉、药源丰富等条件,这些对养殖场的预防性驱虫尤为重要。

(1)高效。所谓高效的抗寄生虫药即对成虫、幼虫,甚至虫卵都有很好的驱杀效果,且使用剂量小。一般来说,其虫卵减少率应达95%以上,若小于70%则属较差。但目前较好的抗蠕虫药亦难达到如此效果,多数驱虫药仅对成虫或部分幼虫有效,而对虫卵几乎无作用或作用较弱。因此,使用对幼虫和虫卵无效者则需间隔一定时间重复用药。

(2)广谱。广谱是指驱虫范围广。家畜的寄生虫病多属混合感染,因此要注意选择广谱驱虫药以达到一次投药能驱除多种寄生虫的目的。如吡喹酮可用于治疗血吸虫和绦虫感染;伊维菌素对线虫和体外寄生虫有效;阿苯达唑对线虫、绦虫和吸虫均有效。在实际应用中可根据具体情况,联合用药以扩大驱虫范围。如硝氯酚与左旋咪唑的复合疗法可以驱除牛的胃肠道线虫、肺线虫和肝片吸虫。

(3)安全低毒。一方面指治疗量不具有急性中毒、慢性中毒、致畸形和致突变作用；另一方面，应对人类安全，尤其是食品动物应用后，药物应不残留于肉、蛋和乳及其制品中，或可通过遵守休药期等措施控制药物在动物性食品中的残留。

（4）方便。方便多指投药方便。如驱肠道蠕虫时，应选择可以饮水或混饲的药物，并且应无味、无臭、适口性好。杀体外寄生虫药应能溶于一定溶剂中，以喷雾方式给药，这样可节约人力、物力，提高工作效率。

（5）价格低廉。畜禽属经济动物，在驱虫时必然要考虑到经济核算，尤其是在牧区或规模化养殖时，家畜较多，用药量大，价格一定要低廉，以便降低养殖成本。

4. 用药量的确定 驱虫药多是按体重计算药量的，所以首先用称量法或体重估算法确定驱虫畜禽的体重，再根据体重确定药量和悬浮液的给药量。每头（只）动物平均用药量的确定，以体重最低动物的使用剂量不高于最高剂量，体重最高动物的使用剂量不低于最低剂量为前提，可采取以下公式来计算。

$$每头（只）剂量（mg）=$$
$$\frac{最低值体重（kg）\times最高剂量（mg/kg）+最高值体重（kg）\times最低剂量（mg/kg）}{2}$$

5. 药物的配制与给药 应按药物要求配制给药。预防性驱虫，特别是对大群动物的驱虫，常将驱虫药混于饮水、饲料或饲草。若所用药物难溶于水，可配成混悬液的，即先将淀粉、面粉或玉米粉加入少量水中，搅拌均匀后再加入药物继续搅匀，最后加足量水即成。使用时边用边搅拌，以防上清下稠，影响驱虫效果及安全。

应根据所选药物的要求和养殖场的具体条件，选择相应的给药方法，具体投药技术与临床常用给药法相同。如家禽多为群体给药（饮水和拌料给药）。

6. 驱虫的实施和动物的管理 最主要的是在投药前和投药后排虫期间的管理。

（1）驱虫前将动物的来源、健康状况、年龄、性别等逐头/只编号登记。为使驱虫药用量准确，要预先称重估重。

（2）根据驱虫目的和需要合理选择驱虫药，并计算剂量，确定剂型、给药方法和疗程。记录药品的生产单位、批号等。

（3）在进行大群驱虫之前，最好选择少数有代表性的畜禽（包括不同年龄、性别、体况的畜禽）先做预试，并观察药物效果及安全性。

（4）采用口服法驱除肠道寄生虫时，动物应空腹给药，使药物直接与虫体接触，充分发挥作用。

（5）给药前后1～2d应观察整个群体，注意给药前后的变化，尤其是用药后3～5h，密切观察畜禽是否有毒性反应，尤其是大规模驱虫时要特别注意。如发现较重的不良反应或中毒现象应及时抢救。

（6）在排虫期间应设法控制所有动物排出的成虫、幼虫或虫卵的散布，并加以杀灭。一般在动物驱虫后5d内，应将所排出的粪便及时清扫，利用发酵的办法集中处理粪便，杀死粪便内的寄生虫虫体和虫卵。放牧的家畜应留圈3～5d，将粪便集中堆积发酵处理。5d后应把驱虫动物驻留过的场地彻底清扫、消毒，以消灭残留的寄生虫虫体和虫卵。

（7）在驱虫期间还应加强对动物的看管和必要的护理，注意饲料、饮水卫生，避免虫卵等污染饲料和饮水。同时，要注意适当的运动，役畜在驱虫期间最好停止使役。

（8）驱虫后要进行驱虫效果评定，必要时进行第2次驱虫。重复驱虫可以杀灭由幼虫发育而成的成虫，一般在第一次驱虫后7d左右再重复驱虫一次。

7. 驱虫的注意事项

（1）正确选择驱虫药物，避免畜禽发生药物中毒。使用某种抗寄生虫药驱虫时，药物的用量最好按《中华人民共和国兽药典》或《中华人民共和国兽药规范》所规定的剂量。若用药不当，可能引起毒性反应，甚至导致畜禽死亡。因此，要注意药物的使用剂量、给药间隔和疗程。并且要注意群体驱虫给药时，方法要正确，药物搅拌要均匀。

（2）防止寄生虫产生耐药性。小剂量多次或长期使用某些抗寄生虫药物，虫体对该药物可产生耐药性，尤其是球虫对抗球虫药极易产生耐药。因此，在制订动物的驱虫、杀虫计划时，应定期更换或轮换使用几种不同的抗寄生虫药，以避免或减少因长期或反复使用某些抗寄生虫药而导致虫体产生耐药性。

（3）要了解驱虫药在体内残留时间，以便在宰前适当时间停药，以免危害人类的健康。如我国规定左旋咪唑在牛、羊、猪、禽的肌肉、脂肪、肾中的最高残留限量均为 $10\mu g/kg$，肝为 $100pg/kg$。内服盐酸左旋咪唑在牛、羊、猪、禽的休药期分别是 2、3、3、28d，牛、羊、猪皮下或肌内注射盐酸左旋咪唑的休药期分别是 14、28、28d。

8. 驱虫效果评定　驱虫之后，经过一段时间（1个月左右），应抽查一定数量的驱虫动物以了解驱虫效果和存在问题，通过对比驱虫前后的各项检测结果，评定驱虫效果。评定项目如下：

（1）发病率和死亡率。对比驱虫前后的发病率和死亡率。

（2）营养状况。对比驱虫前后机体营养状况的变化。

（3）临床表现。观察驱虫前后临床症状减轻与消失情况。

（4）生产能力。对比驱虫前后的生产性能。

（5）寄生虫情况。一般通过虫卵减少率、虫卵转阴率和驱虫率来确定，必要时通过剖检计算粗计和精计驱虫效果。驱虫疗效通常采用虫卵减少率、虫卵消失率或精计驱虫率和粗计驱虫率几种指标来表示。虫卵减少或消失率是根据虫卵减少或消失的情况来测定驱虫效果的方法。通过粪便检查挑选自然感染的动物，用药后15～20d再进行粪便检查，计算虫卵减少率和驱净率。通常以虫卵减少率代表驱虫率。

$$虫卵减少率（\%）=\frac{驱虫前平均虫卵数/g-驱虫后平均虫卵数/g}{驱虫前平均虫卵数/g}\times100\%$$

$$驱净率（\%）=\frac{驱净虫体的动物数}{全部试验动物数}\times100\%$$

用检查虫卵来判定疗效的方法，其最大优点是经济、省力、不必剖杀动物，只需进行驱虫前后的粪便检查。缺点是结果不够精确，特别是对于虫卵检出率较低的蠕虫。

精计驱虫率是用驱虫后驱出虫体数来测定驱虫效果的方法。在驱虫前对粪便检查确定为自然感染某种寄生虫的动物进行驱虫。将驱虫后 3～5d 内所排出的粪便用粪兜全部收集起来，进行水洗沉淀，计算并鉴定驱出虫体的数量和种类；最后抽查剖检动

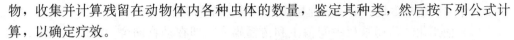

物，收集并计算残留在动物体内各种虫体的数量，鉴定其种类，然后按下列公式计算，以确定疗效。

$$精计驱虫率（\%）=\frac{排出虫体数}{排出虫体数+残留虫体数}\times100\%$$

对于寄生于肝脏、肺脏、胰脏、肠系膜血管等器官的蠕虫，驱虫效果可用粗计驱虫率来评价。

$$粗计驱虫率（\%）=\frac{对照动物荷虫总数-驱虫后试验动物（体）内残留活虫数}{对照动物荷虫总数}\times100\%$$

（二）卫生措施

1. 加强粪便管理　寄生在消化道、呼吸道、肝脏、胰腺及肠系膜血管中的寄生虫，在繁殖过程中把大量的虫卵、幼虫或卵囊随粪便排到外界环境并发育到感染期。因此加强粪便管理对防制多种寄生虫病至关重要。做好粪便管理，一方面，各养殖场要及时清除粪便、打扫圈舍，避免粪便对饲料和饮水的污染，尽可能减少宿主接触感染来源的机会；另一方面，应将扫起来的粪便和垃圾运到堆肥场或发酵池，进行无害化处理。对粪便无害化处理比较有效的措施是粪便生物热发酵。它是利用粪肥中多种微生物在分解有机物的过程中产生的"生物热"将肥料中寄生虫的虫卵和病菌杀死。经 10～20d 发酵后，粪堆内温度可达到 60～70℃，几乎完全可以杀死其中的虫卵、幼虫或卵囊。除堆肥之外，还可采取粪尿混合密封贮存法进行沤肥；或用沼气池发酵；或畜粪综合利用，如牛粪晒干作燃料、鸡粪喂鱼等。

另外，还应管好人和动物的粪便，做到人有厕所、牛有栏、猪有圈。禁止在池塘边盖猪舍或厕所，防止粪便污染水源及放牧场所。在农村，要根据农民积肥的习惯，加以科学引导，将畜粪集中起来，作堆肥处理。

2. 加强动物检疫工作　很多寄生虫病可以通过食入患有或感染该种寄生虫的动物或动物产品（鱼、虾、蟹、肉和脏器等）而传播给人类和动物，甚至造成在动物之间和人与动物之间循环，如猪带绦虫病、旋毛虫病、弓形虫病、棘球蚴病、华支睾吸虫病等。因此，要加强卫生检疫工作，对感染有寄生虫的动物、动物产品以及含有寄生虫的鱼、虾、蟹等，按有关规定销毁或作生物安全处理，杜绝病原体的扩散。尤其是对一些人兽共患寄生虫病的防制方面，加强检疫在公共卫生上意义重大。

3. 饲养卫生　动物感染蠕虫病以及某些原虫病多是由于吞食了感染性阶段的虫体或虫卵所致，因此加强饲养卫生，防止"病从口入"极为重要。要经常保持饲草、饲料的卫生，畜禽应选择在高燥处放牧；饮水最好用自来水、井水或流动的河水，并保持水源清洁，以防感染。从流行区运来的牧草须经高温或日晒处理后，才能喂舍饲的动物。禁止猪到池塘自由采食水生植物，水生植物要经过无害化处理后喂猪。禁止用生的或半生的鱼虾、蝌蚪以及贝类饲喂动物；勿用猪羊屠宰废弃物喂犬；家畜内脏等废弃物必须经过无害化处理后方可作饲料。

（三）消灭中间宿主或传播媒介

对于那些需要中间宿主或传播媒介的寄生虫，采用物理或化学的方法消灭它们的中间宿主或传播媒介（昆虫、蜱类等），可以起到消灭感染来源和阻断感染途径的双重作用。应消灭的中间宿主和传播媒介，是指消灭那些经济意义较小的螺、蜊蛄、剑水蚤、甲虫、蚯蚓、蝇、蜱及吸血昆虫等。主要措施有：

（1）使用化学药物杀死中间宿主和传播媒介。即在动物圈舍、河流、溪流、池塘、草地等喷洒杀虫剂或药物来杀灭媒介昆虫。但要注意环境污染和对有益生物的危害，必须在严格控制下实施。

（2）结合农田水利建设进行，采用土埋、水淹、水改旱等措施改造生态环境，使中间宿主和传播媒介失去必需的栖息场所。

（3）养殖捕食中间宿主和传播媒介的动物对其进行捕食，如养鸭及食螺鱼灭螺，养殖捕食孑孓的柳条鱼、花鳉等。

（4）培育雄性不育节肢动物，使其与同种雌虫交配，产出不发育的卵，导致该种群数量减少。国外用该法成功地防治丽蝇、按蚊等。

（四）安全放牧

可利用寄生虫的某些生物学特性或者设法避开它们的中间宿主和传播媒介来实现安全放牧的目标。其中轮牧是安全放牧的措施之一，它是利用寄生虫的生物学特性来设计的。如水禽剑带绦虫的中间宿主剑水蚤的生活期限为一年，我们可以将一部分水池停用一年，使含有似囊尾蚴的剑水蚤全部死亡后再放牧。放牧时动物粪便污染草地，在他们还未发育到感染期时，即把动物转移到新的草地，可有效地避免动物感染。在原草上的感染期虫卵和幼虫，经过一段时期未能感染动物则自行死亡，草地得到净化。如某些绵羊线虫的幼虫在某地区夏季牧场上，需要7d发育到感染阶段，便可让羊群在6d时离开；如果那些绵羊线虫在当时的温度和湿度条件下，只能保持1.5个月的感染力，即可在1.5个月后，让羊群返回原牧场。

另外，设法避开它们的中间宿主和传播媒介也可实现安全放牧。如淡水螺是许多吸虫的中间宿主，它们一般栖息在低洼潮湿地带，禁止牛羊到这些地带放牧，可以防止或减少吸虫的感染。地螨是莫尼茨绦虫的中间宿主，它畏强光，怕干燥，潮湿和草高而密的地带数量多，黎明和日落时活跃。根据它们的这些习性，尽量避免到它们活动的地区和在活跃的时间放牧，可有效减少绦虫的感染。

（五）免疫预防

随着寄生虫耐药虫株的出现以及消费者对畜禽产品药物残留问题的担忧和环境保护意识的增强，研制疫苗防治寄生虫病已成大势所趋。寄生虫与细菌、病毒一样，同样能刺激宿主产生保护性免疫反应，通过疫苗接种来预防寄生虫病的流行，已被证实是确实可行的。随着各种新技术在寄生虫学研究领域的广泛应用，寄生虫免疫学的研究也逐步取得进展，从最初的强毒虫苗发展到今天的基因工程苗，各种虫体的保护性抗原基因不断被克隆，其免疫机理也不断被揭示。

现有的寄生虫疫苗主要分为以下几类。

1. 强毒虫苗　强毒虫苗是直接从自然发病的宿主体内（表）或其排泄物中分离得到的，在实验室内进行传代增殖，并配以适当的稳定剂，即组成了一种强毒活虫苗。对于强毒虫苗的研究，主要是集中在鸡球虫、泰勒虫、锥虫等原虫。

值得注意的是，这种疫苗的致病力并没有减弱，使用不当时有可能使其致病性超过了免疫原性，有引起明显临床症状的危害性，甚至有可能带入本地没有的虫种，所以目前还没有大面积推广使用。

2. 弱毒虫苗　为解决强毒虫苗存在的弊端，研究者采用理化或人工传代等方法来降低强毒虫苗的致病力，使其在保持抗原性的同时，仍然起到良好的免疫保护效果。目前，弱毒苗的制备主要有筛选天然弱毒株、理化处理、人工传代致弱、遗传学致弱（基因剔除、基因失效）等几种方法。如通过对鸡艾美耳球虫早熟和晚熟弱毒株的筛选而获得的弱毒苗 Paracox 就是成功的实例。

3. 分泌抗原苗 寄生虫分泌或代谢产物具有很强的抗原性，可以从虫体培养液中提取有效抗原作为制备虫苗的成分。这方面最成功的例子有牛的巴贝斯虫苗和犬的巴贝斯虫苗，分别在澳大利亚和欧洲广泛应用。据报道，犬巴贝斯虫外抗原已有商品苗 Pirodog™ 问世，保护率为 70%～100%。其他一些虫体如犬弓首蛔虫、旋毛虫、细粒棘球绦虫、日本血吸虫、肝片吸虫、斯氏狸殖吸虫、弓形虫等，其分泌抗原的免疫实验表明，它们都能诱导宿主产生较强的免疫保护力。

4. 基因工程苗 基因工程苗也称重组抗原苗，是利用基因重组技术将虫体抗原基因片断导入受体细胞（主要有大肠杆菌、病毒、酵母、真核细胞等）内，随着受体细胞的繁殖而大量扩增，再经过必要的处理进而制备成免疫制剂（虫苗或疫苗）。目前，已经或正在进行研制的寄生虫基因工程苗的主要有血吸虫、球虫、锥虫、恶性疟原虫、弓形虫、利什曼原虫、微小牛蜱、钩虫、棘球蚴、羊带绦虫等，其中已上市用于临床的只有微小牛蜱 Bm86 基因工程苗。其他如血吸虫 GST 基因、棘球蚴 EG95 基因、弓形虫 p30 基因、锥虫 ESAG4 基因等重组苗，通过在宿主体内进行的免疫试验证实，都具有部分和较高的保护率。

5. 化学合成苗 化学合成苗主要指通过化学反应合成的一些被认为可以对人或动物有免疫保护作用的小分子抗原，主要有合成肽苗和合成多糖苗。人工合成肽苗最典型的例子要属疟疾合成多肽苗 spf66，但是由于造价高等原因，没有进行大规模的生产。到目前为止用于临床免疫的人工合成多糖分子还很有限。

6. 核酸疫苗 核酸疫苗是指将含有保护性抗原基因的质粒 DNA 直接接种到宿主体内，在宿主细胞中进行转录、翻译表达，从而激活宿主产生抵抗某种寄生虫入侵或致病的免疫力。核酸疫苗包括 DNA 和 RNA 疫苗，目前研究最多的是 DNA 疫苗，已报道的主要有疟原虫、利什曼原虫、弓形虫、隐孢子虫、血吸虫、猪囊虫、环形泰勒虫、艾美耳球虫、牛巴贝斯虫等的 DNA 疫苗，其中疟原虫的 DNA 疫苗已进入临床试验阶段。

一些研制成功的寄生虫疫苗已用于临床并起到了很好的保护效果，但寄生虫的免疫预防尚不普遍。目前，国内外已成功研制或正在研制的疫苗有：牛羊肺线虫、捻转血矛线虫、奥斯特线虫、毛圆线虫、泰勒虫、伊氏锥虫、旋毛虫、弓形虫、鸡球虫、疟原虫、巴贝斯虫、片形吸虫、日本血吸虫、囊尾蚴、棘球蚴以及牛皮蝇蛆等的疫苗。

党的二十大报告指出，坚持面向世界科技前沿、面向经济主战场、面向国家重大需求、面向人民生命健康，加快实现高水平科技自立自强。因此，加强动物寄生虫疫苗的自主研发，保障养殖业安全、公共卫生安全与生态环境安全是我们义不容辞的责任。20 世纪 70 年代初，兰州兽医研究所成功研制了我国第一个兽医寄生虫病疫苗"牛环形泰勒虫裂殖体胶冻细胞苗"，在我国流行严重的环形泰勒虫病才得到了有效控制。目前，包虫病疫苗已用于我国西部地区包虫病防控。我国自主研发的多种新型疫苗获得国家多项发明专利。

（六）生物控制

长期以来，对寄生虫病的防治主要是依靠化学药物，但随之产生的耐药性和药物残留以及化学药物有害成分的排出污染环境等问题的出现，使得人们开始寻求新的防治措施，其中，生物控制（Biological Control，简称 BC）以其无毒、无害、无污染等优点备受关注。动物寄生虫的生物控制是指采用寄生虫的某些天敌（天然拮抗物）来对寄生虫及其所致疾病进行防制的一种生物技术。如利用某些细菌、病毒、真菌、原虫、线虫、蚂蚁、蜘蛛等对节肢动物害虫进行控制和消灭。如蚯蚓，在寒带的农耕土壤地区，对家畜粪便的分解和清除，发挥着重要的作用。尽管寄生虫的生物控制在某些寄生性害虫的控制上取得了令人瞩目的成果，但在动物害虫，特别是动物寄生虫的生物控制方面进展较为缓慢。迄今，在动物寄生虫病防治方面，仅有少数成功的例证，而且主要是在一些昆虫性害虫及寄生性线虫上。

任务 1-5　动物寄生虫病的诊断

寄生虫病的诊断是一个综合判断的过程。寄生虫病的诊断，应在流行病学调查的基础上，根据患病动物临床症状的搜集和分析，通过病原学检查，查出虫卵、幼虫或虫体等建立诊断，必要时辅以寄生虫学剖检、免疫学诊断、分子生物学诊断建立诊断。目前，病原体检查是寄生虫病诊断最可靠、最常用的方法。但有时候动物体内发现寄生虫，并不一定引起寄生虫病，因为在宿主带虫数量较少时，常常呈现带虫免疫而不表现明显的临床症状。因此，寄生虫病的诊断除了检查病原体外，还要结合流行病学资料、临床症状的观察以及其他实验室检查结果等进行综合分析，必要时还要采取一些特殊的诊断方法才能确诊。

一、流行病学调查

流行病学调查可为寄生虫病的诊断提供重要依据。调查内容亦是流行病学所包含的各项内容，现场调查主要有以下几方面：

1. **基本概况**　主要包括当地耕地数量及性质、草原数量、土壤和植物特性、地形地势、河流与水源、降雨量及季节分布、野生动物的种类与分布等。

2. **被检动物群概况**　主要包括被检动物群基本情况、生产性能情况和饲养管理情况。被检动物群基本情况包括动物的数量、品种、性别、年龄组成、补充来源等；生产性能情况包括产奶量、产肉量、产蛋率、繁殖率、剪毛量等；饲养管理情况包括饲养方式、饲料来源及质量、水源及卫生状况、其他环境卫生状况等。

3. **动物发病背景资料**　主要为近 2～3 年动物发病情况，包括发病率、死亡率、发病与死亡原因、采取的措施及效果、平时防制措施等。

4. **动物发病现状资料**　主要包括动物营养状况、发病率、死亡率、临床症状、剖检结果、发病时间、死亡时间、转归、是否诊断及结论、已采取的措施及效果、平时防制措施等。

5. **中间宿主和传播媒介**　中间宿主和传播媒介以及其他各类型宿主的存在和分布情况。与犬、猫等伴侣动物有关的疾病，应调查其饲养数量、营养状况和发病情况等。

6. 居民情况　怀疑为人兽共患病时，应了解当地居民的饮食及卫生习惯，人的发病数及诊断结果等。

通过流行病学调查，对所获资料进行去伪存真，去粗取精，抓住要点，加以全面分析，从而作出初步诊断，即此次发病可能是哪种寄生虫病，从而排除其他疾病，缩小范围，有利于继续采用其他更为准确的诊断方法。

二、临床症状观察

观察临床症状是生前诊断最直接、最基本的方法。临床检查主要是检查动物的营养状况、临床表现和疾病的危害程度，为寄生虫病的确诊提供一些诊断线索。大多数寄生虫病是一种慢性消耗性疾病，临床上多表现为消瘦、贫血、下痢、水肿等非典型症状，这些症状虽不是确诊的主要依据，但也能明确疾病的危害程度和主要表现。有些寄生虫所引起的疾病可表现具有特征性的临床症状，如脑包虫病患畜表现的"回旋运动"；反刍兽的梨形虫病可出现高热、贫血、黄疸或血红蛋白尿；鸡的盲肠球虫病可出现血粪；家畜的螨病可表现奇痒、脱毛等症状。据此，即可作出初步诊断。对于某些外寄生虫病如皮蝇蛆病、各类虱病等可发现病原体，建立诊断。

三、病理学诊断

病理学诊断包括病理剖检及组织病理学检查。

（一）病理剖检

病理剖检可用自然死亡、急宰的患病动物或屠宰的动物。病理剖检要按照寄生虫学剖检的程序做系统的观察和检查，详细记录病变特征和检获的虫体，并找出具有特征性的病理变化，经综合分析后作出初步诊断。通过剖检可以确定寄生虫种类、感染强度，还可以明确寄生虫对宿主危害的严重程度，尤其适合于群体寄生虫病的诊断。对某种寄生虫病的诊断，如果在流行病学和临床症状方面已经掌握了一些线索，则可根据初诊的印象做局部的解剖学检查。例如，如果在临床症状和流行病学方面怀疑为肝片吸虫病时，可在肝胆管、胆囊内找出成虫或童虫，或在其他器官内找出童虫，进行确诊。此法最易获得蠕虫病正确诊断结果，通常用全身性蠕虫检查法以确定寄生虫的种类和数量。

寄生虫学剖检除用于诊断外，还用于寄生虫的区系调查和动物驱虫效果评定。一般是对全身各器官组织进行全面系统的检查，有时也根据需要检查一个或若干个器官，如专门为了解某器官的寄生虫感染状况，仅需对该器官寄生的寄生虫进行检查。具体操作方法如下。

1. 剖检前的准备工作

（1）动物的准备。因病死亡的家畜进行剖检，死亡时间一般不能超过24h（一般虫体在病畜死亡24～48h崩解）。用于寄生虫的区系调查和动物驱虫效果评定时，所选动物应具有代表性，且应尽可能包括不同的年龄和性别，同时瘦弱或有临床症状的动物被视为主要的调查对象。选定做剖检的家畜在剖检前先绝食1～2d，以减少胃肠内容物，便于寄生虫的检出。在登记表上详细填写每头/只动物种类、品种、年龄、性别、编号、营养状况、临床症状等。

（2）剖检前检查。畜禽死亡（或捕杀）后，首先制作血片，检查血液中有无锥虫、梨形虫、住白细胞虫、微丝蚴等。

然后仔细检查体表，观察皮肤有无瘀痕、结痂、出血、皲裂、肥厚等病变，有皮肤可疑病变则刮取病料备检。并注意有无吸血虱、毛虱、羽虱、虱蝇、蚤、蜱、螨等外寄生虫，并收集。

2. 宰杀与剥皮 剖检家畜进行放血处死，家禽可用舌动脉放血宰杀，宠物可采用安乐死。如利用屠宰场的屠畜可按屠宰场的常规处理，但脏器的采集必须符合寄生虫检查的要求。而后按照一般解剖方法进行剥皮，观察皮下组织中有无副丝虫（马、牛）、盘尾丝虫、贝诺孢子虫、皮蝇幼虫等寄生虫。并观察身体各部淋巴结、皮下组织有无病变。切开浅在淋巴结进行观察，或切取小块备检。剥皮后切开四肢的各关节腔，吸取滑液立即检查。

3. 腹腔脏器的采取与检查

（1）腹腔和盆腔脏器采取。按照一般解剖方法剖开腹腔，首先检查脏器表面的寄生虫和病变，然后采集脏器。采取方法：结扎食管前端和直肠后端，切断食管、各部韧带、肠系膜根部和直肠末端，小心取出整个消化系统（包括肝和胰），并采出肾。盆腔脏器亦以同样方式全部取出。最后收集腹腔内的血液混合物备检。

（2）腹腔脏器的检查。

肠道中寄生虫的检查

①消化系统检查。先将肝脏、胰腺、脾脏取下，再将食管、胃（反刍动物的4个胃应分开，禽类将嗉囊、腺胃、肌胃分开）、小肠、大肠分段做二重结扎后分离，分别进行检查。

a. 食管：先检查食管的浆膜面有无肉孢子虫。沿纵轴剪开食管，检查食管黏膜面有无筒线虫和纹皮蝇幼虫（牛）、毛细线虫（鸽子等鸟类）、狼尾旋线虫（犬、猫）等寄生。用小刀或载玻片刮取黏膜表层，压在两块载玻片之间检查，置解剖镜下观察。必要时可取肌肉压片镜检，观察有无肉孢子虫（牛、羊）。

b. 胃：应先检查胃壁外面，然后将胃剪开，内容物冲洗入指定的容器内，并用生理盐水将胃壁洗净（洗下物一同倒入盛放胃内容物的容器），取出胃壁并刮取胃壁黏膜的表层，把刮下物放在两块玻片之间做成压片，镜检。如有肿瘤时可切开检查。先挑出胃内容物中较大的虫体，然后加生理盐水，反复洗涤，沉淀，待上层液体清净透明后，弃去上清液，分批取少量沉渣，放入白色搪瓷盘仔细观察并检出所有虫体。也可将沉淀物放入大培养皿中，先后放在白色和黑色的背景上检查。

在胃内寄生的主要有前后盘吸虫（牛、羊、鹿、骆驼等反刍动物）、胃蝇蛆（马）和毛圆线虫等。对反刍动物可以先把四个胃分开，分别检查。检查第一胃时主要观察有无前后盘吸虫；对第三胃延伸到第四胃的相连处和第四胃要仔细检查，注意观察是否有捻转血矛线虫、奥斯特线虫、指形长刺线虫、马歇尔线虫、古柏线虫等。

c. 肠系膜：分离前把肠系膜充分展开，然后对着光线检查，看静脉中有无虫体（主要是血吸虫）寄生，然后剖开肠系膜淋巴结，切成小块，压片镜检。最后在生理盐水内剪开肠系膜血管，冲洗物进行反复水洗沉淀后检查沉淀物。

d. 小肠：把小肠分为十二指肠、空肠、回肠三段，分别检查。先将每段内容物挤入指定的容器内，或由一端灌入清水，使肠内容物随水流出，再将肠管剪开，然后用生理盐水洗涤肠黏膜面后刮取黏膜表层，压薄镜检。洗下物和沉淀物的检查方法同胃内容物。注意观察是否有蛔虫、毛圆线虫、仰口线虫、细颈线虫、似细颈线虫、古柏线虫、莫尼茨绦虫、曲子宫绦虫、无卵黄腺绦虫、裸头绦虫、赖利绦虫、戴文绦虫、棘头虫等。

e. 大肠：将大肠分为盲肠、结肠和直肠三段，分段进行检查。先检查肠系膜淋巴结，肠壁浆膜面有无病变，然后在肠系膜附着部的对侧沿纵轴剪开肠壁，倾出内容物，内容物和肠壁黏膜的检查同小肠。注意观察大肠中有无圆线虫（马属动物）、蛲虫、食道口线虫、夏伯特线虫；盲肠有无毛尾线虫；网膜及肠系膜表面有无细颈囊尾蚴。

f. 肝脏、胰腺和脾脏：首先观察肝表面有无寄生虫结节，如有可做压片检查。分离胆囊，把胆汁挤入烧杯中，用生理盐水稀释，待自然沉淀后检查沉淀物；并将胆囊黏膜刮下物压片镜检。沿胆管剪开肝，检查其中虫体，而后将其撕成小块，用手挤压，反复淘洗，最后在沉淀物中寻找虫体。胰腺和脾脏的检查方法同肝脏。注意检查肝脏有无肝片吸虫、双腔吸虫、细粒棘球蚴；胰腺有无阔盘吸虫。

肝脏、脾脏、胰腺中寄生虫的检查

②泌尿系统检查。切开肾脏，先对肾盂作肉眼检查，注意肾脏周围脂肪和输尿管壁有无肿瘤及包囊，再刮取肾盂黏膜检查；最后将肾实质切成薄片，压于两载玻片间，在放大镜或解剖镜下检查。膀胱检查方法与胆囊相同，收集尿液，用反复沉淀法处理。按检查肠黏膜的方法检查输尿管。注意肾盂、肾周围脂肪和输尿管壁等处有无有齿冠尾线虫（猪肾虫）等。

③生殖器官的检查。切开，检查内腔，并刮下黏膜，压片检查。怀疑为马媾疫和牛胎儿毛滴虫时，应涂片染色后，用油镜检查。

肺脏和气管的检查

4. 胸腔脏器的取出和检查

（1）胸腔脏器的取出。按一般解剖方法打开胸腔以后，观察脏器的自然位置和状态后，注意观察脏器表面有无细颈囊尾蚴和棘球蚴。连同食管和气管摘取胸腔内的全部脏器，再采集胸腔内的液体用水洗沉淀法检查。

（2）胸腔脏器的检查。

①呼吸系统检查（肺和气管）。从喉头沿气管、支气管剪开，寻找虫体，发现虫体即应直接采取。然后用小刀或载玻片刮取黏液在解剖镜下检查。肺组织按肝脏处理方法处理。注意气管和支气管、细支气管和肺泡中有无肺线虫。

②心脏及大血管检查。先观察心脏表面，检查心外膜及冠状动脉沟。剖开心脏和大血管，注意观察心肌中是否有囊尾蚴（猪、牛），将内容物洗于生理盐水中，反复用沉淀法处理，注意血液中有无日本血吸虫、丝虫等。将心肌切成薄片压片镜检，观察有无旋毛虫和肉孢子虫。

5. 头部各器官的检查 头部从枕骨后方切下，首先检查头部各个部位和感觉器官。然后沿鼻中隔的左或右约 0.3cm 处的矢状面纵向锯开头骨，撬开鼻中隔，进行检查。

（1）眼部的检查。先将眼睑黏膜及结膜在水中刮取表层，沉淀后检查，最后剖开眼球将眼房液收集在培养皿内，在放大镜下检查是否有丝虫的幼虫、囊尾蚴、吸吮线虫等寄生。

（2）口腔的检查。肉眼观察唇、颊、牙齿间、舌肌等，注意观察有无囊尾蚴、蝇蛆和筒线虫等。

（3）鼻腔和鼻窦的检查。沿两侧鼻翼和内眼角连线切开，再沿两眼内角连线锯开，然后在水中冲洗后检查沉淀物。注意观察有无羊鼻蝇蛆、疥癣、锯齿状舌形虫等寄生。

（4）脑部和脊髓的检查。劈开颅骨和脊髓管，检查脑（大、小脑等）和脊髓；先用肉眼检查有无绦虫蚴（脑多头蚴或猪囊尾蚴）、羊鼻蝇蛆寄生。再切成薄片压片镜检，检查有无微丝蚴寄生。

6. 肌肉的检查 采取全身有代表性的肌肉进行肉眼观察和压片镜检。如采取咬肌、腰肌和臀肌等检查囊尾蚴；采取膈肌脚检查旋毛虫和住肉孢子虫；采取牛、羊食道等肌肉检查住肉孢子虫。

7. 虫体收集 发现虫体后，用分离针挑出，用生理盐水洗净虫体表面附着物后，放入预先盛有生理盐水和记有编号与脏器名称标签的平皿内，然后进行待鉴定和固定（虫体的保存和固定方法参见本项目的知识拓展）。但应注意：寄生于肺部的线虫应在略为洗净后尽快投入固定液中，否则虫体易于破裂。当遇到绦虫以头部附着于肠壁上时，切勿用力猛拉，应将此段肠管连同虫体剪下浸入清水中，5～6h后虫体会自行脱落，体节也会自然伸直。为了检获沉渣中小而纤细的虫体，可在沉渣中滴加浓碘液，使粪渣和虫体均染成棕黄色，然后用5％硫代硫酸钠溶液脱去其他物质的颜色，虫体着色后不脱色，仍保持棕黄，易于辨认。

鉴定后的虫体放入容器中保存，并贴好标签。标签上应写明：动物的种类、性别、年龄、解剖编号、虫体寄生部位、初步鉴定结果、剖检日期、地点、解剖者姓名、虫体数目等。可用双标签，即投入容器中的内标签和贴在容器外的外标签，内标签可用普通铅笔书写。

8. 结果登记 剖检结果要记录在寄生虫病学剖检登记表（表1-1）中并统计寄生虫的总数、各种（属、科）寄生虫的感染率和感染强度。

表1-1 畜禽寄生虫剖检记录表

剖检地点：　　　　　　剖检者姓名：　　　　　　剖检日期：　年　月　日

动物编号		产地		畜禽类别		品种	
性别		年龄		死因		其他	
临床表现							
寄生虫收集情况	寄生部位	虫名	数目（条）	瓶号	主要病变	备注	
备注							

9. 注意事项

（1）如果器官内容物中的虫体很多，短时间内不能挑取完时，可将沉淀物加入3％福尔马林保存。

（2）在应用反复沉淀法时，应注意防止微小虫体随水倒掉。

（3）采取虫体时应避免将其损坏，病理组织或含虫组织标本用10％甲醛溶液固定保存。对有疑问的病理组织应做切片检查。

（二）组织病理学检查

组织病理学检查常常是寄生虫病诊断的辅助手段，但对于某些组织的寄生虫病来说，特别要结合病理组织学检查，在相关组织中发现典型病变或各发育阶段的虫体即可确诊，如诊断旋毛虫病和肉孢子虫病时，可根据在肌肉组织中发现的包囊而确诊。

四、病原学诊断

病原检查是从病料中查出病原体如虫卵、幼虫、成虫、虫体节片等，这是诊断寄生虫病的重要手段，也是确诊的主要依据。主要是对动物的粪便、尿液、血液、组织液及体表刮取物进行检查，查出各种寄生虫的虫卵、幼虫、成虫或其碎片等即可得出正确的诊断。

（一）粪便中寄生虫虫体及虫卵的检查

1. 粪便的采集、保存与送检　正确采集、保存和送检被检粪便是准确诊断寄生虫病的前提。粪便中的虫卵被排到外界后，在适宜的条件下，可以自然孵化，甚至孵化出幼虫。此外，土壤中存在一些营自由生活的线虫、蝇、螨等寄生虫及其虫卵和幼虫，甚至含有其他非被检动物和人所排出的虫卵，因此，在采取被检粪便时，应保证是新鲜且未被污染的粪便。为了确保新鲜、无污染，可以采取动物刚刚自然排出的粪便或者直接由动物直肠采粪。对于动物自然排出的粪便，要采集粪堆的上部和中间未被污染的粪便。大动物可以按直肠检查的方法采集，犬、猫等小动物可将食指套上塑料指套，伸入直肠直接钩取粪便。

将采取的粪便装入清洁的容器内（采集用品最好一次性使用），尽快检查，若不能马上检查（超过2h），应放在冷暗处或冰箱中保存（4℃），以便抑制虫卵的发育。当不能及时检查而需送检时，或保存时间较长时，可将粪便浸入加温至50～60℃的5％～10％的福尔马林液中，使粪便中的虫卵失去生活能力，起固定作用，又不改变形态，还可以防止微生物的繁殖。对含有血吸虫卵的粪便最好用福尔马林液或70％～75％乙醇固定以防孵化。若需用PCR检测，要将粪便保存在70％～75％乙醇中，而不能用福尔马林固定。在送检时，应贴好标签，并标明所采集的动物、采集日期和采集人等。

2. 粪便中寄生虫虫体的检查　在消化道内寄生的绦虫常以孕卵节片排出体外；一些蠕虫的虫体由于受驱虫药或的影响，或老化或等因素而随粪便排出体外；马胃蝇的成熟幼虫以及某些消化道内寄生原虫（隐孢子虫、结肠小袋纤毛虫、球虫）等也可以随粪便自然排出到体外。为此，可以直接检查粪便中的这些寄生虫虫体、节片和幼虫，从而达到确诊的目的。

（1）粪便内蠕虫虫体检查法。

①拣虫法。用于肉眼可见的较大型虫体的检查，如蛔虫、姜片吸虫成虫、某些绦虫成虫或孕节等。取出粪便后，先检查其表面，发现虫体后用镊子、挑虫针或竹签挑出粪便中的虫体，拣出的虫体先用清水洗净表面粪渣，立即移入生理盐水中，以待观察鉴定。

注意：动作要轻巧，若用镊子，最好是无齿镊。对于粪球和过硬的粪块，可用生理盐水软化后再拣虫。

②淘洗法。此法用于收集小型蠕虫，如钩虫、食道口线虫、鞭虫等。将经过肉眼检查过的粪便，置于较大的容器（玻璃缸或塑料杯）中，先加少量水搅拌成糊状，再加水至满。静置 10～20min 后，倾去上层粪液，再重新加水搅匀静置，如此反复操作几次，直至上层液体清澈为止。弃上清液，将沉渣倒入大玻璃皿内，先后在白色和黑色背景上，以肉眼或借助于放大镜寻找虫体，必要时可用实体显微镜检查。发现的虫体和节片用挑虫针或毛笔挑出，以便进行鉴定。如对残渣一时检查不完，可移入 4～8℃冰箱中保存，或加入 3%～5% 的福尔马林溶液防腐，待后检查（2～3d）。

注意：淘洗时间不能太长，以防线虫虫体崩解。为防虫体崩解，可用生理盐水代替清水。

（2）粪便内蠕虫幼虫检查法。

①幼虫分离法。主要用于生前诊断一些肺线虫病。如反刍兽网尾线虫的虫卵在新排出的粪便中已变为幼虫；类圆线虫的虫卵随粪便排出后很快即孵出幼虫。对粪便中幼虫的检查最常用的方法是贝尔曼法和平皿法。

a. 贝尔曼法：贝尔曼幼虫分离装置如图 1-14 所示。操作方法：取粪便 15～20g 放入漏斗（下端连接有乳胶管和一小试管）内的金属筛（直径约 10cm）中。然后置漏斗架上，通过漏斗加入 40℃的温水，使粪便淹没为止（水量约达到漏斗中部）。静置 1～3h 后（此时大部分幼虫游于水中，并沉于试管底部），取下小试管，吸弃掉上清液，取其沉渣滴于载玻片上镜检，查找活动的幼虫。该方法也可用于从粪便培养物中分离第三期幼虫或从被剖检畜禽的某些组织中分离幼虫。

注意：所检粪便（粪球）不必弄碎，以免渣子落入小试管底部，镜检时不易观察。小试管和乳胶管中间不得有气泡或空隙，温水必须充满整个小试管和乳胶管（可先通过漏斗加温水至试管和乳胶管充满，然后再加被检粪样，并使其浸泡住被检粪样）。

b. 平皿法：此法特别适用于球状粪便，其操作方法是：取粪球 3～10 个，置于放有少量热水（不超过 40℃）的培养皿内，经 10～15min 后，取出粪球，吸取皿内的液体，在显微镜下检查幼虫，看有无活动的幼虫存在。

用上述两种方法检查时，可见到运动活泼的幼虫。为了静态观察幼虫的详细形态构造，可在有幼虫的载玻片上滴入少量鲁氏碘液或用酒精灯加热，则幼虫很快死亡，并染成棕黄色。为了快速分离，也可在约 40℃培养箱中静置。

②粪便培养法。毛圆科线虫种类很多，其虫卵在形态上很难区别，常将粪便中的虫卵培养为幼虫，再根据幼虫形态上的差异加以鉴别。

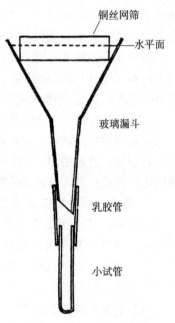

图 1-14 贝尔曼幼虫分离装置

铜丝网筛
水平面
玻璃漏斗
乳胶管
小试管

最常用的方法是在培养皿的底部加滤纸一张，将欲培养的粪便调成硬糊状，塑成半球形，放于皿内的纸上，并使粪球的顶部略高出平皿边沿，使其加盖时能与皿盖相接触。而后置25℃温箱中培养7d，注意保持皿内湿度（应使底部的垫纸保持潮湿状态）。此时多数虫卵已发育为第3期幼虫，并集中于皿盖上的水滴中。将幼虫吸出置载玻片上，镜检。

③毛蚴孵化法。本法专门用于诊断日本血吸虫病，当粪便中虫卵较少时，镜检不易查出；由于粪便中血吸虫虫卵内含有毛蚴，虫卵入水后毛蚴很快孵出，游于水面，便于观察。具体方法参见日本血吸虫病的诊断。

④线虫幼虫的识别要点。主要从以下几个方面来识别幼虫：幼虫的大小；口囊的大小和形状；食道长短及形态构造；肠细胞的数目、形状，幼虫有无外鞘；幼虫尾部的特点（尖、圆、有无结节）及尾长（肛门至虫体尾端的距离）、鞘尾长（肛门至鞘的末端距离）。

（3）粪便内原虫检查法。寄生于消化道的原虫，如球虫、隐孢子虫、结肠小袋纤毛虫等都可以通过粪便检查来确诊。采用各种镜检方法之前，可以先对粪便进行观察，看其颜色、稠度、气味、有无血液等，以便初步了解宿主感染的时间和程度。

①球虫卵囊检查法。一般情况下，采取新排出的粪便，按蠕虫虫卵的检查方法，或直接涂片检查，或采用饱和盐水漂浮法检查粪便中的卵囊。应注意，由于卵囊较小，利用锦纶筛兜淘洗法检查时，卵囊能通过筛孔，故应留取滤下的液体，取沉渣检查。具体参见鸡球虫病。

当需要鉴定球虫的种类时，可将浓集后的卵囊加2.5%的重铬酸钾溶液，在25℃温箱中培养，待其孢子形成后进行观察。

②隐孢子虫卵囊检查法。隐孢子虫卵囊的采集与球虫相似，但其比球虫小，在采用饱和蔗糖溶液漂浮法收集粪便中的卵囊后，常需用油镜观察（放大至1 000倍），还可采用改良抗酸染色法、沙黄-美蓝染色法加以染色后再油镜镜检。具体参见项目四任务4-5。

③结肠小袋纤毛虫检查法。当动物患结肠小袋纤毛虫病时，在粪便中可查到活动的虫体（滋养体），但是粪便中的滋养体很快会变为包囊，因此需要检查滋养体和包囊两种形态。

a. 滋养体检查：取新鲜的稀粪一小团，放在载玻片上加1～2滴温热的生理盐水混匀，挑去粗大的粪渣，盖上盖玻片，在低倍镜下检查时即可见到活动的虫体。

b. 包囊检查：检测时直接涂片方法同上，以一滴碘液（碘2g，碘化钾4g，蒸馏水1 000mL）代替生理盐水进行染色。如碘液过多，可用吸水纸从盖玻片边缘吸去过多的液体。

若同时需检查活滋养体，可在用生理盐水涂匀的粪滴附近滴一滴碘液，取少许粪便在碘液中涂匀，再盖上盖玻片。涂片染色的一半查包囊；未染色的一半查活滋养体。结果可看到细胞质染成淡黄色，虫体内含有的肝糖呈暗褐色，核则透明。

注意：活滋养体检查时，涂片应较薄，气温越接近体温，滋养体的活动越明显。必要时可用保温台保持温度。

3. 粪便中寄生虫虫卵的检查　根据所采取的方法不同，可将粪便内蠕虫虫卵的检查法分为直接涂片法、沉淀法、漂浮法以及锦纶筛兜淘洗法。

（1）直接涂片法。首先在洁净的载玻片中央滴1～3滴50%甘油生理盐水溶液或生理盐水（缺少甘油生理盐水时可以用常水代替，但不如甘油盐水清晰，因为加甘油能使标本清晰，并可防止过快蒸发变干，若检查原虫的包囊应加碘液代替生理盐水），以牙签挑取绿豆粒大小的粪便与之混匀。用镊子剔除粗大粪渣，涂开呈薄膜状，其厚度以放在书上能透过薄层粪液模糊地看出书上字迹为宜。然后在粪膜上加盖玻片，置于光学显微镜下观察（图 1-15）。检查虫卵时，先用低倍镜顺序查盖玻片下所有部分，发现疑似虫卵物时，再用高倍镜仔细观察。

图 1-15　直接涂片法操作流程

注意：因一般虫卵（特别是线虫卵）颜色较淡，镜检时视野宜稍暗一些（聚光器下移）；用过的竹签、玻片、粪便等要放在指定的容器内，以防污染。

直接涂片法

这种方法简单易行，但检出率不高，尤其在轻度感染时，往往得不到可靠的结果，所以为了提高检出率，每个粪样应连续涂至少 3 张片。

（2）沉淀法。利用某些虫卵相对密度比水大的特点，让虫卵在重力的作用下，自然沉于容器底部或在离心力作用下沉于离心管底部，然后取沉淀物进行检查。此法多用于相对密度较大的虫卵检查，如吸虫卵、棘头虫卵和裂头绦虫卵等的检查。沉淀法可分为直接水洗沉淀法和离心沉淀法。

①直接水洗沉淀法。取粪便 5～10g 置于烧杯中，先加少量的水，将粪便调成糊状，再加 10～20 倍量水充分搅匀成粪液。然后用孔径 0.3mm 金属筛或 2～3 层湿纱布滤过入另一塑料杯或烧杯中，滤液静置 20～30min 后小心倾去上层液，保留沉渣再加水与沉淀物重新混匀。以后每隔 15～20min 换水一次，如此反复水洗沉淀物多次，直至上层液透明为止。最后倾去上清液，用吸管吸取沉淀物滴于载玻片上，加盖玻片镜检（图 1-16）。

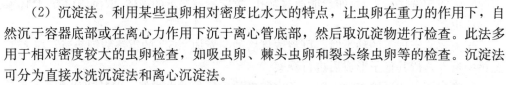

1. 加粪及水　　2. 过滤　　3. 静置 10 min　　4. 去上清

5. 重新加水 ➡ 6. 重复步骤 3、4 两次 ➡ 7. 吸沉渣镜检

图 1-16　彻底洗净法操作流程

直接水洗沉淀法所需时间较长，但是不需要离心机，操作方便，因而在基层工作中常用。

②离心沉淀法。采用离心机进行离心，使虫卵加速集中沉淀在离心管底，然后镜检沉淀物。具体步骤：取 3g 粪便置于烧杯中，加 10～15 倍水搅拌混匀。将粪液用金属筛或纱布滤入离心管中（或将直接水洗沉淀法时，滤去粗渣的粪液直接倒入离心管

中），以 2 000～2 300r/min 的速度离心沉淀 1～2min，取出后倾去上层液，再加水搅和。按上述条件重复操作离心沉淀 2～3 次，直至上清液清亮为止。倾去上层液，用吸管吸取沉淀物滴于载玻片上，加盖玻片镜检。

（3）漂浮法。本法是利用相对密度比虫卵大的溶液稀释粪便，将粪便中的虫卵浮集于液体表面，然后取液膜进行检查。常用饱和食盐水（饱和食盐水的配制：100mL 水中溶解食盐 38～40g，即将食盐慢慢加入盛有沸水的容器内，不断搅动，直至食盐不再溶解为止）做漂浮液，用以检查线虫卵、绦虫卵和球虫卵囊。此外，也可采用硫酸镁、硫代硫酸钠和硝酸铅等饱和溶液做漂浮液，可大大提高检出效果，亦可用于吸虫卵的检查。现将常见的虫卵及漂浮液的相对密度如表 1-2 所示。

表 1-2　常见的虫卵及漂浮液的相对密度

寄生虫卵的相对密度		漂浮液的相对密度		
虫卵的种类	相对密度	漂浮液的种类	试剂（g）/水（L）	相对密度
猪蛔虫卵	1.145	饱和盐水	380	1.170～1.190
钩虫卵	1.085～1.090	硫酸锌溶液	330	1.140
毛圆线虫卵	1.115～1.130	氯化钙溶液	440	1.250
猪后圆线虫卵	1.20 以上	硫代硫酸钠溶液	1 750	1.370～1.390
肝片吸虫卵	1.20 以上	硫酸镁溶液	920	1.26
姜片吸虫卵	1.20 以上	硝酸铅溶液	650	1.30～1.40
华支睾吸虫卵	1.20 以上	硝酸钠溶液	1 000	1.20～1.40
双腔吸虫卵	1.20 以上	甘油		1.226

漂浮法分为饱和盐水漂浮法和试管浮聚法。

①饱和盐水漂浮法。取 5～10g 粪便置于 100～200mL 烧杯（或塑料杯）中，加入少量漂浮液搅拌混合后，继续加入约 20 倍的漂浮液。然后将粪液用孔径 0.3mm 金属筛或纱布滤入另一杯中，弃去粪渣。静置滤液，经 30min 左右，用直径 0.5～1cm 的金属圈平着接触滤液面，提起后将粘着在金属圈上的液膜抖落于载玻片上，如此多次蘸取不同部位的液面后，加盖玻片镜检。注意盖玻片应与液面完全接触，不应留有气泡（图 1-17）。

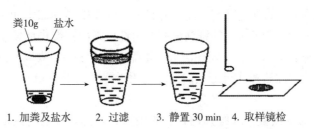

图 1-17　饱和盐水漂浮法操作流程

②试管浮聚法。取 2g 粪便置于烧杯中或塑料杯中，加入 10～15 倍漂浮液进行搅拌混合，然后将粪液用孔径 0.3mm 金属筛或纱布通过滤斗滤入试管中，然后用滴管吸取漂浮液加入试管，至液面凸出管口为止。静置 30min 后，用清洁盖玻片轻轻接触液面，提起后放入载玻片上镜检（图 1-18）。静置滤液的试管可用经济实惠的青霉素瓶代替。

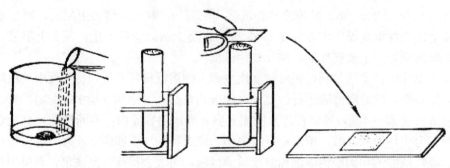

图 1-18　饱和盐水浮聚法操作流程

注意：a. 漂浮时间约为 30min，时间过短（少于 10min）漂浮不完全；时间过长（大于 1h）易造成虫卵变形、破裂，难以识别。b. 检查时速度要快，以防虫卵变形，必要时可在制片时加上一滴清水，以防标本干燥和盐结晶析出，妨碍镜检。c. 用相对密度较大的漂浮液会使虫卵漂浮加快，但除特殊需要外，采用相对密度过大的溶液是不适宜的。因为一方面浓度太大会使虫卵变形而很难鉴定；另一方面随溶液相对密度加大，粪渣浮起也会增多从而影响检出；而且由于液体黏度增加，虫卵浮起的速度也会减慢。d. 检查多例粪便时，用铁丝圈蘸取一例后，再蘸取另一例时，需先在酒精灯上烧过后再使用，以免相互污染，影响结果的准确性。e. 玻片要清洁无油，防止玻片与液面间有气泡或漂浮的粪渣，若有气泡不要用力压盖玻片，可用牙签轻轻敲击赶出。

漂浮法适用于多种线虫卵、绦虫卵、球虫卵囊的检查，检出率较高。当检查某些相对密度较大的虫卵如猪肺丝虫卵、棘头虫卵时，可用相对密度较大的漂浮液代替饱和盐水。另外，也可将离心沉淀法和漂浮法结合起来应用。如可先用漂浮法将虫卵和比虫卵轻的物质漂起来，再用离心沉淀法将虫卵沉下去；或者选用沉淀法使虫卵及比虫卵重的物质沉下去，再用漂浮法使虫卵浮起来，以获得更高的检出率。

（4）锦纶（尼龙）筛兜集卵法。由于虫卵的直径多在 $60 \sim 260 \mu m$，因此可制作两个不同孔径的筛子，将较多量的粪便，经孔径较大的粗筛（金属筛）去除粪渣，再经锦纶筛兜去细粪渣和较小的杂质，以达到快速浓集虫卵、提高检出率的目的。

操作方法：取粪便 $5 \sim 10g$，加水搅匀，先通过孔径 $260 \sim 300 \mu m$ 的金属筛过滤；滤下液再通过孔径 $59 \mu m$ 的锦纶筛兜过滤，并在锦纶筛兜中继续加水冲洗，直至洗出液体清澈透明为止，直径小于 $60 \mu m$ 的细粪渣和可溶性色素均被洗去而使虫卵集中。最后用流水将粪渣冲于筛底，而后取一烧杯清水，将筛底浸于水中，吸取兜内粪渣滴于载玻片上，加盖玻片镜检。此法操作迅速、简便，适用于宽度大于 $60 \mu m$ 的虫卵（如肝片吸虫卵）的检查。

也可将金属筛直接置于绵纶筛内，将粪液通过两筛，然后将两筛一起在清水中冲洗，直至流出液体清澈透明，取下金属筛，最后取绵纶筛内粪渣进行检查。

（5）粪便中蠕虫卵的鉴定。虫卵主要依据其大小、形状、颜色、卵壳（包括卵盖等）和内容物的典型特征等来加以鉴别。因此首先要将那些易与虫卵混淆的物质与虫卵区分开来（粪检中镜下常见杂质见图 1-19）；其次应了解各纲虫卵的基本特征，识别出吸虫卵、绦虫卵、线虫卵和棘头虫卵等；最后根据每种虫卵的具体特征鉴别出具体虫种的虫卵。

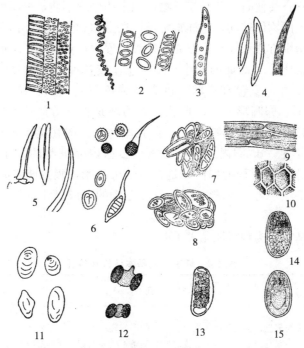

图 1-19 粪检中镜下常见杂质

1. 植物导管：梯纹、网纹、孔纹 2. 螺纹和环纹 3. 管胞 4. 植物纤维
5. 小麦的颖毛 6. 真菌的孢子 7. 谷壳的一些部分 8. 稻米胚乳
9、10. 植物的薄皮细胞 11. 淀粉粒 12. 花粉粒
13. 植物线虫的一些虫卵 14. 螨的卵（未发育） 15. 螨的卵（已发育）

①虫卵和其他杂质的区别。虫卵的特征：a. 多数虫卵轮廓清楚、光滑。b. 卵内有一定明确而规则的构造。c. 通常是多个形状和结构相同或相似的虫卵会存在一张标本中，只有一个的情况很少；若只有一个时，即便是寄生虫虫卵，也属于轻度感染，临床意义不大。

易与虫卵混淆的物质及其特征见表 1-3。

表 1-3 易与虫卵混淆的物质及特征

易与虫卵混淆的物质	特 征
气泡	圆形，无色，大小不一，折光性强，内部无胚胎结构
花粉颗粒	无卵壳构造，表面常呈网状，内部无胚胎结构
植物细胞	有的为螺旋形，有的为小型双层环状物，有的为铺石状上皮，均有明显的细胞壁
淀粉粒	形状不一。外被粗糙的植物纤维，颇似绦虫卵。可滴加鲁氏碘液（碘液配方为碘 0.1mL，碘化钾 2mL，水 100mL）染色加以区分，未消化前显蓝色，略经消化后呈红色
霉菌	霉菌的孢子常易误认为蛔虫卵或鞭虫卵；霉菌内部无明显的胚胎构造，折光性强
结晶	在粪便中常常看到草酸钙、磷酸盐、碳酸钙的结晶，多呈方形、针形或斜方形等。有时在粪便中还可以看到棱形针状的夏科雷盾结晶（常常是肠道有溃疡和大量蠕虫寄生的象征）
其他	某些动物常有食粪癖（如犬、猪），它们的粪便中，除寄生于其本身的寄生虫和虫卵以外，还可能有被吞食的其他寄生虫卵，注意不要误以为是寄生于本身的寄生虫生产的。患螨病时，在粪便中还可能有一些毛发、螨和它们的卵。有时还可以在粪便中找到纤毛虫，易误认为吸虫卵

在用显微镜检查粪便时，若对某些物体和虫卵分辨不清，可用解剖针轻轻推动盖玻片，使盖玻片下的物体转动，这样常常可以把虫卵和其他物体区分开来。

②蠕虫卵的识别方法和要点。在粪便检查过程中，观察蠕虫虫卵时，应从以下几个方面去进行观察比较。a. 卵的大小：要注意比较各种虫卵的大小，必要时可用测微尺进行测量。b. 卵的颜色和形状：色彩是黄色还是灰白、淡黑、黑或灰色；形状是圆形、椭圆形、卵圆形或其他形状；看两端是否同等的锐或钝；是否有卵盖；两侧是否对称；以及有无附属物等。c. 卵壳厚薄：一般在镜下可见几层，厚或薄；是否光滑或粗糙不平。d. 卵内结构：观察线虫卵内卵细胞的大小、多少、颜色深浅，是否排列规则，充盈程度如何，是否有幼虫胚胎；吸虫卵内卵黄细胞的充满程度，胚细胞的位置、大小、色彩，以及有无毛蚴的形成；绦虫卵内的六钩蚴形态及有无梨形器等。

③蠕虫卵的基本结构和特征见表1-4。

表1-4 蠕虫卵的基本结构和特征

虫卵	特征	图示
吸虫卵	吸虫卵多为黄色、黄褐色或灰褐色，呈卵圆形或椭圆形，卵壳厚而坚实。大部分吸虫卵的一端有卵盖，卵盖和卵壳之间有一条不明显的缝（新鲜虫卵在高倍镜下可看见），也有的吸虫卵无盖。有的吸虫卵卵壳表面光滑；也有的有各种突出物（如结节、小刺、丝等）。新排出的吸虫卵内，有的含有卵黄细胞所包围的胚细胞，有的则含有成形的毛蚴	
绦虫卵	绦虫卵大多数无色或灰色，少数呈黄色、黄褐色。圆叶目绦虫卵与假叶目绦虫卵构造不同。圆叶目虫卵形状不一，卵壳的厚度和构造也不同，多数虫卵中央有一椭圆形具三对胚钩的六钩蚴，其被包在内胚膜里，内胚膜之外为外胚膜，内外胚膜之间呈分离状态。有的绦虫卵的内层胚膜上形成突起，称为梨形器（灯泡样结构），六钩蚴被包围在其中，有的几个虫卵被包在卵袋中。假叶目绦虫卵则非常近似于吸虫卵，虫卵椭圆形，有卵盖，内含卵细胞及卵黄细胞	
线虫卵	各种线虫卵的大小和形状不同，常见椭圆形、卵形或近于圆形。一般的线虫卵有4层膜（光学显微镜下只能看见2层）所组成的卵壳，光滑，或有结节、凹陷等。卵内含未分裂的胚细胞或分裂着的胚细胞，或为一个幼虫。各种线虫卵的色泽也不尽相同，从无色到黑褐色。不同线虫卵卵壳的薄厚不同，蛔虫卵卵壳最厚，其他多数卵壳较薄	
棘头虫卵	多为椭圆或长椭圆形。卵壳3层，内层薄，中间层厚，多数有压痕，外层变化较大，并有蜂窝状构造。内含长圆形棘头蚴，其一端有3对胚钩	

④各种动物粪便中蠕虫卵的形态结构见图1-20至图1-24。

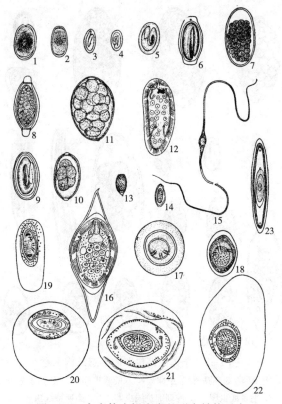

图 1-20　家禽体内蠕虫卵的形态结构示意

1. 鸡蛔虫卵　2. 鸡异刺线虫卵　3. 类圆线虫卵　4. 孟氏眼线虫卵　5. 旋华首线虫卵　6. 四棱线虫卵　7. 鹅裂口线虫卵　8. 毛细线虫卵　9. 鸭束首线虫卵　10. 比翼线虫卵　11. 卷棘口吸虫卵　12. 嗜眼吸虫卵　13. 前殖吸虫卵　14. 次睾吸虫卵　15. 背孔吸虫卵　16. 毛毕吸虫卵　17. 楔形变带绦虫卵　18. 有轮瑞利绦虫卵　19. 鸭单睾绦虫卵　20. 膜壳绦虫卵　21. 矛形剑带绦虫卵　22. 片形皱褶绦虫卵　23. 鸭多型棘头虫卵

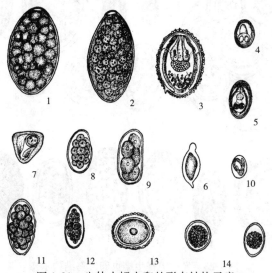

图 1-21　牛体内蠕虫卵的形态结构示意

1. 大片吸虫卵　2. 前后盘吸虫卵　3. 日本分体吸虫卵　4. 双腔吸虫卵　5. 胰阔盘吸虫卵　6. 鸟毕吸虫卵　7. 莫尼茨绦虫卵　8. 食道口线虫卵　9. 仰口线虫卵　10. 吸吮线虫卵　11. 指形长刺线虫卵　12. 古柏线虫卵　13. 犊新蛔虫卵　14. 牛艾美耳球虫卵囊

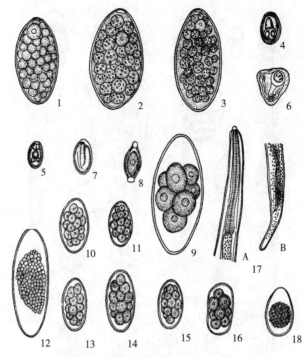

图 1-22　羊体内蠕虫卵的形态结构示意

1. 肝片吸虫卵　2. 大片吸虫卵　3. 前后盘吸虫卵　4. 双腔吸虫卵　5. 胰阔盘吸虫卵　6. 莫尼茨绦虫卵

7. 乳突类圆线虫卵　8. 毛首线虫卵　9. 钝刺细颈线虫卵　10. 奥斯特线虫卵　11. 捻转血矛线虫卵

12. 马歇尔线虫卵　13. 毛圆形线虫卵　14. 夏伯特线虫卵　15. 食道口线虫卵　16. 仰口线虫卵

17. 丝状网尾线虫幼虫（A. 前端　B. 尾端）　18. 小型艾美耳球虫卵囊

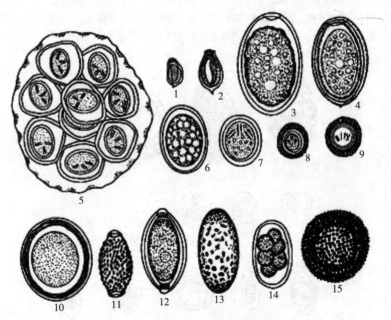

图 1-23　犬、猫寄生蠕虫卵形态结构示意

1. 后睾吸虫卵　2. 华支睾吸虫卵　3. 棘隙吸虫卵　4. 并殖吸虫卵　5. 犬复孔绦虫卵　6. 裂头绦虫卵　7. 中线绦虫卵　8. 细粒棘球绦虫卵　9. 泡状带绦虫卵　10. 狮弓蛔虫卵　11. 毛细线虫卵　12. 毛首线虫卵　13. 肾膨结线虫卵　14. 犬钩口线虫卵　15. 犬弓首蛔虫卵

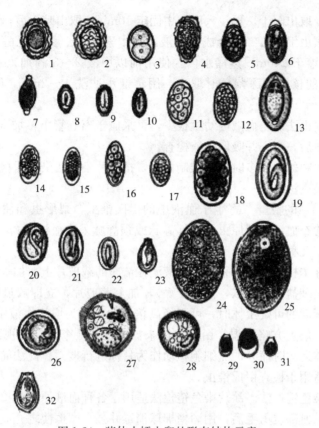

图 1-24 猪体内蠕虫卵的形态结构示意

1. 猪蛔虫卵 2. 猪蛔虫卵表面观 3. 蛋白质膜脱落的猪蛔虫卵 4. 未受精猪蛔虫卵 5. 新鲜的刚刺颚口线虫卵 6. 已发育刚刺颚口线虫卵 7. 猪毛首线虫卵 8. 未成熟圆形似蛔线虫卵 9. 成熟的圆形似蛔线虫卵 10. 六翼泡首线虫卵 11. 新鲜的食道口线虫卵 12. 已发育食道口线虫卵 13. 蛭形巨吻棘头虫卵 14. 新鲜球首线虫卵 15. 已发育的球首线虫卵 16. 红色猪圆线虫卵 17. 鲍杰线虫卵 18. 新鲜猪肾虫卵 19. 已发育猪肾虫卵 20. 野猪后圆线虫卵 21. 复阴后圆线虫卵 22. 兰氏类圆线虫卵 23. 华支睾吸虫卵 24. 姜片吸虫卵 25. 肝片吸虫卵 26. 长膜壳绦虫卵 27. 小袋虫滋养体 28. 小袋虫包囊 29、30、31. 猪球虫卵囊 32. 截形微口吸虫卵

（二）血液中寄生虫检查

血液内主要有伊氏锥虫、梨形虫及住白细胞虫等原虫以及某些丝虫的幼虫。常制作血液涂片，经染色、镜检来发现血浆或血细胞内的虫体，同时为了观察活动虫体亦可用鲜血压滴法检查。

1. 血液内蠕虫幼虫的检查 丝虫目某些线虫的幼虫可以寄生在动物的外周血液中，这些病的诊断就依靠检查血中的幼虫（微丝蚴），可采用下列方法。

（1）直接镜检法。直接由动物耳尖采新鲜血液 1 滴，滴于载玻片上，加上盖玻片，立即置显微镜下检查，即可在血液内见到活动的微丝蚴。为了延长观察时间，可以在血滴中加少许生理盐水，这样既可防止血液过早凝固，又可稀释血液便于观察。此法在血液内幼虫较多时适用。

（2）溶血染色法。如果血液内幼虫较少，可制作厚的血膜，溶血后染色观察。具体方法如下：由动物的耳尖采一大滴血液滴在载玻片上稍加涂布，待自然干燥后便结成一层厚厚的血膜。然后将血片反转使血膜面向下，斜浸入一小杯蒸馏水中，待血膜完全溶血为止。取出晾干,再浸入甲醇中固定 10min,取出晾干后,以明矾苏木素染色(明矾苏木素由甲、乙二液合成:甲液以苏木素 1.0g、无水乙醇 12mL 配成;乙液以明矾 1.0g 溶于 240mL 蒸馏水内。使用前以甲液 2~3 滴加入乙液数毫升内即成),待白细胞的核染成深紫色时取出,用蒸馏水冲洗 1~2min,吸干后显微镜下检查。

(3)离心集虫法。若血液内幼虫很少,可采血于离心管中,加入 5%醋酸溶液溶血。待完全溶血后,离心并吸取沉渣检查。

另外,若血中幼虫量多时,可推制血片,按血片染色法染色后检查,具体方法参见血液内原虫检查法。

涂片染色镜检法
检查血液原虫

2. 血液内原虫的检查 寄生于血液中的伊氏锥虫、梨形虫和住白细胞虫,一般可采血检查。检查血液内的原虫多在耳静脉或颈静脉采取血液,禽类可取翅静脉血。检查方法有以下几种。

(1)压滴标本检查法。将采出的血液滴在洁净的载玻片上,加等量的生理盐水与之混合(不加生理盐水也可以,但易干燥),加上盖玻片,立即放显微镜下用低倍镜检查,发现有运动的可疑虫体时,可再换高倍镜检查。为增加血液中虫体的活动性,可以将玻片在火焰上方略加温。由于虫体未被染色,检查时应使视野中的光线弱一些;可借助虫体运动时撞开的血细胞移动作为目标进行搜索。此法简单,虫体在运动时较易检出,适用于检查伊氏锥虫。

(2)涂片染色镜检法。涂片染色镜检法适用于各种血液原虫的检查。

①涂片。采血部位剪毛后,用酒精棉球消毒并强力摩擦使之充血,再用消毒针头穿刺、采血,滴于洁净的载玻片一端距端线约 1cm 处的中央;另取一块边缘光滑的载玻片,作为推片。先将此推片的一端置于血滴的前方,然后稍向后移动,触及血滴,使血液均匀分布于两玻片之间,形成一线;推片与载玻片形成 30°~45°角,平稳快速向前推进,使血液循接触面散布均匀,即形成血薄片。检查梨形虫时,血片越薄越好。

②染色。

a. 瑞氏染色:取已干燥的血涂片(不需用甲醇固定),滴加瑞氏染液(配制方法见附注 1)覆盖血膜,静置 2min;加入等量缓冲液,用吸球轻轻吹动,使染液与缓冲液充分混匀,放置 5~10min;倾去染液,然后用水冲洗;血片自然干燥或用吸水纸吸干后即可镜检。

备注 1:瑞氏染液配制。瑞氏染料(伊红和美蓝)0.2g,置棕色试剂瓶中,加入甘油 3mL,盖紧瓶塞,充分摇匀后,再加甲醇 100mL,室温放置。

b. 吉姆萨染色:血膜自然干燥后,在血膜上滴加甲醇数滴固定 2~3min;再让血膜自然干燥;在血膜上滴吉姆萨染色液(配制方法见附注 2)或浸于染色液缸内,染色 30min 以上或过夜;用水冲走多余的染色液;再让血膜自然干燥或用吸水纸吸干;置显微镜下用油镜观察。

备注 2:吉姆萨染料原液的配制。吉姆萨染料(粉末)0.5g,甲醇 33mL,甘油 33mL。先将吉姆萨染料放入乳钵中,逐渐倒入甘油,边加甘油边研磨均匀,置于 55~60℃水浴箱内加温 1~2h,使其充分溶解,然后加入甲醇,摇匀后放置数天(1d 以上),过滤后或不过滤置有色瓶中即可使用。此染液放置室温阴暗处,时间越长越好。临用时将上述配液充分摇匀后，用缓冲液或蒸馏水稀释 10～20 倍即可使用。

（3）离心集虫法。当血液中的虫体较少时，可先进行离心集虫，再行制片检查。其操作方法是：在离心管中加 2％的柠檬酸生理盐水溶液 1mL，再加被检血液 4mL；混匀后，以 500～700r/min 离心 5min，使其中大部分红细胞沉降；将含有少量红细胞、白细胞和虫体的上层血浆，用吸管移入另一离心管中，补加一些生理盐水，以 2 500r/min 的速度离心 10min，则虫体和病变红细胞下沉于管底；取其沉淀制成抹片，染色检查。此法适用于检查伊氏锥虫和梨形虫。因为伊氏锥虫及感染有虫体的红细胞比正常红细胞的相对密度轻，当第一次低速离心时，正常红细胞下降，而锥虫或感染有虫体的红细胞还浮在血浆中，经过第二次较高速的离心则浓集于管底。

离心集虫法
检查血液原虫

（三）皮肤刮取物的检查

1. 病料的采集　疥螨、痒螨和蠕形螨等寄生于动物体表或表皮内，因此应刮取皮屑，置显微镜下寻找虫体或虫卵。刮皮屑时，应选择新生的患部皮肤与健康皮肤的交界处，因为这里的螨较多。刮取前先剪去该部的被毛，然后取凸刃刀、锐匙或钝口外科刀，在酒精灯上消毒，等凉后使刀刃和皮肤垂直，反复用力刮取病料，直到皮肤轻微出血为止（此点对疥螨的检查尤为重要）。为了便于采集到皮屑，可在刀刃上蘸取少量甘油、50％的甘油水溶液或 5％的氢氧化钠溶液，这样可使皮屑黏附在刀上。将刮下的皮屑集中于培养皿、小瓶或带塞的试管中带回实验室供检查。刮取病料处用碘酒消毒。

检查蠕形螨时，皮肤上若有砂粒样或黄豆大的结节，可用力挤压病变部位，挤出脓液或干酪样物，涂于载玻片上，滴加生理盐水 1～2 滴，均匀涂成薄片，盖上盖玻片镜检。

2. 检查方法

（1）肉眼直接检查法。将刮取的干燥皮屑置于培养皿中，将培养皿底部在酒精灯上或用热水加热至 37～40℃后，将培养皿放于黑色衬景上用肉眼观察（也可用放大镜观察），可见白色虫体在黑色背景上移动。此方法适用于体型较大痒螨的检查。若进一步鉴定，可取活动的虫体放在滴有一滴甘油水的载玻片上，置显微镜下观察。

（2）透明皮屑法。把刮下的皮屑置载玻片上，加一滴 50％甘油水（甘油对皮屑有透明作用）或 10％氢氧化钠溶液，用牙签调匀或盖上另一载玻片搓压使病料散开，在低倍镜下检查，发现螨虫体可确诊。若皮屑过多，可搓动后将两载玻片分开，分别盖上盖玻片检查。

（3）加热检查法。

①温水检查法。将病料浸入 40～45℃的温水中，置恒温箱内 1～2h，用解剖镜观察，活螨在温热作用下，由皮屑内爬出，集结成团，沉于水底部。

②培养皿内加热法。将刮取到的干的病料放于培养皿内，加盖。将培养皿放入盛有 40～45℃温水的杯上，经 10～15min 后，将皿翻转，则虫体与少量皮屑黏附在皿底，大量皮屑则落于盖上。取皿底以放大镜或解剖镜检查；皿盖可继续放在温水上，再过 15min，作同样处理。由于螨在温暖的情况下开始活动而离开痂皮，但因螨足上具有吸盘，因此不会和痂皮一块倒去。另外，本法可收集到与皮屑分离的虫体，供制作玻片标本用。

加热检查法适用于对活螨的检查。

（4）虫体浓集法。

①漂浮法。将病料放在盛有饱和食盐水的扁形量瓶或适宜的容器内，加饱和食盐水至容器的2/3处，搅拌均匀，置10倍放大镜或双筒实体显微镜下检查，或继续加饱和食盐水至瓶口处（为防止盐水和样品溢出污染桌面，宜将上述容器放在装有适量甘油水的培养皿中），用洁净的载玻片盖在瓶口上，使玻片与液面接触，蘸取液面上的漂浮物，置显微镜下检查。

②皮屑溶解法。将病料浸入盛有10％氢氧化钠或氢氧化钾溶液的试管中，浸泡过夜或在酒精灯上加热煮沸数分钟；待痂皮全部溶解后将其倒入离心管中，用离心机以2 000r/min离心1～2min后，虫体沉于管底；倒去上层液，吸取沉淀物制片镜检。也可以向沉淀中加入60％亚硫酸钠溶液（或60％硫代硫酸钠溶液）至满，然后加上盖玻片，半小时后轻轻取下盖玻片覆盖在载玻片上镜检。

（四）组织和组织液检查

有些寄生虫可以在动物身体的不同组织寄生。一般在死后剖检时，取一小块组织，以其切面在载玻片上做成抹片、触片，或将小块组织固定后做成组织切片，染色检查，抹片或触片可用瑞氏染色法或吉姆萨染色法染色。

1. 淋巴结穿刺检查 患泰勒原虫病的病畜，常呈现局部的体表淋巴结肿大，采取淋巴结穿刺液作涂片，检查有无石榴体（柯赫蓝体），以便做出早期诊断。详见泰勒虫病。

2. 腹水中寄生虫的检查 家畜患弓形虫病时，除死后可在一些组织中找到包囊体和滋养体外，生前诊断可取腹水检查其中是否有滋养体存在。收集腹水，猪可采取侧卧保定，穿刺部位在白线下侧脐的后方（公猪）或前方（母猪）1～2cm处。穿刺时局部消毒后，将皮肤推向一侧，针头以略倾斜的方向向下刺入，深度2～4cm。针头刺入腹腔后会感到阻力骤减，而后有腹水流出。有时针头被网膜或肠管堵住，可用针芯消除此障碍。取得腹水可在载玻片上抹片，以瑞氏液或吉姆萨液染色后检查。

3. 肌肉中寄生虫的检查 旋毛虫的检查是肉品卫生检疫的重要项目，其检查方法较多，目前，我国多采用目检法和镜检法，欧美等国家多用消化法。另外，肉孢子虫的检查方法也多和旋毛虫检查一同按目检法和镜检法进行。详见旋毛虫病。

（五）尿液检查

寄生在泌尿系统的蠕虫（如有齿冠尾线虫和肾膨结线虫）其虫卵常随动物尿液排出。当怀疑为本病时，可收集尿液进行虫卵检查。最好采取清晨排出的尿液，收集于小烧杯中，自然沉淀30min后，倾去上层尿液，在杯底衬以黑色背景，肉眼检查即可见杯底黏有白色虫卵颗粒。有的虫卵黏性大，如欲将其吸出检查比较困难，须用力冲洗方能冲下；对于无黏附性的虫卵检查，可将尿液离心沉淀或用尖底的器皿将尿液静置，镜检沉渣。

（六）生殖道原虫检查

牛胎儿毛滴虫存在于病母牛的阴道与子宫的分泌物、流产胎儿的羊水、羊膜或其第4胃内容物中，也存在于公牛的包皮鞘内，应采取以上各处的病料寻找虫体。

将收集到的病料，立即放于载玻片上，并防止材料干燥。对浓稠的阴道黏液，检查前最好以生理盐水稀释2～3倍，羊水或包皮洗涤物最好先以2 000r/min的速度离心沉淀5min，而后以沉淀物制片检查。

马媾疫锥虫在末梢血液中很少出现，而且数量也很少，因此，血液学检查在马媾疫诊断上的用处不大。检查材料主要应采取浮肿部皮肤或丘疹的抽出液，尿道及阴道的黏膜刮取物，特别在黏膜刮取物中最易发现虫体。以上所采的病料均可加适量的生理盐水，置载玻片上，覆以盖玻片，制成压滴标本检查；也可以制成抹片，用吉姆萨液染色后检查，方法与血液原虫检查相同。也可用灭菌纱布以生理盐水浸湿，用敷料钳夹持，插入公马尿道或母马阴道擦洗后，取出纱布，洗入无菌生理盐水中，将盐水离心沉淀，取沉淀物检查。

（七）鼻和气管分泌物的检查

猪肺线虫、牛肺线虫、羊肺丝虫、肺吸虫和禽比翼线虫的虫卵或幼虫可出现于气管分泌物或痰液中，但由于采集较麻烦，所以只有在难以鉴别诊断时，或需要证实在粪便中的虫卵或幼虫确系属于呼吸道寄生虫时才进行。

检查方法：用棉拭子取鼻腔和气管分泌物（禽类伸到口腔中的后鼻孔附近），将采集的黏液涂于载玻片上，镜检。虫卵和幼虫的鉴定可参照粪便中寄生虫虫卵和虫体的检查。家畜的痰液一般较难采集，为了得到较多的检查物，可用手小心轻压气管或喉头上部以引起动物咳嗽。

五、治疗性诊断

有些患病动物的粪、尿及其他病料中无虫体，或虫卵数量少，难以用现行的检查方法查出，或利用流行病学材料及临床症状不能确诊，或由于诊断条件的限制等原因不能进行确诊时，可根据初诊印象采用针对某些寄生虫的特效驱虫药对疑似病畜进行治疗，然后观察症状是否好转或者患病动物是否排出虫体从而进行确诊。治疗效果以死亡停止、症状缓解、全身状态好转以至于痊愈等表现来评定。多用于原虫病、螨病以及组织器官内蠕虫病的诊断，如梨形虫病可注射贝尼尔作为治疗性诊断，弓形虫病可用磺胺类药物做治疗性诊断。

六、免疫学诊断

免疫学诊断是根据寄生虫感染的免疫机理建立起来的诊断方法，如果在患病动物体内查到某种寄生虫的相应抗体或抗原时，即可做出诊断。随着免疫学的发展，各种免疫学诊断方法已经广泛地应用到某些寄生虫病的诊断上，其中主要有琼脂扩散试验（AGD）、间接血凝试验（IHA）、间接荧光抗体试验（IFAT）、酶联免疫吸附试验（ELISA）、胶体金快速诊断技术、环卵沉淀试验（COPT）等。这种方法具有简便、快速、敏感、特异等优点，但由于寄生虫结构复杂、生活史的不同阶段有不同的特异性抗原，以及许多寄生虫具有免疫逃避能力等，导致有时会出现假阳性、假阴性，不如病原学诊断可靠，因此常常作为寄生虫病诊断的辅助方法。然而，对于一些只有剖检动物或活组织检查才能确诊的寄生虫病，如猪囊尾蚴病、旋毛虫病、弓形虫病等，免疫学诊断仍是较为有效的方法。另外，在寄生虫病的流行病学调查中，免疫学方法也有着其他方法不可替代的优越性。

七、分子生物学诊断

随着分子生物学的发展和学科间的交叉渗透，许多分子生物学技术已经应用于寄生虫病的诊断、分类和流行病学调查。分子生物学技术主要包括 DNA 探针（DNA probe）和聚合酶链反应（PCR）两种技术。PCR 技术是一种既敏感又特异的 DNA 体外扩增方法，可将一小段目的 DNA 扩增上百万倍，其扩增效率可检测到单个虫体的微量 DNA。通过设计特异引物，扩增出独特 DNA 产物，用琼脂糖电泳很容易检测出来显示它的特异性，而且操作过程也相对简便快捷，无需对病原进行分离纯化。该法同时可以克服抗原和抗体持续存在的干扰，直接检测到病原体的 DNA，既可用于临床诊断，又可用于流行病学调查。而以 PCR 技术为基础的技术如聚合酶链反应-单链构象多态性（PCR-SSCP）技术、聚合酶链式反应连接的限制性片段长度多态性（PCR-RFLP）技术等近年来发展很快，为研究寄生虫的遗传变异、分类鉴定、分子流行病学调查提供了新的途径。已应用的虫种包括利什曼原虫、疟原虫、弓形虫、阿米巴原虫、巴贝斯虫、旋毛虫、锥虫、隐孢子虫、猪带绦虫和丝虫等。

八、其他诊断方法

（一）动物接种试验

诊断弓形虫病、伊氏锥虫病时，可将病料或血液接种于实验动物；诊断梨形虫病时，可将患畜血液接种于同种幼畜，在被接种动物体内证实其病原体的存在，即可获得确诊。

1. 弓形虫病　取肺脏、肝脏、淋巴结等病料，将其研碎，加入 10 倍生理盐水，在室温下放置 1h。取其上清液 0.5～1mL 接种于小鼠腹腔，接种后 1～4d 观察小鼠是否有症状出现，并检查腹水中是否存在滋养体。

2. 伊氏锥虫病　采病畜外周血液 0.1～0.2mL，接种于小鼠的腹腔；2～3d 后，逐日检查尾尖血液，如病畜感染有伊氏锥虫，则在半个月内，可在小鼠血内查到虫体。

（二）X 射线检查

肝脏或肺脏内寄生的棘球蚴，脑内寄生的多头蚴，以及组织内如腱、韧带寄生的盘尾丝虫可借助于 X 射线检查进行诊断。犬食道线虫病用 X 射线检查可以初步诊断，胸部 X 射线检查，在食道上 1/3 处有肿瘤样阴影，食道钡剂造影可见前部食道扩张。

岗位操作任务 1

蠕 虫 的 识 别

【任务描述】

蠕虫的识别是执业兽医及其他动物疫病防治、检疫、检验工作人员应掌握的一项技能，通过对蠕虫的识别，为预防、诊断和控制动物蠕虫病打下基础。

【任务目标和要求】

完成本任务后，你应当能够区别吸虫、绦虫、线虫和棘头虫，能认识常见的蠕虫。

【任务实施】

第一步　资讯

蠕虫包括吸虫、绦虫、线虫和棘头虫。熟悉各种虫体特征，了解其寄生部位（详见任务1-2、附录2及相关视频）。

第二步　任务情境

动物寄生虫病实训室。

第三步　材料准备

蠕虫的浸渍标本及染色标本、病理变化标本、放大镜、显微镜等。

第四步　实施步骤

1. 示教讲解　教师借助实物标本、显微互动系统或多媒体课件等讲解各种蠕虫的形态构造特点及鉴别要点。

2. 分组观察

（1）用放大镜或显微镜观察虫体（肝片吸虫、阔盘吸虫、鹿同盘吸虫等）的染色标本，并注意观察口、腹吸盘的位置和大小，口、咽食道和肠管的形态，睾丸数目、形状和位置，卵巢、卵模、卵黄腺和子宫的形态与位置及生殖孔的位置等。观察片形吸虫病的胆管病变标本、阔盘吸虫病的胰管病变标本、同盘吸虫病的瘤胃标本等。按表1-5样式制表并填写。

表1-5　观察吸虫标本记录

标本号	形状	大小	吸盘大小与位置	睾丸形状位置	卵巢形状位置	卵黄腺位置	子宫形状位置	其他特征	鉴定结果

（2）用显微镜观察绦虫的头节、成节和孕节的构造特点；用显微镜观察猪囊尾蚴、牛囊尾蚴染色标本，以及反刍兽绦虫的中间宿主——地螨。肉眼观察鸡绦虫、莫尼茨绦虫的浸渍标本和棘球蚴、细颈囊尾蚴、猪囊尾蚴、牛囊尾蚴、脑多头蚴浸渍标本等。按表1-6、表1-7样式制表并填写。

表1-6　观察绦虫成虫标本记录

编号	大小		头节	成熟节片					孕卵节片	鉴定结果
	长	宽	大小	吸盘附属物	生殖孔位置	生殖器官组数	卵黄腺有无	节间腺形状	睾丸位置	子宫形状和位置	

表 1-7　观察绦虫蚴标本记录

绦虫蚴名称	形状	大小	头节数	寄生动物及其寄生部位	成虫名称及鉴别要点

（3）用显微镜观察猪蛔虫的头端唇片和尾端的交合刺结构；捻转血矛线虫雄虫尾端的交合刺，雌虫"麻花"样结构；食道口线虫（羊结节虫）头端叶冠、口囊、头泡、食道、颈沟、颈乳突及侧翼膜等；羊钩虫（仰口线虫）头端呈漏斗状口囊，雄虫尾端交合。

肉眼观察猪蛔虫和毛首线虫、猪后圆线虫、鸡蛔虫、鸡异刺线虫、马尖尾线虫、马圆线虫、羊钩虫、羊结节虫的浸渍标本及透明标本；猪蛭形巨吻棘头虫小肠病变标本；鸭多形棘头虫浸渍标本等。按表 1-8 样式制表并填写。

表 1-8　观察线虫标本记录

编号	大小		头端结构								尾端结构		生殖器官特征	鉴定结果
	长	粗	唇片	口囊	叶冠	头泡	颈沟	颈乳突	侧翼膜	食道	交合伞特征	交合刺数量和特征	子宫形状和生殖孔位置	

第五步　评价

根据记录情况和随机抽取标本考核情况，从知识点的掌握度、虫体的识别正确率、记录的完整度及仪器设备使用的熟练度等方面进行评价。

蜱的参考资料

岗位操作任务 2

蜱螨和昆虫的识别

【任务描述】

蜱螨和昆虫的识别是执业兽医及其他动物疫病防治、检疫、检验工作人员应掌握的一项技能，通过对蜱螨和昆虫的识别，为预防、诊断和控制外寄生虫病打下基础。

【任务目标和要求】

完成本任务后，你应当：

（1）能描述出硬蜱、软蜱、疥螨、痒螨、蠕形螨、羊狂蝇蛆、牛皮蝇蛆和马胃蝇蛆的形态特征。

（2）能区别出硬蜱、软蜱。

（3）能区别出疥螨、痒螨、蠕形螨。

（4）能区别出羊狂蝇蛆、牛皮蝇蛆和马胃蝇蛆。

（5）能用鉴别、归纳、总结的方法对知识进行梳理和掌握。

【任务实施】

第一步　资讯

查找原虫相关的图片、视频，获取完成工作任务所需要的信息（详见任务1-2及相关视频）。

第二步　任务情境

动物寄生虫病实训室。

第三步　材料准备

1. 器械　体视解剖显微镜、透视生物显微镜、载玻片、盖玻片、标本瓶、剪刀、镊子、手术刀。

2. 药品　50％甘油溶液、5％甘油酒精（70％）、5％或10％福尔马林、布勒（Bless）液。

3. 标本　硬蜱、软蜱、疥螨、痒螨、蠕形螨、羊狂蝇蛆、牛皮蝇蛆和马胃蝇蛆标本。

第四步　实施步骤

1. 示教讲解　教师用投影仪、标本或显微互动系统讲解硬蜱、软蜱的形态构造特征及区别点；讲解疥螨、痒螨、蠕形螨、皮刺螨的形态特征，指出疥螨和痒螨的鉴别要点；讲解牛皮蝇蛆、羊鼻蝇蛆和马胃蝇蛆的形态特征和鉴别要点。

2. 分组观察

（1）取疥螨、痒螨的标本片，在显微镜下观察其大小、形状、口器形状、肢的长短、有无肢端吸盘和交合吸盘等。取蠕形螨和皮刺螨的制片标本，观察一般形态。

将疥螨和痒螨的特征按表1-9格式制表填入。

表1-9　疥螨和痒螨鉴别比较

名　　称	形　状	大　小	口　器	肢	肢吸盘		交合吸盘
					♂	♀	
疥　螨							
痒　螨							

（2）取羊狂蝇蛆、牛皮蝇蛆、马胃蝇蛆的浸渍标本进行形态观察，并按表1-10格式制表填入。

表1-10　牛皮蝇蛆、马胃蝇蛆、羊狂蝇蛆的比较

虫名	形状	大小	颜色	口钩	节棘刺	气孔板
牛皮蝇蛆						
马胃蝇蛆						
羊狂蝇蛆						

（3）取硬蜱和软蜱的浸渍标本置于培养皿中，在放大镜下观察其一般形态，然后在实体显微镜下进行观察。注意观察假头的长短、位置，假头基的形状，眼的有无，

盾板形状、大小和有无花斑，肛沟的位置，须肢的长短和形状等，并按表1-11格式制表填入。

表1-11　硬蜱和软蜱鉴别比较

名　称	形　状	大　小	盾板	腹板	眼	须肢	假头			肛沟
							长短	位置	假头基	
硬蜱										
软蜱										

第五步　评价

根据记录情况和随机抽取标本考核情况，从知识点的掌握度、虫体的识别正确率、记录的完整度及仪器设备使用的熟练度等方面进行评价。

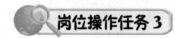

岗位操作任务3

原虫的识别

【任务描述】

原虫的识别是执业兽医及其他动物疫病防治、检疫、检验工作人员应掌握的一项技能，通过对原虫的识别，为预防、诊断和控制动物原虫病打下基础。

【任务目标和要求】

完成本任务后，你应当能识别并描述出锥虫、弓形虫、巴贝斯虫、泰勒虫等原虫的形态结构特征。

【任务实施】

第一步　资讯

查找原虫相关的图片、视频，获取完成工作任务所需要的信息（详见任务1-2及相关视频）。

第二步　任务情境

动物寄生虫病实训室。

第三步　材料准备

各种原虫形态结构图、各种原虫染色标本、香柏油、显微镜、擦镜纸等。

第四步　实施步骤

1. 示教讲解　教师用投影仪或显微互动系统讲解伊氏锥虫、弓形虫、泰勒虫、巴贝斯虫等原虫的形态构造特征及区别点。

2. 分组观察

（1）高倍镜或油镜下观察伊氏锥虫血片，注意虫体与红细胞的关系，虫体的形态、大小，动基体的大小及位置，波动膜与鞭毛的发育程度等。

（2）高倍镜或油镜下观察弓形虫标本片，注意虫体的形态、大小、细胞核和细胞质的着色情况等。

（3）油镜下观察形泰勒虫及其石榴体、牛双芽巴贝斯虫、牛巴贝斯虫、马驽巴贝斯虫和鸡住白细胞虫血片，注意虫体所寄生的细胞及虫体和宿主细胞的形态、大小、位置、排列方式、数量、虫体染色质团数等，并注意彼此间的区别。

第五步　评价

根据记录情况和随机抽取标本考核情况，从知识点的掌握度、虫体的识别正确率、记录的完整度及仪器设备使用的熟练度等方面进行评价。

知 识 拓 展

一、虫卵计数法
二、寄生虫材料的固定与保存

以上内容请扫描二维码获取。

知识拓展

项 目 小 结

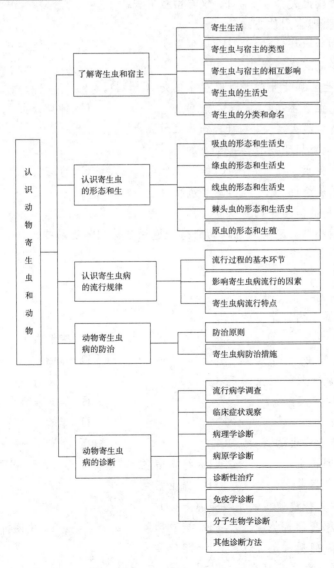

职业能力和职业资格测试

(一) 单项选择题

1. 寄生虫幼虫或无性阶段寄生的宿主称为 (   )。
   A. 终末宿主　　　　　　B. 保虫宿主　　　　　　C. 中间宿主
   D. 转续宿主　　　　　　E. 以上都不是

2. 寄生虫病的流行特点有 (   )。
   A. 仅有地方性　　　　　B. 仅有季节性　　　　　C. 无地区性
   D. 无季节性　　　　　　E. 既有地方性,又有季节性

3. 影响寄生虫病流行的主要自然因素 (   )。
   A. 温度和湿度　　　　　B. 仅与湿度有关　　　　C. 与湿度无关
   D. 与雨量无关　　　　　E. 仅与雨量有关

4. 检查线虫卵常用的方法是 (   )。
   A. 饱和盐水漂浮法　　　B. 贝尔曼法　　　　　　C. 水洗沉淀法
   D. 饱和硫酸镁漂浮法

5. 下列寄生虫属于生物源性寄生虫的是 (   )。
   A. 日本血吸虫　　　　　B. 猪蛔虫　　　　　　　C. 仰口线虫
   D. 食道口线虫　　　　　E. 捻转血矛线虫

6. 下列寄生虫属于土源性寄生虫的是 (   )。
   A. 姜片吸虫　　　　　　B. 华支睾吸虫　　　　　C. 猪蛔虫
   D. 莫尼茨绦虫　　　　　E. 前殖吸虫

7. 寄生虫病的防治原则为 (   )。
   A. 控制和消灭感染来源,切断感染途径和保护易感动物
   B. 仅用疫苗接种
   C. 用药物预防
   D. 粪便无害化处理

8. 下列不属于内寄生虫的是 (   )。
   A. 猪蛔虫　　　　　　　　　　　　　　　B. 猪带绦虫
   C. 姜片吸虫　　　　　　　　　　　　　　D. 痒螨

9. 下列不属于外寄生虫的是 (   )。
   A. 软蜱　　　　　　　　　　　　　　　　B. 华支睾吸虫
   C. 疥螨　　　　　　　　　　　　　　　　D. 痒螨

10. 猪是猪带绦虫的 (   )。
    A. 中间宿主　　　　　　B. 终末宿主　　　　　　C. 贮藏宿主
    D. 补充宿主　　　　　　E. 保虫宿主

11. 锥虫的免疫逃避机制主要是 (   )。
    A. 抗原变异　　　　　　B. 抗原伪装　　　　　　C. 免疫抑制
    D. 代谢抑制　　　　　　E. 组织学隔离

12. 确诊寄生虫病最可靠的方法是 (   )。

    A. 病变观察　　　　　　B. 病原检查　　　　　　C. 血清学检验

    D. 临床症状观察　　　　E. 流行病学调查

13. 动物驱虫期间，对其粪便最适宜的处理方法是（　　）。

    A. 深埋　　　　　　　　B. 直接喂鱼　　　　　　C. 生物热发酵

    D. 使用消毒剂　　　　　E. 直接用作肥料

（二）多项选择题

1. 吸虫的形态结构特点有（　　）。

    A. 外观呈叶状或长舌状　B. 背腹扁平　　　　　　C. 多为雌雄同体

    D. 具有口、腹吸盘　　　E. 有体腔

2. 属于寄生虫病控制措施的是（　　）。

    A. 控制感染来源　　　　B. 增加饲养密度　　　　C. 消灭感染来源

    D. 增强畜禽机体抗病力　E. 切断感染途径

3. 绦虫成虫的特征有（　　）。

    A. 大多为雌雄同体　　　B. 虫体扁平、分节　　　C. 头节上有固定器官

    D. 无子宫孔　　　　　　E. 成虫无消化道

4. 蛛形纲动物的主要特征是（　　）。

    A. 虫体左右对称　　　　B. 体表有外骨骼　　　　C. 头胸腔愈合为一体即躯体

    D. 成虫有 4 对足　　　　E. 无触角

（三）判断题

1. 绦虫卵内皆有六钩蚴和梨形器。　　　　　　　　　　　　　　（　　）

2. 复殖目吸虫都是雌雄同体。　　　　　　　　　　　　　　　　（　　）

3. 圆叶目绦虫的生殖系统发达，在成熟体节的每一节片中都有1～2套雌、雄性生殖器官。　　　　　　　　　　　　　　　　　　　　　　　　　（　　）

4. 原虫都是单细胞动物。　　　　　　　　　　　　　　　　　　（　　）

5. 所有蛔虫卵（受精卵）的表面都是粗糙，高低不平的。　　　　（　　）

6. 线虫是无消化器官的寄生虫。　　　　　　　　　　　　　　　（　　）

7. 吸虫病生前诊断粪检虫卵时，多采用沉淀法。　　　　　　　　（　　）

8. 绦虫是靠体表吸收营养物质的寄生虫。　　　　　　　　　　　（　　）

9. 蛔目雄性的线虫都有两根交合刺。　　　　　　　　　　　　　（　　）

参考答案

（一）单项选择题

1. C　2. E　3. A　4. A　5. A　6. C　7. A　8. D　9. B　10. A　11. A　12. B　13. C

（二）多项选择题

1. ABCD　2. ACDE　3. ABCE　4. ABCDE

（三）判断题

1. ×　2. ×　3. √　4. √　5. ×　6. ×　7. √　8. √　9. √

人兽共患寄生虫病防治

任务 2-1　人兽共患吸虫病防治

【案例导入】

案例 1： 某年 6 月，湖北省荆州市某村陈某饲养的 1 头 120 日龄的黄牛发病。患牛精神沉郁，体温 41.5℃，消瘦，毛色枯焦，发育不良，腹泻、下痢，粪便恶臭，带有黏液、血丝，可见部分肠黏膜和脓球，初疑为犊牛副伤寒，用抗生素治疗病情未见好转。用毛蚴孵化法检查病牛粪便，发现毛蚴。

问题： 请问案例中牛为何表现出腹泻？如何判断检测到的毛蚴为何种病原？该病应如何防治？

案例 2： 某养羊户饲养绵羊 146 只，有地势较低的草原供放牧，前一年雨量充沛，在草原的积水处和湿润的地方均发现有大量不同形态的螺。今年初春，许多绵羊出现食欲减退，被毛粗乱，消瘦，可视黏膜苍白、黄染，眼睑、下颌、胸前及腹下出现水肿，便秘与下痢交替发生，陆续有羊只死亡。剖检病死羊发现肝脏肿大、实质变硬、胆管增粗，胆管中有多条棕红色、长 2～3cm、宽约 1cm 的扁平叶状虫体，其他脏器未见明显病变。

问题： 案例中羊群感染了何种寄生虫？诊断依据是什么？应如何治疗？请

为该养殖户制定出综合性防制措施。

【案例分析提示】

党的二十大报告指出，必须坚持系统观念。万事万物是相互联系、相互依存的。只有用普遍联系的、全面系统的、发展变化的观点观察事物，才能把握事物发展规律。

动物寄生虫病的发生存在因果联系，那么我们在诊断疾病时要善于透过现象看本质，把握好全身症状和局部症状、宏观病变和微观病变、主要病因和次要病因之间的联系，不断提高辩证思维、系统思维、创新思维能力，为正确诊断动物寄生虫病和防控动物寄生虫病提供科学思想方法。

一、日本血吸虫病

本病是由分体科分体属的日本分体吸虫（也称血吸虫）寄生于人和牛、羊等多种动物的门静脉系统的小血管引起的疾病，又称血吸虫病。主要特征为急性或慢性肠炎、肝硬化、贫血、消瘦，是一种危害严重的人兽共患寄生虫病。

（一）病原特征

日本分体吸虫为雌雄异体，呈线状。

雄虫为乳白色，长 10～20mm，口吸盘在体前端，腹吸盘在其后方，具有短而粗的柄与虫体相连。从腹吸盘后至尾部，体壁两侧向腹面卷起形成抱雌沟，雌虫常居其中，二者呈合抱状态。缺咽。2 条肠管从腹吸盘之前起，在虫体后 1/3 处合并为 1 条。睾丸 7 个，呈椭圆形，在腹吸盘后单行排列。生殖孔开口在腹吸盘后抱雌沟内。

雌虫呈暗褐色，长 15～26mm。卵巢呈椭圆形，位于虫体中部偏后两肠管之间。输卵管折向前方，在卵巢前与卵黄管合并形成卵模。子宫呈管状，位于卵模前，内含 50～300 个虫卵。卵黄腺呈规则分支状，位于虫体后 1/4 处。生殖孔开口于腹吸盘后方（图 2-1）。

日本血吸虫病原及寄生部位组图

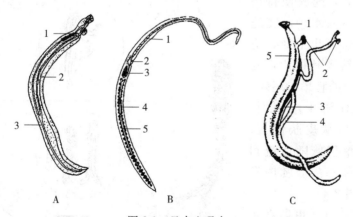

图 2-1 日本血吸虫

A. 雄虫　1. 睾丸　2. 抱雌沟　3. 肠支

B. 雌虫　1. 子宫　2. 卵模　3. 卵巢　4. 卵黄腺　5. 肠

C. 雌雄虫合抱状态　1. 口吸盘　2. 腹吸盘　3. 抱雌沟　4. 雌虫　5. 雄虫

虫卵呈椭圆形，淡黄色，卵壳较薄，无盖，在其侧方有一个小刺，卵内含有毛蚴。虫卵大小为（70~100）μm×（50~65）μm（图2-2、图2-3）。

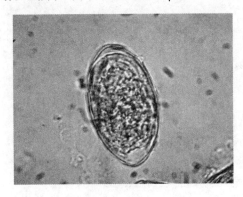

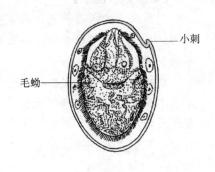

图2-2　日本血吸虫虫卵　　　　　　图2-3　日本血吸虫虫卵构造模式

（二）生活史

1. 中间宿主　钉螺。

2. 终末宿主　主要为人和牛，近10种家畜如羊、猪、马、犬、猫、兔等，还有30余种啮齿类及野生哺乳动物等均可感染。

3. 寄生部位　成虫寄生于终末宿主的门静脉和肠系膜静脉内。

4. 发育过程　日本血吸虫的生活史包括卵、毛蚴、母胞蚴、子胞蚴、尾蚴、童虫和成虫等阶段。成虫寄生于终末宿主的门静脉和肠系膜静脉内，一般呈雌雄合抱状态。雌虫产出的虫卵，一部分顺血流到达肝脏，一部分堆积在肠壁形成结节。虫卵在肝脏和肠壁发育成熟，其内毛蚴分泌溶组织酶由卵壳微孔渗透到组织，破坏血管壁，并致周围肠黏膜组织发生炎症和坏死，同时借助肠壁肌肉收缩，使结节及坏死组织向肠腔内破溃，使虫卵进入肠腔，随粪便排出体外。虫卵落入水中，在适宜条件下很快孵出毛蚴，毛蚴遇钉螺即钻入其体内，发育为母胞蚴、子胞蚴、尾蚴。尾蚴离开螺体游于水表面，遇终末宿主后从皮肤侵入，经小血管或淋巴管随血流到达肠系膜静脉和门静脉内发育为成虫（图2-4）。

5. 发育时间　虫卵在水中，25~30℃，pH 7.4~7.8时，几个小时即可孵出毛蚴；侵入中间宿主体内的毛蚴发育

日本血吸虫
生活史

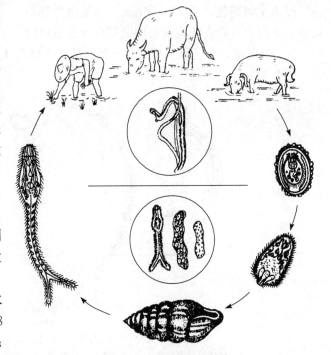

图2-4　日本血吸虫生活史

为尾蚴约需 3 个月；侵入黄牛、奶牛、水牛体内后尾蚴发育为成虫分别为 39～42d、36～38d 和 46～50d。

成虫寿命一般为 3～4 年，在黄牛体内可达 10 年以上。

（三）流行

1. 感染来源　患病或带虫的终末宿主，虫卵存在于粪便中。

2. 感染途径　终末宿主主要经皮肤感染，亦可通过口腔黏膜感染，还可经胎盘感染胎儿。

3. 繁殖力　1 条雌虫 1d 可产卵 1 000 个左右。1 个毛蚴在钉螺体内经无性繁殖，可产出数万条尾蚴。尾蚴在水中遇不到终末宿主时，可在数天内死亡。

4. 钉螺习性　钉螺的存在对本病的流行起着决定性作用。钉螺能适应水、陆两种生活环境，多生活于雨量充沛、气候温和、土地肥沃地区，多见于江河边、沟渠旁、湖岸、稻田、沼泽地等。在我国，日本血吸虫的中间宿主为湖北钉螺，螺壳上有 6～8 个螺旋（右旋），以 7 个为典型。在流行区内，钉螺常于 3 月份开始出现，4～5 月份和 9～10 月份是繁殖旺季。掌握钉螺的分布及繁殖规律，对防治本病具有重要意义。

5. 地理分布　日本血吸虫分布于中国、日本、菲律宾及印度尼西亚等东南亚国家。我国血吸虫病曾在长江流域及以南的 12 个省份流行。截止到 2020 年 7 月，湖南、湖北、江西、安徽、江苏、云南、四川等 7 个省份已达到传播控制和传播阻断标准，广东、广西、福建、浙江、上海等 5 个省份已达到消除标准。钉螺阳性率与人、畜的感染率呈正相关，病人、畜的分布与钉螺的分布相一致，具有明显的地区性特点。

6. 种间差异　黄牛的感染率和感染强度高于水牛。黄牛年龄越大，阳性率越高。而水牛随着年龄增长，其阳性率则有所降低，并有自愈现象。在流行区，水牛由于接触"疫水"频繁，故在传播上可能起主要作用。

（四）预防措施

本病是危害人类健康的重要人兽共患病之一，应采取人和易感动物同步的综合性防制措施。

1. 消除感染源　流行区每年都应对人和易感动物进行普查，家畜监测直接采用粪便毛蚴孵化法进行检测，或先用间接血凝方法（或胶体金试纸条）检测，结果为阳性的，用粪便毛蚴孵化法复检。粪便毛蚴孵化法检测为阳性的确诊为阳性畜。对患病者和带虫者进行及时治疗。

2. 消灭钉螺　是防制本病的重要环节。可采用化学、物理、生物等方法灭螺。常用化学灭螺，在钉螺滋生处喷洒药物，如五氯酚钠、氯硝柳胺、溴乙酰胺、茶子饼、生石灰等。

3. 饮水卫生　严禁人和易感动物接触"疫水"，对被污染的水源应做出明显的标志，疫区要建立易感动物安全饮水池。

4. 粪便发酵　加强终末宿主粪便管理，发酵后再做肥料，严防粪便污染水源。

（五）诊断

1. 临床症状　该病以犊牛和犬的症状较重，羊和猪较轻，马几乎没有症状。黄牛症状比水牛明显，成年水牛很少有临床症状而成为带虫者。

送瘟神——
动物血吸虫
病的防控

犊牛大量感染时，症状明显，往往呈急性经过。主要表现为食欲不振，精神沉郁，体温升高达40~41℃，可视黏膜苍白，水肿，行动迟缓，日渐消瘦，因衰竭而死亡。慢性病例表现消化不良，发育迟缓，食欲不振，下痢，粪便含黏液和血液，甚至块状黏膜。患病母牛发生不孕、流产等。

人感染后初期表现为畏寒、发热、多汗、淋巴结及肝肿大，常伴有肝区压痛。食欲减退，恶心、呕吐，腹痛、腹泻、黏液血便或脓血便等。后期肝脏、脾脏肿大而致肝硬化，腹水增多（俗称大肚子病），逐渐消瘦、贫血，常因衰竭而死亡。幸存者体质极度衰弱，成人丧失劳动能力，妇女不孕或流产，儿童发育不良。

2. 病理变化　剖检可见尸体消瘦、贫血、腹水增多。该病引起的病理变化主要是由于虫卵沉积于组织中所产生的虫卵结节（虫卵肉芽肿）。病变主要在肝脏和肠壁。肝脏表面凹凸不平，表面或切面上有粟粒大到高粱米大灰白色的虫卵结节，初期肝脏肿大，日久后萎缩、硬化。严重感染时，肠壁肥厚，表面粗糙不平，肠道各段均可找到虫卵结节，尤以直肠部分的病变最为严重。肠黏膜有溃疡斑，肠系膜淋巴结和脾脏肿大，门静脉血管肥厚。在肠系膜静脉和门静脉内可找到多量雌雄合抱的虫体。此外，在心脏、肾脏、脾脏、胰脏、胃等器官有时也可发现虫卵结节。

3. 实验室诊断　病原检查最常用的方法是粪便尼龙筛淘洗法和虫卵毛蚴孵化法，且两种方法常结合使用。有时也刮取耕牛的直肠黏膜做压片镜检，以查找虫卵。死后剖检病畜，发现虫体、虫卵结节等也可确诊。

毛蚴孵化法是诊断日本血吸虫的常用方法之一。操作方法：取被检粪便30~100g，经沉淀或尼龙筛淘洗集卵法处理后，将沉淀倒入500mL长颈烧瓶内，加温清水（自来水需脱氯处理）至瓶颈中央处，在该处放入脱脂棉，小心加入清水至瓶口。孵化时水温以22~26℃为宜，应有一定的光线。

分别在第1、3、5小时，用肉眼或放大镜观察并记录一次。如见水面下有白色点状物做直线回往运动，即是毛蚴。毛蚴为针尖大小、灰白色、折光性强的棱形小虫，多在距水面4cm以内的水中作水平或略倾斜的直线运动。应在光线明亮处，衬以黑色背景用肉眼观察。但需与水中一些原虫如草履虫、轮虫等相区别，必要时吸出在显微镜下观察。显微镜下观察，毛蚴呈前宽后窄的三角形，大小较一致；而水虫多呈鞋底状，大小不一。

注意：气温高时，毛蚴孵出迅速。因此，在沉淀处理时应严格掌握换水时间，以免换水时倾去毛蚴造成假阴性结果。也可用1.0%~1.2%食盐水冲洗粪便，以防止毛蚴过早孵出，但孵化时应用清水。

目前用于生产实践的免疫学诊断法包括IHA、ELISA、环卵沉淀试验等，其检出率均在95%以上，假阳性率在5%以下。另外，金标免疫渗滤和三联斑点酶标诊断技术也可用于动物血吸虫病的诊断、检疫和流行病学调查。

（六）治疗

吡喹酮为治疗人和牛、羊等血吸虫病的首选药。每千克体重，牛、羊、猪10~35mg，犬、猫2.5~5mg，禽10~20mg，一次口服。

知识链接

我国血吸虫病防
治取得的成就

二、片形吸虫病

本病是由片形科片形属的肝片吸虫和大片吸虫寄生于牛、羊等反刍动物以及人的肝脏胆管引起的疾病。肝片吸虫病又称肝蛭病。主要特征为地方性流行，多呈慢性经过，动物消瘦，发育障碍，生产力下降；急性感染时引起急性肝炎和胆管炎，并伴发全身性中毒和营养障碍，幼畜和绵羊可引起大批死亡。其慢性病程中，常使牛羊消瘦、发育障碍，生产力下降，病肝成为废弃物。

(一)病原特征

1. 肝片吸虫（*Fasciola hepatica*）　虫体呈背腹扁平的叶状，大小为 21～41mm，宽 9～14mm。活体为棕红色，固定后为灰白色。虫体前端有一个三角形的锥状突起，称为头锥。在其底部有一对"肩"，从肩往后逐渐变窄。口吸盘呈圆形，位于头锥前端，腹吸盘位于肩水平线中央稍后方。肠管分为两支终于盲端，每个肠支又分出无数分支。两个睾丸呈树枝状分支，前后排列于虫体的中后部。卵巢呈鹿角状分支，位于腹吸盘下方，右侧。卵模位于睾丸前的体中央。子宫位于卵模和腹吸盘之间，曲折重叠，呈褐色菊花状，内充满虫卵。卵黄腺呈颗粒状分布于虫体两侧，与肠管重叠。无受精囊。体后端中央处有一纵行的排泄管（图2-5）。

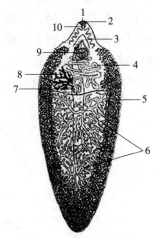

肝片吸虫
及虫卵

图 2-5　肝片吸虫成虫

1. 口　2. 口吸盘　3. 肠管
4. 子宫　5. 卵黄腺　6. 睾丸　7. 卵模
8. 卵巢　9. 腹吸盘　10. 咽

虫卵较大，(133～157) μm×(74～91) μm。呈长卵圆形，黄色或黄褐色，前端较窄，后端较钝。卵盖不明显，卵壳薄而光滑，半透明，卵内充满卵黄细胞和1个胚细胞（图2-6、图2-7）。

2. 大片形吸虫（*F. gigantica*）　形态与肝片形吸虫相似，虫体呈长叶状，长 25～75mm，宽 5～12mm，虫体两侧缘趋于平行，"肩部"不明显，腹吸盘较大。肠管和睾丸的分支多而复杂，肠管内侧支多而略长。虫卵为黄褐色，长卵圆形，大小为 (150～190) μm×(70～90) μm。

(二)生活史

1. 中间宿主　为椎实螺科的淡水螺。肝片形吸虫主要为小土窝螺，还有斯氏萝卜螺。大片形吸虫主要为耳萝卜螺，小土窝螺亦可。

2. 终末宿主　主要是牛、羊、鹿、骆驼等反刍动物，绵羊敏感；猪、马属动物、

肝片吸虫
的病原特
征和生活史

图 2-6　肝片吸虫虫卵

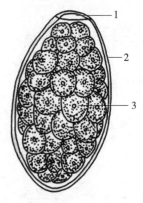

图 2-7　肝片吸虫卵构造模式
1. 卵盖　2. 卵壳　3. 卵黄细胞

兔及一些野生动物也可感染；人也可感染。大片形吸虫主要感染牛。

3. 寄生部位　成虫寄生于肝脏胆管。

4. 发育过程　成虫产出的虫卵随粪便排出体外，在适宜的温度、氧气、水分和光线条件下孵化出毛蚴。毛蚴在水中钻入螺体内，发育为胞蚴、母雷蚴、子雷蚴和尾蚴。尾蚴离开螺体，在水中或水生植物上脱掉尾部形成囊蚴。终末宿主饮水或吃草时吞食囊蚴而感染，囊蚴在十二指肠脱囊后发育为童虫，童虫进入肝脏胆管发育为成虫，在终末宿主体内成虫可存活 3～5 年（图 2-8）。

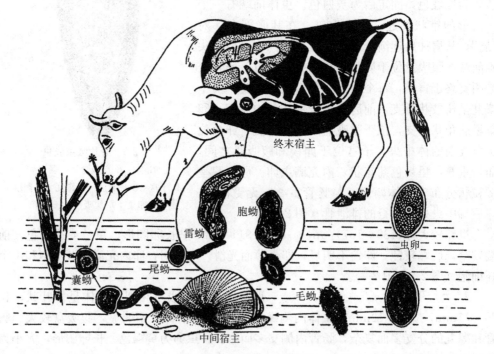

图 2-8　肝片吸虫的生活史
（张西臣，李建华．2010. 动物寄生虫病学）

童虫进入肝脏胆管有 3 种途径：①从胆管开口处直接进入肝脏；②钻入肠黏膜，经肠系膜静脉进入肝脏；③穿过肠壁进入腹腔，由肝包膜钻入肝脏。

5. 发育时间　在外界的虫卵发育为毛蚴需 10～20d。外界环境中的毛蚴一般只能存活 6～36h，若不能进入中间宿主体内则逐渐死亡；侵入中间宿主体内的毛蚴发育为尾蚴需 35～50d；进入终末宿主体内的囊蚴发育为成虫需 2～3 个月。

（三）流行

1. 感染来源 患病或带虫的终末宿主，虫卵存在于粪便中。

2. 感染途径 终末宿主经口感染。易感动物因食入含囊蚴的饲草和饮水而经口感染。

3. 繁殖力 繁殖力强。1 条成虫 1 昼夜可产卵 8 000～13 000 个；1 个毛蚴在螺体通过无性繁殖可发育为数百尾蚴。

4. 抵抗力 虫卵在 13℃时即可发育，25～30℃时最适宜。虫卵对高温和干燥敏感，40～50℃时几分钟死亡；干燥环境中迅速死亡，在潮湿的环境中可存活 8 个月以上；对低温抵抗力较强，但结冰后很快死亡，所以虫卵不能越冬。囊蚴对外界环境的抵抗力较强，在潮湿环境中可存活 3～5 个月，但对干燥和直射阳光敏感。

5. 小土窝螺习性 小土窝螺在池塘、缓流小溪的岸边、低洼牧地的小水湾、沼泽草地、房舍和畜舍附近的污水沟边常群栖成堆。气候温暖、雨水充沛时极为活跃，大量繁殖，数量剧增。幼螺藏匿在潮湿的淤泥中或植物的茎叶上可存活一年以上，并可越冬。螺体内的各期幼虫可随螺越冬。

6. 地理分布 本病多发生在地势低洼、多沼泽及水源丰富的放牧地区。肝片吸虫病分布于全国各地，在华南、华中和西南地区较常见；大片形吸虫主要分布在南方。

7. 季节动态 春末、夏、秋季节适宜幼虫及螺的生长发育，所以本病在同期流行。感染季节决定了发病季节，幼虫引起的急性发病多在夏、秋季，成虫引起的慢性发病多在冬、春季。南方温暖时间较长，感染时间也较长，甚至冬季也可感染。多雨年份能促进本病的流行。

（四）预防措施

1. 预防性驱虫 驱虫的时间和次数可根据流行区的具体情况而定。针对急性病例，可在夏、秋季选用肝蛭净等对童虫效果好的药物。针对慢性病例，北方全年可进行两次驱虫，第一次在冬末春初（3～4 月份），由舍饲转为放牧之前进行；第二次在秋末冬初（11～12 月份），由放牧转为舍饲之前进行。南方终年放牧，每年可进行 3 次驱虫。

2. 生物发酵处理粪便 可应用堆积发酵法处理家畜粪便，杀死其中的病原，以免污染环境。

3. 消灭中间宿主椎实螺 可采喷洒药物、兴修水利用、改造低洼地、养殖水禽等措施灭螺。药物灭螺一般在每年 3～5 月份进行，可选用 1∶50 000 的硫酸铜或氨水、粗制氯硝柳胺（血防 67，2.5mg/L）等。饲养水禽灭螺时，应注意避免感染禽吸虫病。

4. 科学放牧 不要在低洼、潮湿、多囊蚴的地方放牧。在牧区有条件的地方，实行轮牧，每月轮换 1 块草地，降低牛、羊感染的机会。

5. 保证饮水和饲草卫生 最好饮用井水或质量好的流水，将低洼潮湿地的牧草割后晒干再作饲料。

（五）诊断

1. 临床症状 临床症状主要取决于虫体寄生的数量、毒素作用的强弱及动物机体的营养状况和抵抗力。绵羊敏感。

（1）急性型。多发生于夏末、秋季及初冬季节，由于短时间内吞食了大量囊蚴

（2 000 个以上），由童虫移行而引起。主要表现为病初体温升高，精神沉郁，食欲减退或废绝，衰弱易疲劳，有全身中毒现象，偶有腹泻；可视黏膜苍白和黄染；触诊肝区有疼痛感，腹水；迅速贫血，红细胞数和血红蛋白显著降低，嗜酸性粒细胞数显著增多。多在出现症状后 3～5d 死亡。

（2）慢性型。多见于冬末初春季节，由成虫寄生引起，一般在吞食中等量囊蚴（200～500 个）后 4～5 个月时发病。主要表现为渐进性消瘦，贫血，食欲不振，被毛粗乱，眼睑、下颌水肿，有时波及胸、腹，早晨明显，运动后减轻。

妊娠羊易流产，母羊乳汁稀薄。重者终因恶病质衰竭死亡。

牛多呈慢性经过，犊牛症状较成年牛明显。除上述羊的症状外，常表现顽固性前胃弛缓与腹泻，周期性瘤胃臌胀，重者死亡。

人感染后多表现为高热及胃肠道症状，如恶心、呕吐、腹胀、腹痛、腹泻及便秘，多数病人肝脏肿大，少数病人出现脾脏肿大及腹水等。

2. 病理变化　病理变化主要出现在肝脏，其严重的程度与感染虫体的强度及病程的长短有关。

（1）急性型。可见幼虫移行时引起的肠壁、肝脏组织和其他器官组织损伤和出血，腹腔和虫道内可发现童虫。

（2）慢性型。高度贫血，早期肝脏肿大，后期萎缩硬化。寄生多时引起胆管发炎、扩张、增厚、变粗甚至堵塞，胆管呈绳索样凸出于肝脏表面，内壁有磷酸盐沉积，肝实质变硬。切开后在胆管内可见成虫，有时亦在胆囊中。

3. 实验室诊断　粪便检查多采用反复水洗沉淀法和尼龙筛兜淘洗法来检查虫卵。急性病例可能检查不出虫卵，可用免疫学诊断法，如固相酶联免疫吸附试验（ELISA）、间接血凝试验（IHA）等，也适用于诊断慢性片形吸虫病，亦可用于对动物群体进行普查。另外，急性病例时，谷氨酸脱氢酶（GDH）升高，慢性病例时，γ-谷氨酰转肽酶（γ-GT）升高，持续时间达 9 个月，可作为诊断本病的重要参考指标。

根据是否存在中间宿主等流行病学资料，结合临床症状和免疫学诊断结果可初步诊断，通过粪便检查发现虫卵和剖检发现虫体确诊。只有少数虫卵而无症状时，只能视为带虫现象。

（六）治疗

目前常用的药物如下，各地可根据药源和具体情况加以选用。

1. 三氯苯唑（三氯苯哒唑、肝蛭净）　牛每千克体重 10mg，羊和鹿每千克体重 5～10mg，1 次口服。对成虫和童虫均有高效。对急性病例，5 周后重复用药 1 次。预产期前 1 周的牛和泌乳期的牛、羊禁用。休药期 28d。

2. 硝氯酚（拜耳 9015）粉剂　牛每千克体重 3～4mg，羊每千克体重 4～5mg，1 次口服。针剂：牛每千克体重 0.5～1.0mg，羊每千克体重 0.75～1.0mg，深部肌内注射。该药仅对成虫有效，对童虫无效。

3. 阿苯达唑（丙硫咪唑、抗蠕敏）　牛、羊每千克体重 10～15mg，1 次口服，对成虫效果良好，对童虫效果不稳定。有致畸形作用，牛羊妊娠 45d 内禁用，泌乳期禁用。休药期牛 14d，羊 7d。

4. 硝碘酚腈（硝碘酚腈、硝羟碘苄腈、克虫清）　牛每千克体重 20mg，羊每千克体重 30mg，1 次口服。每千克体重 10～15mg，皮下注射。注射比口服效果好，但对组织有刺激性。重复用药应间隔 4 周以上。休药期 30d。

三、华支睾吸虫病

本病是由后睾科支睾属的支睾吸虫寄生于犬、猫、猪等动物和人的肝脏胆管及胆囊引起的疾病。又称肝吸虫病。主要特征为肝脏肿大，多呈隐性感染和慢性经过。是重要的人兽共患病。

华支睾吸虫

（一）病原特征

华支睾吸虫（*Clonorchis sinensis*），呈半透明的柳叶状，长 10～25mm，宽 3～5mm。口吸盘略大于腹吸盘，相距稍远。食道短。肠支伸达虫体后端。睾丸分支，前后排列于虫体后 1/3，无雄茎、雄茎囊及前列腺。卵巢分叶，位于睾丸前。受精囊发达，呈椭圆形，位于睾丸与卵巢之间。卵黄腺呈细小颗粒状，分布于虫体两侧中间。子宫从卵模处开始盘绕向前，开口于腹吸盘前缘的生殖孔，内充满虫卵。

虫卵很小，黄褐色，形似灯泡，内含成熟的毛蚴，一端有卵盖，另一端有 1 个小突起。虫卵大小为 （27～35） μm× （12～20） μm（图 2-9）。

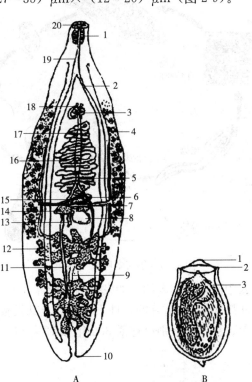

图 2-9　华支睾吸虫成虫和虫卵

A. 华支睾吸虫成虫构造

1. 咽　2. 肠　3. 腹吸盘　4. 卵黄腺　5. 输精管　6. 梅氏腺　7. 卵黄腺管
8. 受精囊　9. 排泄囊　10. 排泄孔　11. 输出管　12. 睾丸　13. 劳氏管
14. 卵巢　15. 卵模　16. 子宫　17. 储精囊　18. 生殖孔　19. 食道　20. 口吸盘

B. 华支睾吸虫虫卵

1. 卵盖　2. 肩峰　3. 毛蚴

（二）生活史

1. 中间宿主　淡水螺类，以纹沼螺、长角涵螺和赤豆螺等分布最为广泛。

华支睾吸虫
生活史

2. 补充宿主　70多种淡水鱼和虾。鱼多为鲤科，鲤、鲫、草鱼、鲢以及船丁鱼和麦穗鱼感染率最高；淡水虾如米虾、沼虾等。

3. 终末宿主　犬、猫、猪等动物和人，食鱼的野生动物亦可感染。

4. 发育过程　成虫产出的虫卵随粪便排出体外，被螺吞食后在其体内发育为毛蚴、胞蚴、雷蚴、尾蚴。尾蚴离开螺体游于水中，遇到鱼、虾即钻入其肌肉形成囊蚴。终末宿主食入含有囊蚴的鱼、虾而感染。囊蚴在十二指肠破囊后逸出，从总胆管进入肝脏胆管发育为成虫。幼虫也可以钻入十二指肠壁随血流到达胆管（图2-10）。

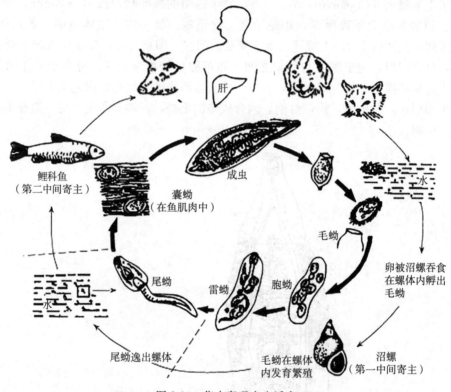

图2-10　华支睾吸虫生活史

5. 发育时间　进入中间宿主体内的虫卵发育为尾蚴需30～40d；进入终末宿主体内的囊蚴发育为成虫约需30d。在适宜的条件下，完成全部发育过程约需100d。

6. 成虫寿命　在犬、猫体内分别可存活3.5年和12年以上。在人体内可存活20年以上。

（三）流行

1. 感染来源　终末宿主的感染来源为含有囊蚴的补充宿主；中间宿主的感染来源为终末宿主的粪便。

2. 感染途径　终末宿主经口感染。

3. 感染原因　患病动物和人的粪便未经处理倒入鱼塘，螺感染后使鱼的感染率上升，有些地区可达50%～100%。囊蚴遍布鱼的全身，以肌肉中最多。动物感染多因食入生鱼、虾饲料或厨房废弃物而引起。人感染的主要原因是食用生鱼、烫鱼、生鱼粥等。

4. 抵抗力　囊蚴对高温敏感，90℃时立即死亡。在烹制全鱼时，可因温度和时间不足而不能杀死囊蚴。

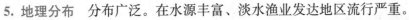

5. **地理分布** 分布广泛。在水源丰富、淡水渔业发达地区流行严重。

（四）预防措施

1. **定期驱虫** 流行区的易感动物和人要定期检查和驱虫，防止终末宿主的粪便污染鱼池。

2. **饲料卫生** 禁止以生鱼、虾饲喂易感动物，厨房废弃物经高温后再作饲料。

3. **饮食卫生** 人禁食生鱼、虾，烹调要保证熟透。

4. **灭螺** 可用喷洒药物、兴修水利、改造低洼地、饲养水禽等措施灭螺。药物灭螺一般在每年 3～5 月份进行，用 1∶50 000 的硫酸铜或氨水，粗制氯硝柳胺（血防 67，2.5mg/L）等。饲养水禽灭螺时，应注意避免感染禽吸虫病。

（五）诊断

1. **临床症状** 多数动物为隐性感染，症状不明显。严重感染时，食欲减退，下痢，水肿，甚至腹水，逐渐消瘦和贫血，轻度至重度黄疸，可视黏膜黄染，叩诊肝区有痛感。病程多为慢性经过，易并发其他疾病。

人主要表现胃肠道不适，食欲不佳，消化障碍，腹痛，有门静脉淤血症状，肝脏肿大，肝区隐痛，轻度浮肿，或有夜盲症。

2. **病理变化** 少量寄生时剖检无明显病变。大量寄生时可见卡他性胆管炎和胆囊炎，胆管变粗，胆囊肿大，胆汁浓稠呈草绿色，肝脏脂肪变性、结缔组织增生和硬化。

3. **实验室诊断**

（1）病原学检查法。粪检找到华支睾吸虫卵是确诊的依据，但应注意华支睾吸虫虫卵与异形吸虫和横川后殖吸虫虫卵大小相似，但后两种虫卵无肩峰，卵盖对侧的突起不明显或缺失。此外，尸体剖检发现虫体也可确诊。

（2）免疫学方法。该病的血清学免疫诊断的研究虽然开展较早，但进展较慢。近年来在临床上应用间接血凝试验和酶联免疫吸附试验，作为辅助诊断。

根据是否存在中间宿主、有以生鱼虾饲喂动物的习惯等流行病学资料，结合临床症状和免疫学诊断结果可初步诊断，通过粪便检查发现虫卵和剖检发现虫体确诊。

（六）治疗

目前常用吡喹酮和阿苯达唑（丙硫咪唑、抗蠕敏）驱虫。

任务 2-2　人兽共患绦虫病防治

【案例导入】

哈尔滨市周边某养猪户饲养 87 头长白猪，体重约 45kg。2011 年 5 月部分猪采食量下降，精神不振，被毛粗糙，无光泽，其中 5 头猪腹部皮肤发绀，有腹水，臀部异常肥胖宽阔，体中部窄细，整个猪体从背面观呈哑铃状，体温高达 41℃，死亡 3 头。剖检病死猪发现膈肌、肝脏、脾脏上有大量黄豆大小囊虫结节，卵圆形，乳白色半透明，内有囊液，肺部出血，有少量囊虫结节，局部肉变。肝脏破裂，腹腔积液。全身略微水肿，淋巴结肿大。

问题： 案例猪群感染了何种寄生虫？诊断依据是什么？该病能否早期诊断？

一、猪囊尾蚴病

本病是由带科带属的猪带绦虫的幼虫寄生于猪的横纹肌引起的疾病，又称猪囊虫病，成虫猪带绦虫寄生于人的小肠，是重要的人兽共患寄生虫病。主要特征为寄生在肌肉时症状不明显，寄生在脑时可引起神经机能障碍。

（一）病原特征

1. 猪囊尾蚴（*Cysticercus cellulosae*）　亦称猪囊虫病，俗称"痘""米糁子"。虫体呈椭圆形，白色半透明的囊泡，囊内充满液体。大小为（6～10）mm×5mm，囊壁上有1个内嵌的头节，头节上有顶突、小钩和4个吸盘（图2-11）。

猪囊尾蚴
病原

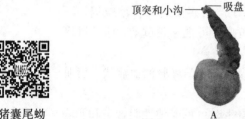
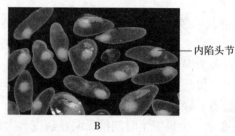

图 2-11　猪囊尾蚴
A. 头节外翻后的猪囊尾蚴　B. 肌肉中分离出的猪囊尾蚴

2. 猪带绦虫（*Taeniaosoum*）　亦称有钩绦虫、链状带绦虫、猪肉绦虫。呈乳白色，扁平带状，2～5m。头节小呈球形，其上有4个吸盘，顶突上有2排小钩。全虫由700～1 000个节片组成（图2-12）。未成熟节片宽而短，成熟节片长宽几乎相等呈四方形，孕卵节片则长度大于宽度。每个节片内有1组生殖系统，睾丸为泡状，生殖孔略突出，在体节两侧不规则地交互开口。孕卵节片内子宫由主干分出7～13对侧支。每1个孕节含虫卵3万～5万个。孕节单个或成段脱落。

虫卵呈圆形，浅褐色，两层卵壳，外层薄且易脱落，内层较厚，有辐射状的条纹，称胚膜，卵内含六钩蚴。虫卵大小为31～43μm（图2-13）。

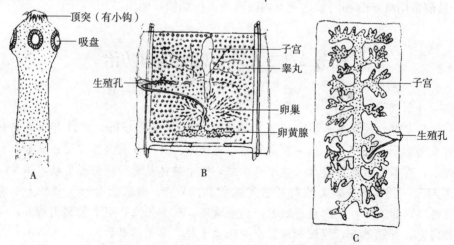

图 2-12　猪带绦虫成虫的头节、成节和孕节的构造
A. 头节　B. 成节　C. 孕节

（孔繁瑶.2010.家畜寄生虫病）

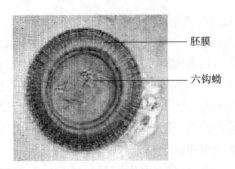

图 2-13　猪带绦虫虫卵

（二）生活史

1. 中间宿主　猪。

2. 终末宿主　人。

3. 发育过程　猪带绦虫寄生于人的小肠中，其孕卵节片不断脱落，随人的粪便排出体外，孕卵节片在直肠或在外界由于机械作用破裂而散出虫卵。猪吞食孕卵节片或虫卵而感染。节片或虫卵经消化液的作用而破裂，六钩蚴借助小钩作用钻入肠黏膜的血管或淋巴管内，随血流带到猪体的各部组织中，主要是横纹肌内，发育为成熟的猪囊尾蚴。人吃入含有猪囊蚴的病肉而感染。猪囊尾蚴在胃液和胆汁的作用下，于小肠内翻出头节，用其小钩和吸盘固着于肠黏膜上发育为成虫（图 2-14）。一般只寄生 1 条，偶有数条。

猪带绦虫
生活史

4. 发育时间　在猪体内的虫卵发育为囊尾蚴需 2 个月；在人小肠的幼虫发育为成虫需 2～3 个月。

5. 成虫寿命　在人的小肠内可存活数年至数十年。

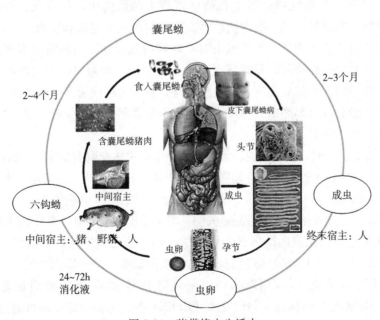

图 2-14　猪带绦虫生活史

（三）流行

1. 感染来源　患病或带虫的终末宿主，孕卵节片存在于粪便中。

2. 感染途径 猪和人均经口感染。

3. 感染原因 猪吃入绦虫患者的粪便或被粪便污染的土壤、饲料和饮水而感染。人患绦虫病是由于吃入猪囊尾蚴病肉，主要取决于饮食卫生习惯和烹调与食肉方法。人感染囊尾蚴的原因有两个：一是猪带绦虫的虫卵污染人的手或蔬菜等食物，被误食后而受感染；二是猪带绦虫的患者发生肠逆蠕动时，脱落的孕节随肠内容物逆行到胃内，卵膜被消化，逸出的六钩蚴返回肠道钻入肠壁血管，移行至全身各处而发生自身感染。多见于肌肉、皮下组织和脑、眼等部位。

4. 流行因素 猪散养或用人的粪便作饲料是造成流行的重要因素，散养的"垃圾猪"亦不可忽视。有吃生猪肉习惯的地区，则呈地方性流行。对肉品的卫生检验不严格，病肉处理不当，均可成为本病重要的流行因素。

5. 繁殖力 绦虫患者每天通过粪便向外界排出孕卵节片，每月可排出 200 多节，可持续数年甚至 20 余年。每个节片含虫卵约 4 万个。

6. 抵抗力 虫卵在外界抵抗力较强，一般能存活 1~6 个月。

(四)预防措施

大力开展宣传教育工作，开展群众性的防治活动，抓好"查、驱、检、管、改"五个环节，可使该病得到良好的控制。具体措施如下：积极普查猪带绦虫病患者，杜绝感染来源（查）；对患者进行驱虫（驱）；加强肉品卫生检验工作，严格按国家有关规程处理有病猪肉，严禁未经检验的猪肉供应市场或自行处理（检）；管好厕所，管好猪，防止猪吃人粪便，做到人有厕所猪有圈，不使用连茅圈，人粪需经无害化处理后方可作肥料（管）；改变饮食习惯，人不吃生的或未煮熟的猪肉。

(五)诊断

1. 临床症状 猪囊尾蚴多寄生在活动性较大的肌肉中，如咬肌、心肌、舌肌、肋间肌、腰肌、肩胛外侧肌、股内侧肌等，严重时可见于眼球和脑内。

轻度感染时症状不明显。严重感染时，体形可能改变，肩胛肌肉表现严重水肿、增宽，后肢部肌肉水肿隆起，外观呈哑铃状或狮子形。走路时四肢僵硬，左右摇摆。发音嘶哑，呼吸困难，睡觉发鼾。重度感染时，触摸舌根或舌腹面可发现囊虫引起的结节。寄生于脑时可引起严重的神经扰乱，特别是鼻部触痛、强制运动、癫痫、视觉扰乱和急性脑炎，有时突然死亡。

人患猪带绦虫病时，表现肠炎、腹痛、肠痉挛，虫体夺取大量营养。虫体分泌物和代谢物等毒性物质被吸收后，可引起胃肠机能失调和神经症状。猪囊尾蚴寄生于脑时，多数患者有癫痫发作，头痛、眩晕、恶心、呕吐、记忆力减退和消失，严重者可致死亡；寄生在眼时可导致视力减弱，甚至失明；寄生于皮下或肌肉组织时肌肉酸痛无力。

2. 实验室诊断 猪囊尾蚴病血清免疫学诊断方法已被应用，目前使用的有固相酶联免疫吸附试验（ELISA）、斑点酶联免疫吸附试验（Dot-ELISA）、生物素-亲和素酶联免疫吸附试验（BAS-ELISA）、单克隆抗体-酶联免疫吸附试验（McAb-ELISA）、酶联免疫点转移技术印记技术（EITE）等。人猪带绦虫病可通过粪便检查发现孕卵节片。

猪囊尾蚴病生前诊断较为困难，在舌部有稍硬的豆状结节时可作为参考，但注意只是在重度感染时才可能出现，一般只能在宰后确诊。

(六) 治疗

在实际生产中，对猪囊尾蚴病的治疗意义不大。人驱虫后应检查排出的虫体有无头节，如无头节则虫体还会生长。对人体猪囊尾蚴病和猪带绦虫病的治疗可扫描二维码获取相关知识。

二、棘球蚴病

本病是由带科棘球属绦虫的幼虫寄生于羊、牛、猪等哺乳动物及人的脏器引起的疾病，又称包虫病。主要特征为虫体对寄生部位的器官引起机械压迫，组织发生萎缩和功能障碍，破裂时可引起严重的过敏反应。成虫细粒棘球绦虫寄生于犬科动物的小肠。

(一) 病原特征

棘球蚴 (*Helictometra*)，为包囊状结构，内含液体，圆形，直径多为 5～10cm，小的仅有黄豆大，最大可达 50cm。主要有以下两种类型。

棘球蚴病原及寄生部位

1. 细粒棘球蚴 细粒棘球蚴是细粒棘球绦虫的幼虫，其形态呈单泡型，又称单房型棘球蚴。其囊壁为两层，外层为角质层，无细胞结构；内层为胚层 (生发层)，胚层生有许多原头蚴。胚层还可生出子囊，子囊亦可生出孙囊，子囊和孙囊内均可生出许多原头蚴。含有原头蚴的囊称为育囊或生发囊，而生发层上不能生出原头蚴的称为不育囊 (多见于牛和猪)。子囊、孙囊和原头蚴可脱落游离于囊液中，统称为棘球砂 (图 2-15)。

细粒棘球绦虫为小型虫体，长 2～7mm，由头节和 3～4 个节片组成。顶突上

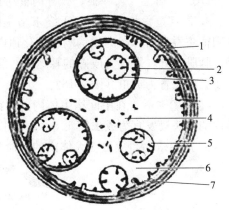

图 2-15 棘球蚴构造
1. 角质层 2. 子囊 3. 孙囊
4. 原头蚴 5. 生发囊 6. 囊液 7. 生发层

有 36～40 个小钩。成熟节片内有睾丸 35～55 个。生殖孔位于节片侧缘后半部。孕卵节片的长度为宽度的若干倍，约占虫体全长的 1/2。孕卵节片子宫侧支 12～15 对 (图 2-16、图 2-17)。

2. 多房型棘球蚴 多房型棘球蚴是多房棘球绦虫的幼虫，又称泡球蚴，多寄生于鼠类。为许多 2～5mm 的囊泡聚集而成，囊内多为胶质物，内含原头蚴。寄生于人、牛、绵羊和猪时，囊内不生出原头蚴，故不能发育至感染阶段。

多房棘球绦虫 (*E. multilocularis*)，长 1.2～4.5mm。顶突上有 14～34 个小钩。睾丸 14～35 个。生殖孔位于节片侧缘的前半部。孕卵节片内子宫呈袋状，无侧支。寄生于犬科动物的小肠。

(二) 生活史

1. 中间宿主 羊、牛、猪、马、骆驼、多种野生动物和人。

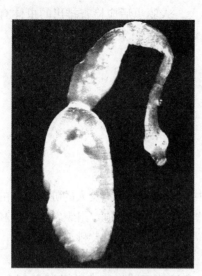

图 2-16　细粒棘球绦虫成虫

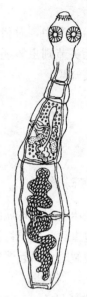

图 2-17　细粒棘球绦虫成虫构造模式

2. 终末宿主　犬、狼、狐等肉食动物。

3. 发育过程　成虫寄生于终末宿主的小肠，孕卵节片脱落随粪便排出体外，被中间宿主吞食后，卵内六钩蚴在消化道内逸出，钻入肠壁血管内，随血液循环进入肝脏、肺脏等处，发育为成熟的棘球蚴。终末宿主吞食含有棘球蚴的脏器后，原头蚴在其小肠内发育为成虫（图 2-18）。

4. 发育时间　在中间宿主体内的六钩蚴发育为棘球蚴需 5～6 个月；在终末宿主体内的原头蚴发育为成虫需 1.5～2 个月。完成全部生活史需 6.5～8 个月。

5. 成虫寿命　成虫在犬体内的寿命为 5～6 个月。

细粒棘球绦虫的病原特征和生活史

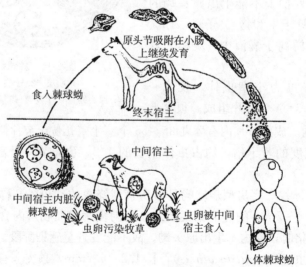

图 2-18　棘球绦虫生活史

（三）流行

1. 感染来源　患病或带虫的终末宿主，孕卵节片存在于粪便中。本病具有自然疫源性。

2. 感染途径 经口感染。

3. 地理分布 该病呈世界性分布，尤以牧区最为多见。在我国有 20 个省份报道有此病发生，其中以新疆、西藏、青海、四川西北部牧区发病率最高。目前，内蒙古、陕西、宁夏、甘肃、青海、四川、云南、西藏、新疆等棘球蚴病疫区总体达到基本控制，但部分地区家犬的棘球绦虫感染率依然较高，是主要的传染源。

4. 感染原因 易感动物常因吃入被犬粪便污染的饲草或饮水而感染。将不宜食用而废弃的患病脏器喂犬，也会造成本病在犬和羊等动物之间循环感染。人感染多因直接接触犬，致使虫卵粘在手上再经口感染；通过蔬菜、水果、饮水，误食虫卵亦可遭感染；猎人和皮毛加工者，可因接触犬和狐狸的皮毛等而感染。

5. 繁殖力 1 条成虫每昼夜产卵 400～800 个，1 个终末宿主可同时寄生数万条虫体。

6. 抵抗力 虫卵在外界环境中能长期生存，在 5～10℃的粪堆中可存活 12 个月，－20～20℃的干草中能生存 10 个月，土壤中可存活 7 个月。对化学药物亦有较强的抵抗力。

（四）预防措施

对犬定期驱虫，吡喹酮按每千克体重 5mg，或甲苯达唑按每千克体重 8mg，均 1 次口服；犬粪无害化处理；患病器官必须无害化处理后方可作饲料；保持畜舍、饲草、饲料和饮水卫生，防止犬粪污染；人与犬等动物接触时，应注意个人卫生防护。在我国棘球蚴病流行区，对种羊采用羊棘球蚴病基因工程亚单位疫苗进行程序化免疫，对断奶羔羊进行首免，一个月后再次进行免疫，每年加强免疫一次。

（五）诊断

1. 临床症状 寄生数量少时，牛、羊表现消瘦，被毛粗糙逆立，咳嗽等。多量虫体寄生时，肝脏、肺脏高度萎缩，患畜逐渐消瘦，呼吸困难或轻度咳嗽，剧烈运动时症状加剧，肋下出现肿胀和疼痛，终因恶病质或窒息而死亡。猪的症状不如牛、羊明显。

人感染棘球蚴时可出现食欲减退，消瘦，贫血，儿童发育不良，肝区疼痛，咳嗽、呼吸急促等症状，严重者导致呼吸困难。如棘球蚴破裂，引起过敏性休克，甚至猝死。

2. 病理变化 剖检可见肝脏、肺脏体积增大或萎缩，表面凹凸不平，可找到棘球蚴，同时可观察到囊泡周围的实质萎缩。也可偶尔见到一些缺乏囊液的囊泡残迹或干酪变性和钙化的棘球蚴及化脓病灶（图 2-19、图 2-20）。

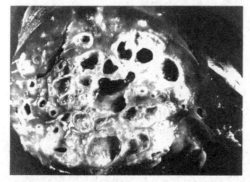

图 2-19　细粒棘球蚴感染的绵羊肝脏
（朱兴全．2006．小动物寄生虫病学）

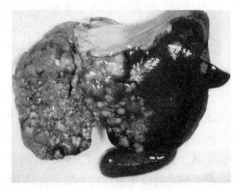

图 2-20　多房棘球蚴感染的人体肝脏
（朱兴全．2006．小动物寄生虫病学）

3. 实验室诊断 生前诊断比较困难。采用皮内变态反应、IHA 和 ELISA 等方法对动物和人的棘球蚴病有较高的检出率。对动物尸体剖检时，发现棘球蚴可以确诊。

皮内变态反应：取新鲜棘球蚴囊液，无菌过滤（使其不含原头蚴），在动物颈部注射 0.1～0.2mL，注射 5～10min 观察皮肤变化，如出现直径 0.5～2cm 的红斑，并有肿胀或水肿为阳性。应在距注射部位相当距离处，用等量生理盐水同法注射以作对照。

（六）治疗

手术摘除棘球蚴为最可靠有效的治疗方法，注意包囊绝对不可破裂。对绵羊棘球蚴可用阿苯达唑治疗，按每千克体重 60～90mg，连喂 2 次，对原头蚴的杀死率为 82%～100%。吡喹酮的疗效也较好，按每千克体重 25～30mg，1 次口服。上述两种药物也可用于对犬的细粒棘球绦虫驱虫。对人的棘球蚴可用外科手术治疗，亦可用阿苯达唑和吡喹酮治疗。

任务 2-3　人兽共患线虫病防治

【案例导入】

某年 7 月，吕梁市交城县一位养殖户向当地兽医站报告，他养殖的 7 头猪出现异常情况。表现为：腹泻，呕吐，食欲不振，迅速消瘦，其中有 1 头患病猪发病半个月后，卧地不起，最终倒地死亡。当地兽医接到养殖户求助后，立即赶往该养殖场。到场后发现该养殖户采用放牧养殖，并且该养殖户并没有对猪群进行严格的疫苗免疫和定期驱虫。兽医诊疗过程中发现患病猪体温升高到 40℃ 以上，腹痛，腹泻，呕吐。患病猪发出悲鸣声，叫声嘶哑，有的患病猪甚至发不出声音，咀嚼、吞咽困难，影响正常采食。有的患猪呼吸困难，呼吸急促，常常呈现腹式呼吸。解剖病死猪发现，该猪四肢伸展，眼睑和四肢水肿，表现为急性肌肉发炎，心肌细胞变性，组织充血出血。采集病死猪肌肉做肌肉检查发现，肌肉苍白，切面存在针尖大小的白色结节，显微镜检查发现有虫体包囊，存在弯曲呈弯刀状幼虫，外围有大量结缔组织形成包囊。肠黏膜严重发炎，黏膜肥厚水肿，炎性细胞浸润。肠道渗出液增加，肠道中充满了大量黏液状内容物，肠黏膜存在出血病斑，并存在少量溃疡性坏死病灶。

问题：如果你是当地兽医，会对案例中猪做何诊断？应该如何防治该病？

一、旋毛虫病

本病是由毛形科毛形属的旋毛虫寄生于多种动物和人引起的疾病。成虫寄生于小肠，称肠旋毛虫；幼虫寄生于肌肉，称肌旋毛虫。动物对旋毛虫有较大的耐受力，常常不显症状。人感染主要表现发热、胃肠道症状、肌肉酸痛、行走和呼吸困难、眼睑水肿等，严重感染时也导致死亡，故是肉品卫生检验的重点项目之一，是重要的人兽共患病。

（一）病原特征

旋毛虫（*Trichinella spiralis*），胎生，成虫细小，前部较细，较粗的后部含着肠管和生殖器官。雄虫长 1.4～1.6mm，尾端有泄殖孔，有两个呈耳状悬垂的交配叶。雌虫长 3～4mm，阴门位于身体前部的中央（图 2-21）。

肌旋毛虫
包囊

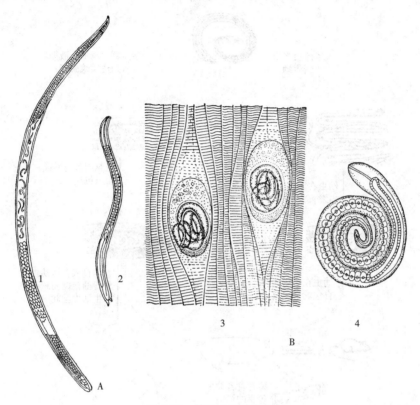

图 2-21　旋毛虫形态构造
A. 成虫　1. 雌虫　2. 雄虫
B. 幼虫　3. 肌肉中包囊　4. 幼虫

成熟幼虫长约 1mm，尾端钝圆，头端较细，卷曲于由机体炎性反应所形成的包囊内，包囊呈圆形、椭圆形，连同囊角而呈梭形，长 0.5～0.8mm（图 2-22）。

（二）生活史

1. 宿主　成虫与幼虫寄生于同一宿主，先为终末宿主，后为中间宿主。宿主包括人，以及猪、犬、猫、熊、狐、狼、貂等50 余种动物。

2. 发育过程　宿主摄食含有感染性幼虫包囊的动物肌肉而感染，包囊在宿主胃内被消化溶解，幼虫在小肠经 2d 发育为成虫。雌虫与雄虫交配后，雄虫死亡。雌虫

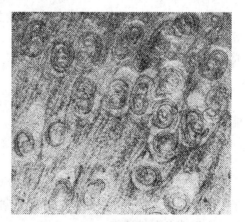

图 2-22　肌组织中的旋毛虫包囊幼虫
（朱兴全 . 2006. 小动物寄生虫病学）

钻入肠黏膜深部肠腺和淋巴间隙中发育并产出幼虫，幼虫随淋巴进入血液循环散布到全身。到达横纹肌的幼虫，在感染后17～20d 开始卷曲，周围逐渐形成包囊，到第7～8周时包囊完全形成，此时的幼虫具有感染力。每个包囊一般只有 1 条虫体，偶

旋毛虫生活史

有多条。到 6~9 个月后，包囊从两端向中间钙化，钙化波及幼虫全身后虫体才能死亡。否则，幼虫可保持生命力数年至 25 年之久（图 2-23）。

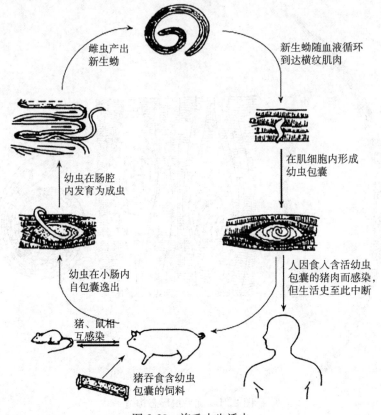

雌虫产出新生蚴

新生蚴随血液循环到达横纹肌肉

在肌细胞内形成幼虫包囊

幼虫在肠腔内发育为成虫

幼虫在小肠内自包囊逸出

人因食入含活幼虫包囊的猪肉而感染，但生活史至此中断

猪、鼠相互感染

猪吞食含幼虫包囊的饲料

图 2-23 旋毛虫生活史

（三）流行

1. 感染来源 患病或带虫的中间宿主，包囊幼虫存在于肌肉中。蝇蛆和步行虫等昆虫，吞食动物尸体中的旋毛虫包囊，能使包囊的感染力保持 6~8d。有时宿主从粪便中排出未被完全消化的肌纤维中含有幼虫包囊。这些均可成为感染来源。

2. 感染途径 经口感染。

3. 感染原因 猪感染旋毛虫主要是吞食老鼠。鼠对旋毛虫特别敏感，2 条幼虫即能造成感染。鼠为杂食性，且互相残食，一旦感染将会在鼠群中保持平行感染。用未经处理的厨房废弃物喂猪也有可能引起感染。犬的活动范围广，因此许多地区犬的感染率可达 50% 以上。

人感染旋毛虫病多与食用腌制与烧烤不当的猪肉制品有关；个别地区有吃生肉或半生不熟肉的习惯；切过生肉的菜刀、砧板均可能黏附有旋毛虫的包囊，亦可能污染食品而造成食源性感染。

4. 繁殖力 1 条雌虫能产出 1 000~10 000 条幼虫。

5. 抵抗力 包囊幼虫的抵抗力很强，在 -20℃ 时可保持生命力 57d，高温 70℃才能杀死；盐渍和熏制品不能杀死肌肉深部的幼虫；在腐败肉里能活 100d 以上。

（四）预防措施

1. 加强肉品卫生检验 凡检出旋毛虫的肉尸严格按照《病害动物和病害动物产

品生物安全处理规程》进行生物安全处理，检疫中一经发现有旋毛虫包囊和钙化虫体者，头、胴体和心脏作工业用、干性化制或销毁。

2. 加强猪只饲养管理 在旋毛虫病流行严重的地区，猪不可放牧饲养。不用生的废肉屑和未经处理的厨房废弃物喂猪。

3. 预防犬、猫感染 禁止用生肉喂猫、犬等动物。

4. 改善不良的食肉方法 不食生肉或半生不熟的肉类食品。生熟食品分开，防止旋毛虫幼虫对食品及餐具的污染。

5. 灭鼠 做好灭鼠工作，防止猪误食老鼠。

（五）诊断

1. 临床症状 旋毛虫对猪和其他动物的致病力轻微，几乎无任何可见症状。重度感染时，临床上有疼痛或麻痹，运动障碍，声音嘶哑，呼吸和咀嚼障碍及消瘦等症状。有时眼睑和四肢水肿。极少有死亡。

旋毛虫主要危害人，不仅可导致患者发热、肌肉酸痛、腹痛、腹泻，吞咽和咀嚼障碍，行走和呼吸困难，眼睑水肿，食欲不振，显著消瘦，严重感染时可导致死亡。

2. 病理变化 成虫感染时病猪出现急性卡他性肠炎，黏膜浮肿性增厚，被覆黏液和淤斑性出血，少见溃疡。幼虫大量侵入横纹肌后，引起肌细胞变形、肿胀、排列紊乱、横纹消失，虫体周围肌细胞坏死、崩解、肌间质水肿及炎性细胞浸润。

3. 实验室诊断 猪及其他动物胴体的旋毛虫诊断多采用压片镜检法及集样消化法；猪及其他动物活体及胴体的旋毛虫筛查多用 ELISA 及荧光免疫层析试纸卡方法；旋毛虫分离株种属及基因型的鉴定可用多重 PCR 方法，具体操作方法参照岗位操作任务 4 和中华人民共和国国家标准《GB/T 18642—2021 旋毛虫诊断技术》。

（六）治疗

丙硫咪唑是我国治疗人和动物旋毛虫病的首选药物。对猪旋毛虫病，按每千克体重 15～30mg，拌料，连续喂 10～15d；也有研究表明，大剂量的丙硫咪唑（按每千克体重 300mg，拌料连用 10d）治疗，疗效可靠。犬旋毛虫病，按每千克体重 25～40mg，口服。

二、丝虫病

丝虫病是由线形动物门丝虫科和丝状科的各种虫体（通常称为丝虫）寄生于牛、马、羊、猪、犬等动物及人体的淋巴系统、皮下组织、体腔和心血管等引起的寄生性线虫病的统称。常见的丝虫病主要有以下几种。

（一）犬心丝虫病

犬心丝虫病是由双瓣科、恶丝属中的犬心丝虫，寄生于犬的右心室和肺动脉（少见于胸腔、支气管、皮下结缔组织）而引起循环障碍、呼吸困难及贫血等症状的一种丝虫病，在我国分布很广。人偶被感染，三期幼虫可导致患者肺部症状（哮喘、咳嗽、胸闷、胸痛、气促）或皮下结节。

1. 病原特征 虫体呈微白色，细长粉丝状。口由 6 个不明显的乳突围绕。雄虫长 12～16cm，尾部短而钝圆，呈螺旋形弯曲，有窄的尾翼，有 2 根不等长的交合刺。

我国丝虫病的防治

雌虫长 25～30cm，尾部直，阴门开口于食道后端处。犬血液中的微丝蚴夜间出现较多，无鞘膜，胎生（图 2-24、图 2-25）。

图 2-24　犬右心室中的犬心丝虫

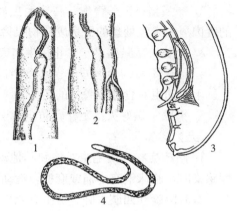

图 2-25　犬心丝虫构造模式
1. 虫体头部　2. 雌虫阴门部
3. 雄虫尾端　4. 微丝蚴
（赵辉元 . 1996. 家畜寄生虫病学）

2. 生活史　犬心丝虫的中间宿主是蚊。成虫寄生于犬的右心室和肺动脉，雌虫所产微丝蚴进入外周血，被中间宿主吞食之前不能进一步发育。当蚊吸血时摄入微丝蚴，约 2 周后微丝蚴在蚊体内发育为感染性的幼虫。蚊再次吸血时将感染性幼虫注入犬的体内，然后进入静脉，移行到右心室及大血管内，6～7 个月后发育为成虫（图 2-26）。

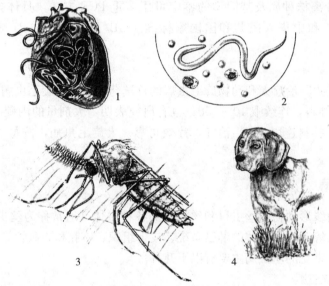

图 2-26　犬心丝虫生活史
1. 心脏内的成虫　2. 血液中的微丝蚴　3. 传播媒介——蚊　4. 终末宿主——犬

3. 流行和预防

（1）流行。犬心丝虫病（恶丝虫病）在我国分布较广，各地犬的感染率很高。除犬外，猫和其他野生肉食动物亦可作为终末宿主。人偶被感染，在肺部及皮下形成结节，病人出现胸痛和咳嗽。患犬是重要的感染来源，中华按蚊、白纹伊蚊、淡色库蚊等蚊子均可作为传播媒介。感染季节一般为蚊最活跃的 6～10 月份，感染高峰期为 7～9 月份。犬的感染率与年龄成正比，年龄越大则感染率越高。

（2）预防。搞好犬舍的环境卫生，创造无蚊虫滋生的环境尤其重要。对流行区的犬，应定期进行血检，有微丝蚴的应及时治疗。药物预防可选用：①枸橼酸乙胺嗪（海群生）。每年在蚊虫活动季节开始到蚊虫活动季节结束后 2 个月内用海群生，按每千克体重 2.5～3mg，每日或隔日口服给药。②左旋咪唑。按每千克体重 10mg，每天分 3 次口服，连用 5d 为一疗程。隔 2 个月重复用药 1 次。③伊维菌素。按每千克体重 0.06mg，在蚊虫出现季节，每月 1 次，皮下注射。

在蚊虫常年活动的地方要全年给药。如果某些犬不能耐受海群生，可用硫乙砷胺钠进行预防，一年用药 2 次，这样可以在临床症状出现前把心脏内虫体驱除。

4. 诊断

（1）临床症状。感染少量虫体时，一般不出现临床症状；重度感染犬主要表现为咳嗽，心悸，脉细而弱，心内有杂音，腹围增大，呼吸困难，运动后尤为显著，末期贫血明显，逐渐消瘦衰竭至死。患心丝虫病的犬常伴有结节性皮肤病，以瘙痒和倾向破溃的多发性结节为特征。皮肤结节显示血管中心的化脓性肉芽肿，在化脓性肉芽肿周围的血管内常见有微丝蚴，经治疗后，皮肤病变亦随之消失。由于虫体的寄生活动和分泌物刺激，患犬常出现心内膜炎和增生性动脉炎，死亡虫体还可引起肺动脉栓塞；另外，由于肺动脉压过高造成右心室肥大，导致充血性心力衰竭，伴发水肿和腹水增多，患犬精神倦怠、衰弱。

（2）病理变化。剖检病死犬可见心脏肥大、右心室扩张、瓣膜病变、心内膜肥厚。严重寄生时右心室和肺动脉可见纠缠成团的犬心丝虫成虫。肺贫血，扩张不全及肝变，肺动脉内膜炎和栓塞、脓肿及坏死等。肝有肝硬化及点状坏死灶。肾实质和间质均有炎症变化。后期为全身贫血，各器官发生萎缩。

（3）实验室诊断。检查外周血液中的微丝蚴。方法是采取犬体外周血液 1mL 加 7％醋酸溶液或 1％盐水溶液 5mL，混合均匀，离心 2～3min 后，倾去上清液，取沉渣 1 滴加 0.1％美蓝液 1 滴于载玻片上混匀，置显微镜下观察，见到做蛇行或环形运动并经常与血细胞相碰撞的微丝蚴即可确诊。

有条件的可进行血清学诊断，ELISA 试剂盒已经用于临床诊断。

5. 治疗　驱杀成虫及微丝蚴，可选用以下药物。

（1）左旋咪唑。按每千克体重 10mg，口服，1 次/d，连用 6～15d。

（2）伊维菌素。按每千克体重 0.2～0.3mg，一次皮下注射。

（3）硫乙胂胺钠。按每千克体重 2.2mg，缓慢静脉注射，1 次/d，连用 2～3d。主要驱杀成虫，用药后 2～3 周内限制运动。该药可引起肝脏、肾脏中毒，对患严重心丝虫病的犬应慎用。

（4）枸橼酸乙胺嗪（海群生）。按每千克体重 60～70mg，内服或配成 30％溶液一次皮下或肌内注射，连用 3～5 周，或以每千克体重 6mg，混入食物内，在感染期和以后 2 个月饲喂。本药能使血液中微丝蚴迅速集中到肝脏的毛细血管中，易于被网状内皮系统包围吞噬，但不能直接杀死微丝蚴。如长期服用可引起呕吐。

（5）二硫噻啉。按每千克体重 5mg，内服，1 次/d，连用 1～2 周；或按每千克体重 22mg，拌饲，1 次/d，连用 10～20d，对杀微丝蚴有效。

（6）碘化二噻扎宁。按每千克体重 20mg，内服，连用 5d。

（7）菲拉辛。按每千克体重 1.0mg，内服，每日 3 次，连用 10d。

（8）盐酸灭来丝敏。按每千克体重 2.2mg，肌内注射，间隔 3h 再注射 1 次即可，其杀虫率达 99% 以上。主要驱杀成虫，用药后 2～3 周内应限制运动。

（9）倍硫磷。是最有效的杀微丝蚴药物。7% 倍硫磷溶液按每千克体重 0.2mL，皮下注射，必要时隔 2 周重复 1～2 次。倍硫磷是一种胆碱酯酶抑制剂，使用前后不要用任何杀虫剂或具有抑制胆碱酯酶活性的药物。

对虫体寄生多、肺动脉内膜病变严重、肝肾功能不良、大量药物会对犬体产生毒性作用的病例，尤其是并发腔静脉综合征者，需及时采取外科手术疗法。

在确诊本病的同时，应对患犬进行全面的检查，对于心脏功能障碍的病犬应先给予对症治疗，然后分别针对寄生成虫和微丝蚴进行治疗，同时对患犬进行严格的监护。对症治疗时，除投给强心、利尿、镇咳、肾上腺皮质激素类、保肝等药物外，还可使用抗血小板药唑嘧胺，按每千克体重 5mg，口服。

（二）草食动物丝虫病

1. 病原特征

（1）马丝状线虫。虫体呈乳白色，线状。口孔周围有角质环围绕，口环的边缘上，突出形成两个半圆形的侧唇，乳突状的背唇 2 个和腹唇 2 个。雄虫长 40～80mm，交合刺 2 根不等长。雌虫长 70～150mm，尾端呈圆锥状，阴门开口于食道前端。产出的微丝蚴长 19～25μm。寄生于马属动物的腹腔，有时可在胸腔、阴囊等处发现虫体。

（2）鹿丝状线虫。又称唇乳突丝状线虫。口孔呈长圆形，角质环的两侧部向上突出成新月状，背、腹面突起的顶部中央有一凹陷，略似墙垛口。雄虫长 40～60mm，交合刺 2 根不等长。雌虫长 60～120mm，尾端为一球形的纽扣状膨大，表面有小刺。微丝蚴长 24～26μm。成虫寄生于牛、羚羊和鹿的腹腔。

（3）指形丝状线虫。虫体形态和鹿丝状线虫相似，但口孔呈圆形，口环的侧突起为三角形，较鹿丝状线虫的大。雄虫长 40～50mm，交合刺 2 根不等长。雌虫长 60～90mm，尾末端为一小的球形膨大，其表面光滑或稍粗糙。微丝蚴长 25～40μm。寄生于黄牛、水牛或牦牛的腹腔。

2. 生活史 中间宿主为伊蚊、按蚊、螫蝇等吸血昆虫。终末宿主为马、牛、羊、鹿等草食动物。

成虫寄生于终末宿主的腹腔，雌虫胎生，产出微丝蚴。微丝蚴进入宿主的血液循环，周期性地出现于外周血液中。当中间宿主蚊类等吸血昆虫刺吸血液时，微丝蚴进入蚊体，经 12～16d 发育为感染性幼虫，并移行至蚊口器内。然后此蚊再刺吸终末宿主的血液时，感染性的幼虫进入终末宿主体内，经 8～10 个月发育为成虫。

当携带有指形丝状线虫感染性幼虫的蚊刺吸非固有宿主马或羊的血液时，幼虫进入马或羊的体内，但由于宿主不适，它们常循淋巴或血液进入脑脊髓或眼前房，停留于童虫阶段，引起马、羊的脑脊髓丝虫病或马浑睛虫病。

3. 流行与预防

（1）流行。草食动物丝虫病在日本、以色列、印度、斯里兰卡和美国等许多国家和地区都相继有过报道。在我国多发生于长江流域和华东沿海地区，东北和华北等地亦有病例发生。马、牛、羊等患病的草食动物为主要的感染来源，各种年龄均可发病。蚊等吸血昆虫作为传播媒介。本病有明显的季节性，多发于夏末秋初。其发病时间约比蚊虫出现时间晚1个月，一般为7～9月份，而以8月中旬发病率最高。凡低湿、沼泽、水网和稻田地区等适于蚊虫滋生的地区多发。

（2）预防。防止吸血昆虫叮咬畜体及扑灭吸血昆虫。在流行季节对马、牛可用海群生预防驱虫，每月1次，连用4个月，是预防该病的关键。

4. 诊断

（1）临床症状和病理变化。寄生于马、牛腹腔等处的丝状线虫的成虫，对宿主的致病力不强，一般不显症状，感染严重的有时能引起睾丸的鞘膜积液，腹膜及肝包膜的纤维素性炎症，但在临床上一般不显症状。但其幼虫有较强的致病力。

①脑脊髓丝虫病：指形丝状线虫的幼虫可导致马、骡、羊患脑脊髓丝虫病（腰痿病）。主要表现为后躯神经的功能障碍，逐渐丧失使役能力，重病者多因长期卧地不起，发生褥疮，继发败血症致死。

②浑睛虫病：指形丝状线虫、鹿丝状线虫和马丝状线虫的童虫可导致马、骡的浑睛虫病。症状为角膜炎、虹膜炎和白内障。畏光、流泪，角膜和眼房液轻度混浊，瞳孔放大，视力减退，结膜和虹膜充血。病马摇头，摩擦患眼，严重时可失明。在光线下观察马或牛的患眼时，常可见眼前房中有虫体游动，时隐时现。

（2）实验室诊断。微丝蚴检查，其方法是取动物外周血液1滴滴于载玻片上，覆以盖玻片，在低倍显微镜下检查，检查到游动的微丝蚴即可确诊。也可采取1大滴血液作厚膜涂片，自然干燥后置水中溶血，而后用显微镜检查，此方法检出率较高。如血中幼虫量多，可推制血片，采用吉姆萨或瑞氏染色法染色后检查。

5. 治疗

（1）枸橼酸乙胺嗪。按每千克体重10mg，口服，1次/d，连用7d，可杀死微丝蚴，但对成虫无效。

（2）左旋咪唑。按每千克体重8～10mg，连用3d。

（3）伊维菌素。按每千克体重0.3mg，皮下注射。

（三）猪浆膜丝虫病

1. 病原特征 虫体呈乳白色，丝状，头端稍微膨大。无唇，口孔周围有4个小乳突。雄虫长12～27mm，尾部呈指状，向腹面卷曲。交合刺1对，短且不等长，形态相似。雌虫长51～60mm，阴门位于食道腺体部分，不隆起。尾端两侧各有1个乳突。微丝蚴两端钝，有鞘，胎生。

2. 生活史 成虫寄生于猪的心脏、肝脏、胆囊、子宫和膈肌等处的浆膜淋巴管内。产出的微丝蚴进入血液，被中间宿主库蚊吸血时吸入。微丝蚴在库蚊体内发育成感染性幼虫，当这种库蚊再吸猪血时，感染性幼虫进入猪体内，发育为成虫。

3. 流行与预防

（1）流行。猪浆膜丝虫病在我国江西、山东、安徽、北京、河南、湖北、四川、福建、江苏等地均有发现。该病主要危害猪。病猪是主要的感染来源，库蚊作为传播媒介。多发生于夏末秋初蚊虫活动频繁的季节。

（2）预防。除药物预防外，关键是防止吸血昆虫叮咬猪体和扑灭吸血昆虫。

4. 诊断

（1）临床症状。通常猪对浆膜丝虫有一定的抵抗力，临床症状不明显。猪群仅表现为食欲下降,生长缓慢,腹式呼吸,肌肉震颤等。

(2)病理变化。寄生于心外膜层淋巴管内的虫体,致使猪心脏表面呈现病变。在心纵沟附近或其他部位的心外膜表面形成稍微隆起的绿豆大的灰白色小泡状乳斑,或形成长短不一、质地坚实的迂曲的条索状物。陈旧病灶外观上为灰白色针头大钙化的小结节,呈砂粒状。通常在一个猪心脏上有1~20处病灶,散布于整个心外膜表面。

(3)实验室诊断。生前可自猪耳静脉采血,检查血液中的微丝蚴。死后剖检在心脏等处发现病灶并找到活虫,或将病灶压成薄片镜检发现虫体残骸即可确诊。

5.治疗 在治疗上要根据虫体不同的发育阶段选择适当的药物,驱除成虫时,可选用伊维菌素和硫乙砷胺钠,效果显著。驱除微丝蚴时可选用乙胺嗪(海群生)和左旋咪唑。

党的二十大报告明确指出,坚持全面依法治国,推进法治中国建设,弘扬社会主义法治精神,传承中华优秀传统法律文化,引导全体人民做社会主义法治的忠实崇尚者、自觉遵守者、坚定捍卫者。因此,我们在用药时,既应遵循用药规范,合法用药,也要传承中华优秀文化,用中兽医的治病理论来指导用药。

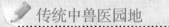 传统中兽医园地

中华传统医学方剂

歌曰: 牛患弩丝病何生,秋露蛛网毒水浸。变化成虫扰睛水,日久不治两目昏。不用使针灌妙药,只要灵丹一点明。

治法: 不用针药,只要灵丹点之。戒忌:水草如常。

一点灵丹: 治牛目中弩丝虫等症。明矾、雄黄、朱砂、青盐、牙硝、冰片、麝香,上药,先将朱砂、雄黄研极细,舌上试之,不刺牙后,加入麝香,又研细,再入明矾研细,然后再入盐、硝略研,入瓷罐收贮,但遇此症,即令点之,一次其虫即出,二次断根,永不再生矣。

《注释马牛驼经大全集》

任务 2-4　人兽共患原虫病防治

【案例导入】

2011年6月,某养殖户从邻镇引进的35头3月龄肉猪突然发病。患猪体温升高到41℃左右,呈稽留热型,精神沉郁,昏睡。眼结膜充血,眼角有脓性分泌物黏附。呼吸急促,呈腹式呼吸,流鼻涕,咳嗽。耳朵、四肢末端、腹下、股内侧、臀部等部位出现紫红色斑块,有的病猪在耳壳上形成痂皮,耳尖发生干性坏死。初期便秘,粪便干结呈颗粒状,后期出现腹泻,呈煤焦油状。消瘦,皮肤苍白,后肢无力,起立困难,行走摇晃,叫声嘶哑。期间用青霉素、黄芪多糖等药物进行治疗,连用3d,仍不见好转,有5头肉猪死亡。剖检病死猪腹腔内有淡黄色积液,腹股沟、肠系膜淋巴结充血、淤血和肿大,外观呈淡红色,切面呈酱红色花斑状。肺脏表面呈暗红色,充血、水肿,间质增宽,小叶明显,切面有较多半透明胶冻样物和泡沫状液体。肾脏呈黄褐色,有少量针尖大出血点。脾脏稍肿大,有出血点及灰白色坏死灶。胃底部和大肠黏膜均

见点状出血，结肠和盲肠上散有很多黄豆大小溃疡灶。取发热病猪耳静脉血液抹片，用吉姆萨染色后镜检，可见呈半月状、一端较尖而另一端较钝圆、细胞质呈淡蓝色、细胞核呈紫红色的多个散在的虫体。

问题：案例中猪群感染了何种寄生虫？该如何治疗？

一、弓形虫病

弓形虫病又称弓形体病、弓浆虫病，是由龚地弓形虫寄生于动物和人的有核细胞引起的一种人兽共患原虫病。弓形虫病对人畜的危害极大，孕妇感染后可导致早产、流产、胎儿发育畸形。动物普遍感染，多数呈隐性，但猪可大批发病，出现高热、呼吸困难、流产、神经症状和实质器官灶性坏死、间质性肺炎等特征，死亡率较高。

（一）病原特征

龚地弓形虫（*Toxoplasma gondi*），只此 1 种，但有不同的虫株。全部发育过程有 5 个阶段，即 5 种虫型（图 2-27）。

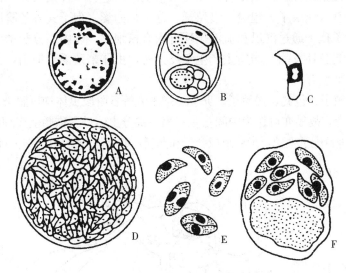

刚地弓形虫
的形态特征

弓形虫滋养体
（400 倍）

图 2-27 弓形虫
A. 未孢子化卵囊 B. 孢子化卵囊 C. 子孢子
D. 包囊 E. 速殖子 F. 假囊

1. 滋养体 又称速殖子，见于中间宿主。呈月牙形或香蕉形，一端较尖而另一端钝圆，平均大小为（4~7）μm×（2~4）μm。经吉姆萨或瑞氏染色后，细胞质呈淡蓝色，有颗粒，核呈深蓝色，位于钝圆一端。滋养体主要出现在急性病例的腹水中，可见到游离（细胞外）的单个虫体。在有核细胞（单核细胞、内皮细胞、淋巴细胞等）内可见到正在进行双芽增殖的虫体。有时在宿主细胞的细胞质内，众多滋养体聚集细胞膜所形成的"假囊"内。

2. 慢殖子 又称缓殖子，见于中间宿主。在慢性病例的脑、骨骼肌、心肌和视网膜等处，被包围在包囊（又称组织囊）内。囊内的虫体以缓慢的方式增殖，故称慢殖子，有数十个至数千个。包囊呈卵圆形，有较厚的囊壁，可随虫体的繁殖而增大至一倍。包囊在某些情况下可破裂，慢殖子从包囊中逸出，重新侵入新的细胞内形成新的包囊。包囊是弓形虫在中间宿主体内的最终形式，可存在数月甚至终生。脑组织的包囊数可占包囊总数的58%～86%。

3. 裂殖体 见于终末宿主肠上皮细胞内。呈圆形，内含4～20个裂殖子。游离的裂殖子前端尖、后端钝圆，核呈卵圆形，常位于后端。

4. 配子体 见于终末宿主。裂殖子经过数代裂殖生殖后变为配子体，大配子体形成1个大配子，小配子体形成若干小配子，大、小配子结合形成合子，最后发育为卵囊。

5. 卵囊 随猫的粪便排出的卵囊呈椭圆形，大小为（11～14）μm×（9～11）μm，含有2个椭圆形孢子囊，每个孢子囊内有4个子孢子。

（二）生活史

弓形虫生活史动画

1. 中间宿主 鸟类、鱼类、哺乳类等200多种动物和人。

2. 终末宿主 猫（猫科动物）是唯一的终末宿主，在本病的传播中起重要作用。

3. 寄生部位 滋养体、包囊寄生于中间宿主的有核细胞内。急性感染时，滋养体可游离于血液和腹水中。裂殖体、配子体、卵囊寄生于终末宿主小肠绒毛上皮细胞中。

4. 发育过程 弓形虫全部发育过程需要两种宿主。在中间宿主和终末宿主组织细胞内进行无性繁殖称肠外期发育；在终末宿主体内进行有性繁殖称肠内期发育。

中间宿主食入速殖子、包囊、慢殖子、孢子化卵囊、孢子囊等各阶段虫体或经胎盘均可感染。子孢子通过淋巴和血液循环进入有核细胞，以内二分裂增殖，形成速殖子和假囊，引起急性发病。当宿主产生免疫力时，虫体繁殖受到抑制，在组织中形成包囊，并可长期生存。

猫食入速殖子、包囊、慢殖子、卵囊、孢子囊等各阶段虫体均可感染。一部分虫体进入肠外期发育，故猫亦可作为中间宿主；另一部分虫体进入猫肠上皮细胞进行数代裂殖生殖后，再进行配子生殖，最后形成合子和卵囊，卵囊随粪便排出体外（图2-28）。

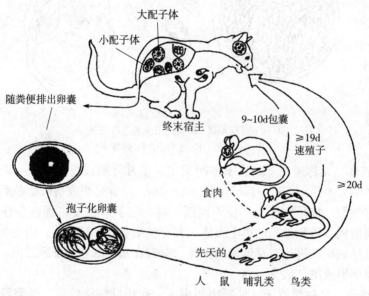

图 2-28 弓形虫生活史

（张西臣，李建华 . 2010. 动物寄生虫病学）

5. 发育时间 猫从感染到排出卵囊需3～5d，高峰期在5～8d，卵囊在外界完成孢子化需 1～5d。

(三) 流行

1. 感染来源 患病或带虫的中间宿主和终末宿主均为感染来源。速殖子存在于患病动物的唾液、痰、粪便、尿液、乳汁、肉、内脏、淋巴结、眼分泌物,以及急性病例的血液和腹腔液中;包囊存在于动物组织;卵囊存在于猫的粪便。

2. 感染原因 动物和人吃入卵囊污染的食物或饮水、含有包囊或速殖子的其他动物组织等均可感染。因此,中间宿主之间、终末宿主之间、中间宿主与终末宿主之间均可相互感染。

3. 感染途径 主要经消化道感染,也可通过呼吸道、损伤的皮肤和黏膜及眼感染,母体血液中的速殖子可通过胎盘进入胎儿,导致胎儿生前感染。

4. 抵抗力 卵囊在常温下,可保持感染力 1～1.5 年,一般常用消毒剂无效,土壤和尘埃中的卵囊能长期存活。包囊在冰冻和干燥条件下不易生存,但在 4℃时尚能存活 68d,有抵抗胃液的作用。速殖子和裂殖子的抵抗力最差,在生理盐水中,几小时后即丧失感染力,各种消毒剂均能杀死。

5. 地理分布 由于中间宿主和终末宿主分布广泛,故本病广泛流行,无地区性。

(四) 预防措施

加强猪的饲养管理。禁止在猪场内养猫,防止饲料、饮水被猫粪污染,同时做好灭鼠工作。禁止用屠宰废弃物作饲料。病死和可疑感染弓形虫的畜尸、流产的胎儿及排出物应烧毁或深埋。加强检疫,定期对猪群进行血清学检查,对检出阳性种猪隔离饲养或有计划淘汰。加强屠宰加工中对弓形虫的检验,发现阳性者的胴体和其他产品必须销毁。在流行地区,可采用磺胺类药物预防。

(五) 诊断

可根据流行病学、临床症状和病理变化初步诊断,如要确诊必须查出病原体或特异性抗体。注意与犬瘟热相区别。

1. 临床症状 主要引起神经、呼吸及消化系统症状。

猪较易感,仔猪症状较重。突然废食,体温升高可达 40℃以上,呈稽留热型。食欲降低甚至废绝。便秘或腹泻,有时粪便带有黏液或血液。呼吸急促,咳嗽。眼内出现浆液性或脓性分泌物,流清鼻涕。皮肤有紫斑,体表淋巴结肿胀。孕畜流产或产死胎。发病后数日出现神经症状,后肢麻痹,病程 2～8d,常发生死亡。耐过后转慢性型。

牛感染后体温升高,呼吸困难,咳嗽,初便秘后腹泻,淋巴结肿大,体表有紫斑。

幼犬表现发热,精神萎靡,厌食,咳嗽,呼吸困难。重者便血,麻痹。孕犬流产或早产。

人的弓形虫病主要危害儿童和免疫功能障碍的人,其症状分为先天性和后天性的。先天性的发生于妇女妊娠期间,除危害妇女本人外,还引起胎儿流产、死亡或通过胎盘等使婴儿出现弓形虫病。感染婴儿常见的症状有脑积水、无脑儿、小头畸形、癫痫、视网膜缺陷等。后天性的症状有浅表淋巴结肿大、视力下降甚至失明、脑炎、脑膜脑炎、癫痫和精神异常等。有免疫损伤和免疫抑制的病人,弓形虫感染最为危险,常常是致死性的。

2. 病理变化 肺水肿是猪弓形虫病的特征性病变,肺脏色泽深呈暗红色,间质增宽，有针尖大的出血点和灰白色坏死灶，气管内有大量泡沫和黏液，胸腔有大量积液。急性病例全身淋巴结、肝脏、肾脏和心脏等器官肿大，并有许多出血点和坏死灶。胃肠黏膜肿胀、充血、出血。慢性病例可见各内脏器官水肿，并有散在的坏死灶。隐性感染主要是在中枢神经系统内见包囊，有时可见神经胶质增生性肉芽肿性脑炎。

3. 实验室诊断 弓形虫病临床症状、剖检变化与很多传染病相似，在临床上容易误诊。为了确诊需采用如下实验室诊断方法。

（1）病原学诊断。

①脏器涂片染色检查。急性弓形虫病可将病畜的肺脏、肝脏、淋巴组织、腹水等涂片或抹片，用吉姆萨或瑞氏液染色后高倍镜下检查虫体。生前可取血液和腹水，涂片染色检查；或淋巴结穿刺液涂片检查。

②集虫法检查。取有病灶的肺脏、肺门淋巴结 1～2g 放乳钵中，剪碎后研磨，再加 10 倍生理盐水，然后 500r/min 离心 3min，取上清液 1 500r/min 离心 10min，取沉渣涂片，干燥，吉姆萨氏染色或瑞氏染色，镜检。

③动物接种。取病畜的肺脏、肝脏、淋巴结等组织研碎加 10 倍生理盐水，并于每毫升中加青霉素 1 000U 和链霉素 100mg，在室温下放置 1h，接种前振荡，待重颗粒沉底后，取上清液接种于小鼠的腹腔，每只接种 0.5～1.0mL。接种后观察 20d，若小鼠出现被毛粗乱、呼吸迫促的症状或死亡，取腹腔液或脏器作涂片染色镜检。初代接种的小鼠可能不发病，如未检查到虫体，可用被接种小鼠的肝脏、淋巴结等组织按上述方法制成乳剂盲传 3 代，并检查腹腔液中是否存在虫体。

（2）血清学诊断。

①染色试验。取自弓形虫阳性小鼠腹水或组织培养所得的游离的弓形虫，分别放在正常血清和待检血清中。经 1～2h 后，取出虫体各加美蓝染色。正常血清中的虫体染色良好，而待检血清中的虫体染色不良则为阳性。这是因为阳性血清中含有抗体，使虫体的细胞质性质有了改变，以致不着色。血清要倍比稀释至 1∶16 稀释度才认为有诊断意义。该法可用于早期诊断，因为在感染后 2 周就呈阳性反应，且持续多年。

②酶联免疫吸附试验（ELISA）。在国内外有多种 ELISA 诊断试剂盒出售，为当前诊断弓形虫感染应用最广而且备受欢迎的免疫学诊断方法之一。既可检测抗体（IgM，IgG），又可检测循环抗原（CAg），因而具有早期诊断价值。

③间接血凝试验（IHA）。曾是应用最广的免疫学诊断方法，优点是：简单、快速、敏感、特异，易于推广，适合大规模流行病学调查用。缺点是：对急性感染早期诊断缺乏敏感性。因为 IHA 只能检测抗体。由于动物和人感染弓形虫后，血液中最先出现的是循环抗原，之后为 IgM 抗体，IgG 抗体最迟出现，但维持时间长。因此抗体的存在只能说明患畜曾经感染过弓形虫，而不能作为现症的诊断依据。可以间隔 2～3 周采血，IgG 抗体滴度升高 4 倍以上表明感染处于活动期；IgG 抗体滴度不高表明有包囊型虫体存在或过去有感染。

此外，还有间接荧光抗体试验、直接凝集试验、补体结合反应、皮内反应、免疫金银染色法、中和试验、免疫磁性微球技术、碳粒凝集试验和双夹心酶联免疫吸附试验等都曾用于弓形虫的检测。但这些免疫学检测方法中，大多数方法用于抗体检测，而用于循环抗原检测的方法很少，而且这些方法因敏感度、特异性不够高、操作复杂、成本较高等原因尚未应用于兽医临床，还有待进一步改进。

猪弓形虫
的检查

近年来又将 PCR 及 DNA 探针技术应用于检测弓形虫感染，具有灵敏、特异、早期诊断的优点。

（六）治疗

目前，尚无特效药物。早期的急性病例用磺胺类药物有一定疗效。如果用药较晚，虽能减轻症状，但不能抑制虫体进入包囊，因为磺胺类药物不能杀死包囊内的缓殖子，而使动物成为带虫者。

磺胺类药物使用时，首次加倍，并配合用乙胺嘧啶或甲氧苄啶（trimethoprim，TMP）。常用药物具体用法如下：

1. 磺胺-6-甲氧嘧啶（SMM） 每千克体重 60~100mg，口服。

2. 磺胺-5-甲氧嘧啶（SMD） 每千克体重 2mg，肌内注射。

3. 磺胺嘧啶（SD） 每千克体重 70mg，或增效磺胺嘧啶钠注射液，每千克体重 20mg，肌内注射。

此外，口服盐酸克林霉素可治疗猫的弓形虫病。阿托伐醌（商品名美普龙）可减少组织内的包囊形成。

二、利什曼原虫病

由利什曼原虫寄生在人和犬、野生动物、爬行类动物中的一种常见的人兽共患原虫病。该病能引起皮肤或内脏器官的严重损害甚至坏死。

（一）病原特征

病原为杜氏利什曼原虫，属锥体科。为椭圆形小体，长 $2\sim4\mu m$，宽 $1.5\sim2\mu m$。寄生于人和犬的单核巨噬细胞内（图 2-29）。经瑞氏染色后，虫体的细胞质是淡蓝色，细胞核 1 个，圆形，染成深红色。动基体位于核旁，呈深紫色。在传播者白蛉体内，虫体则由圆形无鞭毛体演变成前鞭毛体，为一柳叶形虫体，动基体移至核前方，有 1 根鞭毛伸出体外，无波动膜（图 2-30）。鞭毛型虫体借助鞭毛的摆动呈现活泼的运动状态。虫体多以鞭毛前端相聚并排列成菊花状。

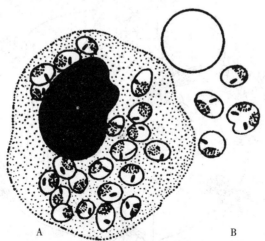

图 2-29 利什曼原虫

A. 巨噬细胞内的虫体 B. 细胞外的虫体

（张西臣，李建华 . 2010. 动物寄生虫病学）

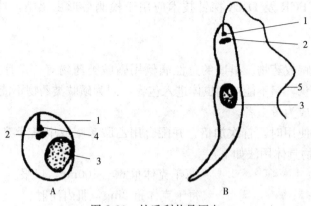

图 2-30　杜氏利什曼原虫
A. 无鞭毛体　B. 前鞭毛体
1. 基体　2. 动基体　3. 核　4. 根丝体　5. 鞭毛

（二）生活史

杜氏利什曼原虫生活史需白蛉、人或哺乳动物两种宿主。前鞭毛型虫体寄生于白蛉的消化道内，无鞭毛体寄生于人或其他哺乳动物的单核巨噬细胞内。雌性白蛉是传播本病的媒介昆虫。

当雌性白蛉叮咬病人或受感染的动物时，宿主血液或皮肤内含无鞭毛体的巨噬细胞即被吸入白蛉的肠内，经 3～4d 发育为成熟的前鞭毛型虫体。1 周后大量成熟的前鞭毛型虫体向白蛉的前胃、食管和咽部运动并汇集至口腔及喙。此时，若白蛉叮刺健康人或动物，感染性前鞭毛型虫体即随白蛉的唾液进入人或动物体内。一部分被中性粒细胞吞噬并消灭，另一部分则侵入巨噬细胞内，随后虫体逐渐变圆，失去游离在体外的鞭毛，开始向无鞭毛体期转化，在巨噬细胞内形成纳虫空泡。无鞭毛体不但可以在巨噬细胞的纳虫空泡内存活，而且还可进行分裂繁殖，最终造成巨噬细胞破裂，释放出无鞭毛体，再进入新的巨噬细胞内，如此重复上述增殖过程（图 2-31）。

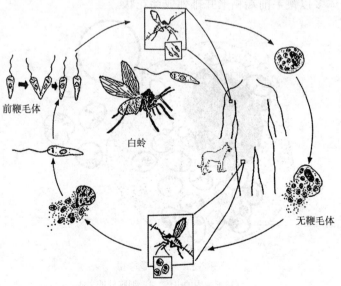

前鞭毛体

白蛉

无鞭毛体

图 2-31　利什曼原虫生活史
（仿殷国荣 . 2014）

（三）流行

本病主要在亚洲、非洲、欧洲以及中、南美洲的部分国家和地区流行。其中，在印度和地中海地区流行最盛。近几年，世界范围内利什曼原虫病的发病率呈上升趋势。

利什曼原虫病又称黑热病，在新中国成立前和初期，本病在我国长江以北各省份的流行十分广泛。自 20 世纪 50 年代以来，我国对该病的防治取得了显著的成果，大部分地区已基本消灭该病。近年来，在新疆、甘肃、内蒙古、四川、陕西和山西等省份偶见疫情报道。

感染来源为病人和病犬。我国犬利什曼原虫病分布与病人传播关系各地不一致，说明本病的传播与自然环境关系密切。

世界报道的利什曼原虫病传播媒介白蛉有 10 余种。我国已发现有 4 种白蛉可传播利什曼原虫病，其中主要媒介是中华白蛉。

（四）预防措施

犬为山丘疫区的主要感染来源，捕杀病犬对这些地区利什曼原虫病的预防具有重要意义。防止白蛉的叮咬是预防本病的重要环节。针对白蛉的生态习性采取溴氰菊酯喷洒等措施，可达到对其杀灭的目的。

（五）诊断

1. 临床症状 犬利什曼原虫病的症状表现多样，幼犬有中度体温波动，并呈现渐进性贫血和消瘦。可自然康复，也可衰竭而死。有些因脾脏肿大出现腹水，淋巴结肿大和腹痛，后期在耳、鼻、眼的周围有脱毛，皮脂外溢，生有结节并出现溃疡。

人感染利什曼原虫病，患者主要表现食欲不振，体重减轻，周身不适，疲倦和衰弱，全身淋巴结肿大，头痛，不规则或间歇发热，伴有大汗，贫血。严重感染病人的面部、四肢及躯干皮肤出现结节，并可有某种程度的逐渐变黑。80%～90%有临床症状而未经治疗的病人因衰竭而死亡。

2. 病理变化 死后剖检可见淋巴结、肝脏、脾脏肿大。尤以脾脏肿大最为常见，出现率高达 95%。

3. 实验室诊断

（1）病原检查。对骨髓、淋巴结或脾脏穿刺，取穿刺液涂片，用瑞氏或吉姆萨染色，镜检，查到无鞭毛体即可确诊。其中以骨髓穿刺最常用，淋巴结穿刺多选腹股沟、颈部或颌下等处肿大的淋巴结。将穿刺液接种于 NNN 培养基分离病原体（NNN 培养基分固体部分和液体部分。固体部分：1.4g 琼脂、0.6g 氯化钠加入 90mL 双蒸水，加热溶解，每 4mL 或 1.5mL 分装入 12mL 或 6mL 培养管中，121℃ 15min 灭菌，而后加入去纤维素的兔血至 15% 含量，混合并放成斜面，4℃保存。液体部分为少量的灭菌双蒸水，还可加入青霉素和链霉素）。也可取淋巴结做病理学检查确诊。

（2）血清学检查。可采用间接荧光抗体试验（IFA）、间接血凝试验（IHA）或 ELISA 等。

（六）治疗

我国生产的葡萄糖酸锑钠（斯锑黑克）治疗效果良好，为首选药物。戊烷脒和米替福斯也可用于治疗该病。

知 识 链 接

追忆中国热带医学
奠基人钟惠澜

岗位操作任务4

应用粪便检查技术诊断动物寄生虫病

【任务描述】

本任务是根据执业兽医及其他从事动物疫病防治、动物检疫检验工作的人员的工作任务要求而安排。本岗位操作任务是通过粪便采集、粪便检查技术的学习和训练，帮助学生更好地诊断动物寄生虫病，通过对本任务的学习和掌握，为职业素养的提升奠定基础。

【任务目标和要求】

完成本任务后，你应当能完成如下目标和具备以下能力：

（1）能完成寄生虫学检查时，粪便的采集、保存和送检工作。

（2）会用粪便中寄生虫（卵）检查的实验室检查技术诊断动物寄生虫病。

（3）能识别出寄生虫虫卵。

（4）具有主动参与小组活动，积极与他人沟通和交流，团队协作的能力。

（5）能用实事求是、严谨的科学态度和不怕脏的精神完成本任务。

【任务实施】

第一步 资讯

查找粪便检查技术相关的视频、标准、行业企业网站，获取完成工作任务所需要的信息。

粪便的采
集、保存
和送检

第二步 任务情境

在动物寄生虫病实训室进行情景模拟或到动物医院、宠物医院、猪场、牛场、羊场、鸡场附近以放牧或散养为主的地区，分组进行实训。

第三步 材料准备

多媒体设备、光学显微镜、手套、采集粪便用的塑料袋和塑料链封袋、天平（100g）、离心机、60目铜筛、260目尼龙筛兜、玻璃棒、铁针（或毛笔）、牙签、放大镜、勺子、胶头滴管、载玻片、盖玻片、试管、记号笔等仪器和用具；饱和盐水、50%甘油生理盐水等试剂。

第四步 实施步骤

1. 粪便的采集 各小组学生分别进入实验动物养殖舍或猪场、牛场、羊场、鸡场等场所采集新鲜的动物粪便，放入清洁的塑料链封袋或器皿中备用。

2. 粪便中常见寄生虫的检查 按照任务 1-5 中的方法将粪便中大型虫体、孕卵节片和相对较小的虫体挑取或分离出来，进一步进行雌雄识别和种类鉴别。

3. 粪便中蠕虫卵的检查 其检查方法见实任务 1-5 及示教视频。

4. 识别 粪便中寄生虫虫卵的识别。

5. 填写报告 根据检查情况，写出检查结果报告。

第五步 评价

1. 教师点评 根据任务实施情况（包括过程和结果）进行检查，做好观察记录，并进行点评。

虫卵的识别

2. 学生互评和自评 每个同学根据评分要求和任务实施的情况，对小组内其他成员和自己进行评分。

通过互评、自评和教师（包括养殖场指导教师）评价来完成对每个同学的学习效果评价。评价成绩均采用 100 分制，考核评价表如表 2-1 所示。

表 2-1 考核评价表

班级_____ 学号_____ 学生姓名_____ 总分_____

	评价维度	考核指标解释及分值	教师（技师） 评价 40%	学生自评 30%	小组互评 30%	得分	备注
1	任务目标 达成度	达成预定学习目标。（10 分）					
2	任务 完成度	完成教师布置的任务。（10 分）					
3	知识掌握 精确度	（1）能正确阐述粪便的采集、保存和送检方法。（10 分） （2）能正确阐述粪便中寄生虫（卵）检查的操作方法。（10 分） （3）能阐述寄生虫虫卵和非寄生虫虫卵的区别。（10 分）					
4	技术操作 精准度	（1）进行寄生虫学检查时，掌握粪便的采集、保存和送检方法。（10 分） （2）会用合适的粪便中寄生虫（卵）检查方法对待检粪样进行检查。（10 分） （3）认识寄生虫虫卵。（10 分）					
5	岗位需求 适应度	（1）能根据不同动物和工作环境的变化，制订工作计划并解决问题。（10 分） （2）能主动参与小组活动，积极与他人沟通和交流，具备团队协作的能力。（10 分）					
	得分						
	最终得分						

岗位操作任务5

肌旋毛虫的检查

【任务描述】

肌旋毛虫的检查任务根据执业兽医及其他动物疫病防治、动物检疫检验工作人员的工作任务分析而安排，通过对肌旋毛虫的检查，为旋毛虫病诊治及屠宰检疫提供技术支持。

【任务目标和要求】

完成本任务后，应当能够能运用肌肉压片检查法和肌肉消化检查法来检查肌旋毛虫，并认识肌旋毛虫。

【任务实施】

第一步　资讯

查找《旋毛虫诊断技术》(GB/T 18642—2021)及相关的行业标准、行业企业网站、视频资料等，获取完成工作任务所需要的信息。

第二步　任务情境

某养殖户养殖情况案例、某规模化养猪场或生猪定点屠宰场。

✏ 任务情境示例
••••••••••••••••••••••••••••••••

柳州市郊某县一屠宰场在交易栏购买了陆某自家养的1头肉猪。猪体重为85kg，精神状态良好，无任何临床症状。猪宰后刮毛，无明显症状。检疫员在例行宰后检疫时，发现此猪肌纤维已坏死，肌间结缔组织大面积增生，肌纤维内有小白点样病灶。随后采集两侧膈肌脚，送检疫室进一步检查。

请问，你若是该检疫室一名检疫员，接下来应该如何检查？

第三步　材料准备

1. 器材　显微镜、旋毛虫压片器（夹压玻璃板）或载玻片、剪刀、橡皮筋、镊子、托盘、不锈钢筛网（筛孔直径180μm）、分液漏斗、烧杯（1L和3L）、离心管（50mL）、电动刀式绞肉机或碎肉机（孔径≤3mm）、温度计、磁力搅拌器和转子、恒温培养箱、倒置显微镜、培养皿（带标尺）。

2. 试剂　20%甘油透明液、10%盐酸溶液、盐酸水溶液（配制方法：浓度37%、密度1.179g/cm³的盐酸11mL，加双蒸水至2 000mL）。

消化液配制：1∶10 000NF/1∶12 500BP/1∶2 000FIP的胃蛋白酶10g，加2 000mL盐酸水溶液，消化液现用现配，用前预热至45℃ *。

3. 标本　肌旋毛虫标本片。

第四步　实施步骤

方法一　压片镜检法

1. 采样　从完整胴体两侧的横膈膜肌脚部各采样一块，记为一份肉样，其质量不

　＊ FIP指国际药学联合会，在这里是指根据国际药学联合会的方法所测定的酶的实际活性值；NF为国家处方集；BP为英国药典。

少于50g，编号与胴体号码相同。不完整胴体，可从肋间肌、腰肌、咬肌、舌肌采样。

2. 样本处理　剥离脂肪和结缔组织，用剪刀顺肌纤维方向，按随机采样的要求，从样本上至少剪取28粒燕麦粒大小（2mm×10mm）的肉样，将肉样均匀地放置在夹压玻璃板上，排成一排，每个夹压玻璃板可放置16粒。

旋毛虫诊断技术（GB/T 18642—2021）

3. 压片　将另一夹压玻璃板重叠在放有肉样的玻璃板上，并旋动螺丝，加压使肉粒压成半透明薄片，使透过压片可以看到书上的字迹为宜。

4. 镜检　将制好的压片放在低倍显微镜下（放大倍数4×10），从压片一端边沿开始观察，直到另一端为止。不清晰处，可在10×10倍的放大倍数下进一步观察。

5. 结果判定

（1）肌细胞内有圆形或椭圆形包囊，且包囊中央有卷曲的虫体，判定为形成包囊的旋毛虫。旋毛虫包囊镜下判定示意见图2-32。

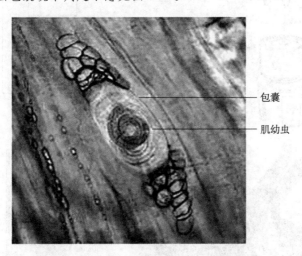

包囊

肌幼虫

图 2-32　旋毛虫包囊镜下判断示意（GB/T 18642—2021）

（2）肌细胞内有呈直杆状或略卷曲状态虫体，判定为无包囊的旋毛虫。无包囊旋毛虫镜下判定示意见图2-33。

肌幼虫

图 2-33　无包囊旋毛虫镜下判定示意（GB/T 18642—2021）

（3）发现数量不等、浓淡不均的黑色钙化物，可开启夹压玻片，加入少许 10% 的盐酸溶液，静置 1～2min 后，再行观察，结果判定同（1）和（2）。

（4）发现形成包囊的旋毛虫和无包囊的旋毛虫均判定为旋毛虫感染。

方法二　集样消化法

具体操作方法如图 2-34 所示。

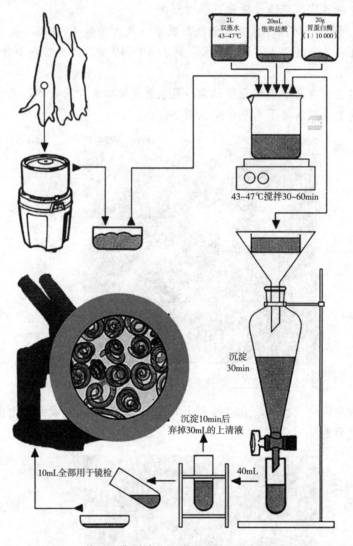

图 2-34　旋毛虫集样消化法流程（GB/T 18642—2021）

1. 样本数量　每只动物可采集 100g 肌肉组织样本，或将数只动物肌肉样本混合为 100g（混合动物数量≤30 个）。生食或半生食肉类习俗以及旋毛虫病高发地区，混合动物数量≤20 个。

2. 样本处理　剥离脂肪和结缔组织，与 100g 肉样同等体积的盐酸水溶液混合，用刀式电动绞肉机短时间（5～10s）绞碎 10～20 次或用碎肉机搅碎，至样本无可见细碎块为止。

3. 样本消化　将搅碎样本取出，放入 3L 烧杯中，用预热的 45℃±2℃ 消化液冲洗绞肉机或碎肉机中残留样本，并用预热的消化液补足至 2L（即每克样本加入 20mL

消化液）。

用锡箔纸覆盖烧杯防止溶液飞溅，置于加热磁力搅拌器上（烧杯内放入磁力搅拌转子），或置于普通搅拌器并将搅拌器放入 $45℃±2℃$ 恒温培养箱中，持续加热搅拌 $30\sim60min$（可根据实际情况适当延长或缩减时间），至消化液中无肉眼可见碎肉为止。

4. 样本过滤　取不锈钢筛网（筛孔直径 $180\mu m$），放置于漏斗上方，漏斗下方接一分液漏斗，消化完成后 5min 内将样本混悬液倒入筛网。过滤后的烧杯和筛网用至少 100mL 的温水（37℃）冲洗，以确保筛网上没有虫体残留（允许存留少量不易消化的脂肪和结缔组织）。若筛网上有碎肉残渣，则需将碎肉残渣重新消化。样本沉淀及漂洗：将滤液在分离漏斗中沉淀 30min，使旋毛虫沉到底部，此时完全开启漏斗开关，将底部混悬液（约 40mL）移入 50mL 的离心管中。将离心管中的混悬液静置 10min，弃去部分上清液，保留 10mL 底部混悬液。如底部混悬液仍较为混浊，则向底部混悬液中加入 30mL 温水（37℃），重复上一步直至底部混悬液清澈。

5. 镜检　将滤清的沉淀物倒入有标尺的培养皿中，在倒置显微镜（放大倍数 $4×10$ 或 $10×10$）下观察有无虫体和钙化包囊。

6. 结果判定

（1）显微镜下发现旋毛虫或钙化包囊，可确诊为旋毛虫感染。

（2）混合样本为阳性时，需对每个样本进行单独消化镜检，以最终确定感染动物个体。

第五步　评价

1. 教师点评　根据任务实施情况（包括过程和结果）进行检查，做好观察记录，并进行点评。

2. 学生相互和自评　每个同学根据评分要求和任务实施情况，对小组内其他成员和自己进行评分。

通过互评、自评和教师（包括养殖场指导教师）评价来完成对每个同学的学习效果评价。评价成绩均采用 100 分制，考核评价表如表 2-2 所示。

表 2-2　考核评价表

班级_____　学号_____　学生姓名_____　总分_____

评价能力维度		考核指标解释及分值	教师（技师）评价 40%	学生自评 30%	小组互评 30%	得分	备注
1	任务目标达成度	完成预定的学习目标。（10 分）					
2	任务完成度	完成教师布置的任务。（10 分）					
3	知识掌握精确度	（1）能正确阐述压片镜检法检查肌旋毛虫的操作步骤。（10 分） （2）能正确阐述集样消化法检查肌旋毛虫的操作步骤。（10 分） （3）能描述肌旋毛虫的形态特征。（10 分）					

（续）

评价能力维度		考核指标解释及分值	教师（技师）评价 40%	学生自评 30%	小组互评 30%	得分	备注
4	技术操作精准度	（1）能运用肌肉压片法来检查肌旋毛虫。（10分） （2）能识别肌旋毛虫。（10分） （3）能在教师、技师或同学帮助下，正确评价自己及他人任务完成的程度。（10分）					
5	岗位需求适应度	（1）能主动参与小组活动，积极与他人沟通和交流，注重团队协作。（10分） （2）能根据工作环境的变化，制订工作计划并解决问题。（10分）					
得分							
最终得分							

知识拓展

关于人兽共患寄生虫病的流行与防控知识请扫描二维码获取。

人畜共患寄生虫病
的流行与防控

项目小结

病名	病原	宿主	寄生部位	感染途径	诊断要点	防治方法
日本血吸虫病	日本分体吸虫	中间宿主：钉螺 终末宿主：人、牛、羊等	门静脉和肠系膜静脉内	经皮肤、胎盘	1. 临诊：消瘦、贫血、腹水；剖检肝脏肿大、肠壁肥厚，上有虫卵结节，肠系膜和门静脉内可发现虫体 2. 实验室诊断：毛蚴孵化法检查粪便中虫卵	1. 定期驱虫，可用吡喹酮、硝硫氰胺 2. 消灭中间宿主钉螺 3. 搞好饮水卫生，做好粪便管理
肝片吸虫病	肝片吸虫	中间宿主：椎实螺 终末宿主：牛、羊、鹿等	肝脏、胆管	经口	1. 临诊：消瘦、贫血、皮下水肿、消化不良；剖检可见肝脏肿大、出血，实质硬化，胆管炎，有虫体寄生 2. 实验室诊断：沉淀法检查粪便中虫卵	1. 定期驱虫，可用三氯苯唑、硝氯酚 2. 消灭中间宿主椎实螺 3. 合理放牧

（续）

病名	病原	宿主	寄生部位	感染途径	诊断要点	防治方法
猪囊尾蚴病	猪囊尾蚴	中间宿主：猪、人　终末宿主：人	横纹肌	经口	1. 临诊：猪的症状不明显；人可见四肢无力、视力下降、癫痫发作等；剖检横纹肌可发现囊尾蚴　2. 实验室诊断：间接血凝试验，酶联免疫吸附试验，宰后检验咬肌等横纹肌发现囊尾蚴	抓好"查、驱、检、管、改"五个环节
棘球蚴病	棘球蚴	中间宿主：牛、羊、猪、人　终末宿主：犬、狼、狐	肝脏、肺脏	经口	1. 临诊：消瘦、呼吸困难、体温升高；剖检可见肝脏、肺脏表面分布棘球蚴　2. 实验室诊断：酶联免疫吸附试验，皮内变态反应	1. 做好犬的定期驱虫　2. 加强牛、羊屠宰检验，患病内脏无害化处理　3. 搞好个人卫生
旋毛虫病	旋毛虫	中间宿主与终末宿主为同一种动物，主要为猪、犬等多种哺乳动物和人	幼虫寄生在肌肉，成虫寄生在肠道	经口	1. 临诊：动物症状不明显，人可见肠炎，腹泻，行走和呼吸困难，眼睑、四肢水肿；剖检可见肠黏膜肿胀、出血，肌细胞变性，结缔组织增生　2. 实验室诊断：可用肌肉压片法和集样消化法检查幼虫	1. 加强宣传教育，改变不良食肉方法　2. 加强肉品检验，旋毛虫肉尸按规定处理
丝虫病	丝虫	中间宿主：蚊、螯蝇等吸血昆虫　终末宿主：牛、马、羊、犬、猪及人	淋巴系统、体腔和心血管	经节肢动物	1. 临诊：牛、羊、猪症状不明显；犬消瘦、贫血、心内杂音、呼吸困难、水肿，剖检可见犬右心室和肺动脉有丝虫　2. 实验室诊断：用血液检查法检查外周血液的微丝蚴	1. 搞好环境卫生，防止吸血昆虫叮咬及扑灭吸血昆虫　2. 定期驱虫，可用乙胺嗪、伊维菌素等
弓形虫病	弓形虫	中间宿主：猪等多种动物及人　终末宿主：猫	有核细胞，小肠绒毛膜上皮细胞	经口、胎盘、损伤的皮肤黏膜、医源感染	1. 临诊：高热稽留、呼吸困难、孕畜流产或死胎；剖检可见淋巴结、多种实质器官肿大、出血，肺脏水肿　2. 实验室诊断：用血液涂片检查法检查外周血中的速殖子	1. 定期驱虫，可用磺胺类药物　2. 加强猫粪便管理，防止污染食物和饮水
利什曼原虫病	利什曼原虫	中间宿主：白蛉　终末宿主：人、犬、野生动物	皮肤、内脏	经节肢动物	1. 临诊：消瘦，贫血，淋巴结肿大，耳、鼻、眼部脱毛、溃疡，面部、四肢皮肤出现结节并变黑　2. 实验室诊断：取骨髓、淋巴结等穿刺液做涂片检查无鞭毛体即可确诊	1. 定期驱虫，可用葡萄糖酸锑钠制剂　2. 消灭中间宿主白蛉　3. 扑杀患病犬

职业能力和职业资格测试

（一）单项选择题

1. 猪屠宰检验时，旋毛虫的主要检验部位是（　　）。

    A. 咬肌 　　　　　　B. 膈肌 　　　　　　C. 舌肌 　　　　　　D. 心肌

2. 犬心丝虫感染后，最常见的临床症状是（　　）。

    A. 呕吐 　　　　　　B. 腹泻 　　　　　　C. 咳嗽 　　　　　　D. 血红蛋白尿

3. 猪囊尾蚴的成虫是猪带绦虫，又称（　　）。

    A. 有钩绦虫 　　　B. 无钩绦虫 　　　C. 锯齿带绦虫 　　　D. 瓜子绦虫

4. 日本血吸虫的中间宿主为（　　）。

    A. 人赤豆螺 　　　B. 扁卷螺 　　　　C. 川卷螺 　　　　D. 钉螺

5. 细粒棘球蚴多寄生于家畜和人的（　　）。

    A. 脑和眼球 　　　B. 胃和小肠 　　　C. 心脏和血管 　　　D. 肝脏和肺脏

    E. 肾脏和膀胱

6. 某猪群出现食欲废绝，高热稽留，呼吸困难，体表淋巴结肿大，皮肤发绀。孕猪出现流产、死胎。取病死猪肝脏、肺脏、淋巴结及腹水抹片染色镜检见香蕉形虫体，该寄生虫病可能是（　　）。

    A. 球虫病 　　　　B. 鞭虫病 　　　　C. 蛔虫病 　　　　D. 弓形虫病

    E. 旋毛虫病

7-9题共用题干：检疫人员在屠宰场取某猪场送宰的猪膈肌，剪碎后压片，可在显微镜下观察到滴露状、半透明针尖大小的包囊。

7. 该猪肉中被检为阳性的寄生虫是（　　）。

    A. 猪囊虫 　　　　B. 旋毛虫 　　　　C. 猪蛔虫 　　　　D. 猪球虫

    E. 隐孢子虫

8. 被检出阳性的寄生虫成虫寄生于（　　）。

    A. 肌肉中 　　　　B. 肠道中 　　　　C. 血液中 　　　　D. 肝脏

    E. 肺脏

9. 此类寄生虫的生殖方式是（　　）。

    A. 分裂生殖 　　　B. 卵生 　　　　　C. 出芽生殖 　　　D. 胎生

    E. 卵胎生

10-12题共用题干：我国南方某放牧牛群出现食欲减退，精神不振，腹泻，便血，严重贫血，衰竭死亡。剖检见肝脏肿大，有大量虫卵结节。

10. 该病的病原最可能是（　　）。

    A. 肝片形吸虫 　　B. 大片形吸虫 　　C. 腔阔盘吸虫 　　D. 日本分体吸虫

    E. 矛形歧腔吸虫

11. 确诊该病常用的粪检方法是（　　）。

    A. 虫卵漂浮法 　　B. 毛蚴孵化法 　　C. 直接涂片法 　　D. 幼虫分离法

    E. 肉眼观察法

12. 死后剖检，最可能检出成虫的部位是（　　）。

A. 肺脏　　　　　　B. 肾脏　　　　　　C. 胰脏　　　　　　D. 颈静脉

E. 肠系膜静脉

（二）多项选择题

1. 弓形虫的中间宿主包括（　　　）。

A. 哺乳类　　　　　B. 鸟类　　　　　　C. 爬行类　　　　　D. 人

2. 治疗日本血吸虫病的药物有（　　　）。

A. 吡喹酮　　　　　B. 硝硫氰胺　　　　C. 伊维菌素　　　　D. 左旋咪唑

3. 人感染猪囊尾蚴病是由于（　　　）。

A. 生吃带有猪囊尾蚴的肉

B. 食入猪带绦虫卵

C. 误食感染性幼虫

D. 绦虫病人因肠道的逆蠕动而自体感染

（三）判断题

1. 只有猪才能患猪囊尾蚴病。（　　　）

2. 旋毛虫的成虫寄生在宿主的肌肉组织。（　　　）

3. 猪吞食了含肌旋毛虫的肉而感染旋毛虫。（　　　）

4. 弓形虫可以通过胎盘传播。（　　　）

5. 利什曼原虫病又称黑热病，传播者是白蛉属的昆虫，病原是鞭毛虫类的寄生原虫。（　　　）

● 参考答案

（一）单项选择题

1. B　2. C　3. A　4. D　5. D　6. D　7. B　8. B　9. D　10. D　11. B

12. E

（二）多项选择题

1. ABD　2. AB　3. ABD

（三）判断题

1. ×　2. ×　3. √　4. √　5. √

猪寄生虫病防治

【项目设置描述】

　　猪寄生虫病防治项目是根据执业兽医及其他猪病防治、检疫、检验工作人员的工作任务分析而安排，主要介绍了姜片吸虫病、蛔虫病、螨病等猪常见寄生虫病的病原体特征、生活史、流行、预防措施、诊断和治疗，目的是使学生能够对常见的猪寄生虫病进行正确地诊断、治疗和制定合理的防治措施，从而为猪场寄生虫病的防控以及生态饲养提供技术支持。

【学习目标与思政目标】

　　完成本项目后，你应能够：认识姜片吸虫、猪蛔虫、毛首线虫、猪疥螨、猪结肠小袋纤毛虫等猪体常见的寄生虫，能阐述它们的生活史，会正确地诊断和防治这些寄生虫病。能够运用系统观念、辩证思维对猪寄生虫病典型病例进行综合分析；能为现代化猪场制定合理的防治寄生虫病的措施。注重生态养殖、环境保护和用药安全。

任务 3-1　猪吸虫病和绦虫病防治

【案例导入】

　　某农户江某，住在池塘边，家养50头猪，以散养方式为主，江某经常捕捉池塘麦穗鱼和豆螺饲喂猪群。猪群出现可视黏膜黄染、消化不良、食欲减退、下痢、消瘦、贫血的现象，有2头已经死亡。剖检可见：胆管变粗，胆囊肿大，胆汁浓稠呈草绿色。

　　问题：如何进一步诊断案例中猪群感染了何种寄生虫？诊断依据是什么，应如何治疗？请为该农户制定出综合性防治方案。

一、姜片吸虫病

　　本病是由片形科姜片属的布氏姜片吸虫寄生于猪和人的小肠引起的疾病。主要特征为消瘦，发育不良和肠炎。对儿童危害严重。

　　（一）病原特征

　　布氏姜片吸虫（*Fasciolopsis buski*），虫体肥厚，叶片状，形似斜切的生姜片，故称姜片吸虫。活体呈肉红色，固定后为灰白色。长 20～75mm，宽 8～20mm，厚 2～3mm。体表被有小棘，尤以腹吸盘周围多。口吸盘位于虫体前端。腹吸盘较大，与口吸盘靠近。咽小，食道短。两条肠管呈波浪状弯曲，伸达虫体后端。2 个分支的睾丸前后排列在虫体后部中央。雄茎囊发达。生殖孔开口于腹吸盘前方。卵巢分支，位于虫体中部稍偏后方。卵黄腺呈颗粒状，分布在虫体两侧。无受精囊。子宫弯曲在虫体前半部，位于卵巢与腹吸盘之间，内含虫卵。

虫卵呈长椭圆形或卵圆形，淡黄色，卵壳很薄有卵盖，卵内含有 1 个胚细胞和许多卵黄细胞。虫卵大小为（130～150）μm×（85～97）μm（图 3-1）。

猪姜片吸虫

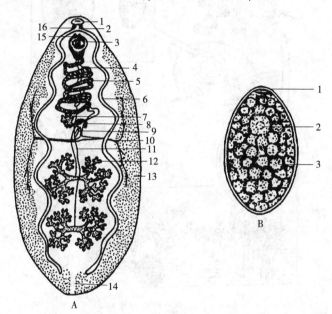

图 3-1　布氏姜片吸虫成虫和虫卵
A. 姜片吸虫成虫　1. 口吸盘　2. 食道　3. 腹吸盘　4. 阴茎囊　5. 子宫
6. 肠支　7. 卵巢　8. 梅氏腺　9. 劳氏管　10. 卵黄管　11. 输出管
12. 睾丸　13. 卵黄腺　14. 排泄腔　15. 生殖孔　16. 咽
B. 姜片吸虫虫卵　1. 卵盖　2. 卵细胞　3. 卵黄细胞
（张西臣，李建华. 2010. 动物寄生虫病学）

（二）生活史

1. 中间宿主　淡水螺类的扁卷螺。

2. 终末宿主　猪，偶见于犬和野兔。可感染人。

3. 发育过程　成虫在猪小肠内产卵，虫卵随粪便排出体外落入水中，在适宜的温度、氧气和光照条件下孵出毛蚴。毛蚴在水中进入螺体内，发育为胞蚴、母雷蚴、子雷蚴、尾蚴，尾蚴离开螺体进入水中，附着在水浮莲、水葫芦、菱角、荸荠、慈姑等水生植物上变为囊蚴。猪吞食囊蚴而感染，在小肠内发育为成虫（图 3-2）。

4. 发育时间　虫卵孵化出毛蚴需 3～7d；侵入中间宿主的毛蚴发育为尾蚴需 1 个月；进入猪体内的囊蚴发育为成虫需 3 个月。

5. 成虫寿命　成虫在猪体内寿命为 9～13 个月。

（三）流行

1. 感染来源　患病或带虫的终末宿主，虫卵存在于粪便中。

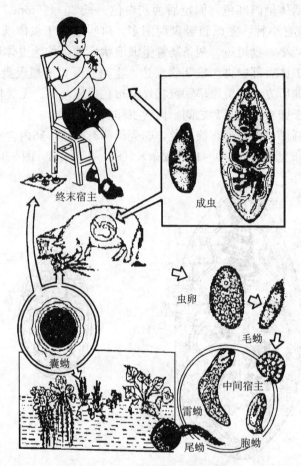

图 3-2　布氏姜片吸虫生活史
(张西臣，李建华. 2010. 动物寄生虫病学)

2. 感染途径　终末宿主经口感染。

3. 繁殖力　繁殖力较强。1 条成虫 1 昼夜可产卵 1 万～5 万个。

4. 抵抗力　囊蚴对外界环境的抵抗力强，在 30℃左右可生存 90d，在 5℃的潮湿环境下可生存 1 年，但干燥及阳光照射则易死亡。

5. 地理分布　主要分布在习惯以水生植物喂猪的南方。

6. 季节动态　5～7 月份开始流行，6～9 月份为感染高峰。发病多为秋季至冬季。

(四) 预防措施

在流行地区每年春、秋两季进行定期驱虫；加强猪的粪便管理，经生物热处理后再利用；人和猪禁止采食水生植物；做好人体尤其是儿童的驱虫；灭螺。

(五) 诊断

1. 临床症状　少量虫体寄生时不显症状。寄生数量较多时，病猪精神沉郁，被毛粗糙无光泽，消瘦，贫血，眼结膜苍白，水肿以眼睑和腹部较为明显，食欲减退，消化不良，腹痛，腹泻，粪便混有黏液。初期体温不高，到后期体温微高，重者可死亡。耐过的仔猪发育受阻，增重缓慢。母猪常因泌乳量下降而影响乳猪生长。

2. 病理变化　姜片吸虫以强大的口吸盘和腹吸盘紧紧地吸住肠黏膜，使吸着部位发生机械性损伤，引起肠炎，肠黏膜脱落、出血甚至发生脓肿。感染强度高时可引起肠阻塞，甚至引起肠破裂或肠套叠。虫体代谢产物被动物吸收后，可引起贫血、水肿。

3. 实验室诊断　可用直接涂片法和沉淀法检查粪便，检获虫卵或虫体便可确诊。剖检时发现虫体也可确诊。

（六）治疗

目前常用吡喹酮治疗，按每千克体重 50mg，混料喂服。休药期 28d。

二、伪裸头绦虫病

本病是由膜壳科伪裸头属的克氏伪裸头绦虫寄生于猪和人的小肠引起的疾病。主要特征为轻度感染时无症状，重度感染时消瘦、毛焦，幼畜生长发育迟缓。

请扫描二维码获取该病的详细资料。

伪裸头绦虫病

知识链接

食源性寄生虫病防控

任务 3-2　猪线虫病和棘头虫病防治

猪蛔虫

【案例导入】

某农户圈养 6 头断奶 2 月有余的育肥猪，体重在 25～30kg，采用木板床饲养，每天饲喂 4 次。从春季开始，经常从自家菜地割取杂草及捡拾丢弃菜叶饲喂猪（该菜地采用猪粪作为农机肥料。）不久后，发现猪体重增长缓慢，偶见粪便中带有白色线状虫体，长约 30cm。

问题：案例中的猪可能感染了何种寄生虫？诊断依据是什么？对该农户饲养的猪应采取什么样的综合防治措施？

一、猪蛔虫病

本病是由蛔科蛔属的猪蛔虫寄生于猪的小肠引起的疾病。主要特征为仔猪生长发育不良，严重的发育停滞，甚至造成死亡。

（一）病原特征

猪蛔虫（*Ascaris suum*），大型线虫。新鲜虫体为淡红色或淡黄色，死后苍白色。

虫体呈中间稍粗、两端较细的圆柱形。虫体表面角质膜较透明。体表具有厚的角质层。头端有3个唇片，呈"品"字形。唇之间为口腔，口腔后为大食道，呈圆柱形。雄虫长15～25cm，宽约0.3cm。尾端向腹面弯曲，形似鱼钩。泄殖腔开口距尾端较近，有一对等长的交合刺。雌虫长20～40cm，宽约0.5cm，尾端稍钝。生殖器官为双管型。阴门开口于虫体前1/3与中1/3交界处附近的腹面中线上。肛门距虫体末端较近（图3-4）。

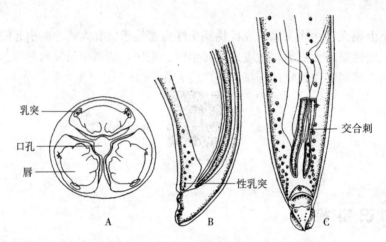

图3-4　猪蛔虫

A. 头部顶面　B. 雄虫的尾部侧面　C. 雄虫尾部腹面

虫卵分为受精卵和未受精卵两种。受精卵为短椭圆形，大小为（50～75）μm×（40～80）μm，黄褐色，卵壳厚，由4层组成，由外向内依次为凹凸不平的蛋白质膜、卵黄膜、几丁质膜和脂膜。内含一个圆形卵细胞，卵细胞与卵壳间两端形成新月形空隙。未受精卵较狭长，平均大小为90μm×40μm，卵壳薄，卵内充满大小不等的卵黄颗粒和空泡。多数没有蛋白质膜，或蛋白质膜薄，且不规则（图3-5）。

（二）生活史

1. 发育过程　成虫产出的虫卵随粪便排出体外，在适宜的温度、湿度和充足的氧气环境下，发育为含有第2期幼虫的感染性虫卵，被猪吞食后在小肠内孵出幼虫，钻入肠壁血管，随血液循环进入肝脏，停留2～3d蜕化变为第3期幼虫，幼虫随血流到心脏、肺脏，在肺脏停留5～6d发育为第4期幼虫。幼虫随着宿主咳嗽上行进入支气管、气管到达口腔，被咽下后进入小肠发育为第5期幼虫，继续发育为成虫（图3-6）。

猪蛔虫生活史

图3-5　猪蛔虫卵

A. 受精卵　B. 未受精卵

2. 发育时间　温度对虫卵发育速度影响很大，发育为感染性虫卵需10～30d。幼虫在猪体内移行约20d。从感染猪到发育为成虫需2～2.5个月。

3. 成虫寿命　7～10个月。

（三）流行

1. 感染来源　患病或带虫的终末宿主，虫卵存在于粪便中。

2. 感染途径　经口感染。

3. 感染原因　猪吃入感染性虫卵污染的饮水、饲料或土壤等。母猪乳房沾染虫

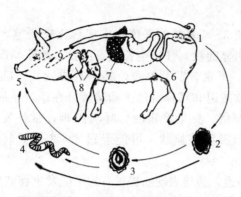

图 3-6 猪蛔虫生活史

1. 猪蛔虫卵随粪便排出体外　2. 猪蛔虫受精卵　3. 含第 2 期幼虫的感染性虫卵　4. 吞食了含感染性虫卵的蚯蚓　5. 吞食感染性虫卵或含有感染性虫卵的蚯蚓　6. 第 2 期幼虫进入肠壁　7. 进入肝脏发育成第 3 期幼虫　8. 在肺脏发育成第 4 期幼虫　9. 第 4 期幼虫经肺泡、细支气管、支气管、气管至咽，吞咽至食道、胃、小肠发育成童虫和成虫

卵，仔猪在哺乳时感染。普遍感染的原因是发育不需要中间宿主；虫卵对外界环境抵抗力强；雌虫产卵量大。

4. 繁殖力　繁殖力强。雌虫产卵量大，每条雌虫平均每天产卵 10 万～20 万个，高峰期每天可达 100 万～200 万个。

5. 抵抗力　虫卵具有四层卵膜，对外界环境抵抗力强，内膜能保护胚胎免受化学物质的侵蚀；中间两层能保持虫卵内水分；外层有阻止紫外线透过的作用。因此，大大增加了感染性虫卵在自然界的数量。虫卵在疏松湿润的土壤中可以存活 2～5 年，绝大部分可以越冬。一般用 3‰～5‰热碱水、5‰～10‰苯酚、5‰苛性钠或新鲜石灰水才能杀死虫卵。

6. 地理分布　猪蛔虫属土源性寄生虫，分布极其广泛。

7. 季节动态　一年四季均可发生。

8. 年龄动态　以 3～6 月龄的仔猪感染严重；成年猪多为带虫者，但是重要的传染源。

（四）预防措施

1. 定期驱虫　在规模化猪场，要对全群猪驱虫；公猪每年驱虫 2～3 次；母猪配种前、产仔前 1～2 周各驱虫 1 次；仔猪 2 月龄前驱虫 1 次；新引进的猪需驱虫后再和其他猪合群。

在散养的育肥猪场，对断奶仔猪进行第一次驱虫，4～6 周后再驱一次虫。在农村散养的猪群，建议在 3 月龄和 5 月龄各驱虫一次。

2. 注意饲养卫生，减少虫卵污染　保持猪舍、运动场的清洁卫生，及时清除粪便，保持饲料和饮水清洁，避免虫卵污染。对饲槽、用具及圈舍定期（每日 1 次）用 20%～30%热草木灰水或 3%～5%热碱水进行杀灭虫卵。产房和猪舍在进猪前应彻底清洗和消毒。母猪转入产房前要用肥皂清洗全身。

3. 粪便和垫草发酵处理　猪粪和垫草应在固定地点堆积发酵，利用发酵的温度杀灭虫卵。

4. 增强抵抗力　断乳仔猪要给予富含维生素和矿物质的饲料，以增强抗病力。

猪蛔虫病的防治

（五）诊断

1. 临床症状 一般3～6月龄的仔猪临床症状比较严重，成年猪往往具有较强的免疫力，而不呈现明显症状。仔猪生长发育不良，增重情况往往比同样管理条件下的健康猪降低30％。严重者发育停滞，甚至造成死亡。临诊表现为咳嗽、呼吸加快、体温升高、食欲减退和精神沉郁。病猪伏卧在地，不愿走动。有的病猪生长发育长期受阻，变成僵猪。感染严重时，呼吸困难，常伴发声音沉重而粗砺的咳嗽，并有呕吐、流涎和腹泻等症状。可能经过1～2周好转，或渐渐虚弱，趋于死亡。

蛔虫过多会阻塞肠道，病猪表现疝痛，有的可能发生肠破裂而死亡。胆道蛔虫症也经常发生，开始时腹泻，体温升高，食欲废绝，腹部剧痛，多经6～8d死亡。6月龄以上的猪，如寄生数量不多，营养良好，可不引起明显症状。但大多数因胃肠机能遭受破坏，常有食欲不振、磨牙和生长缓慢等现象。

2. 病理变化 幼虫移行至肝脏时，引起肝组织出血、变性和坏死，形成云雾状的蛔虫斑，直径约1cm，又称乳斑肝。移行至肺脏时，由肺毛细血管进入肺泡时，使血管破裂，造成大量的小点状出血和水肿，引起蛔虫性肺炎。

成虫大量寄生在小肠时可引起卡他性炎症、出血和溃疡。蛔虫数量多时常聚集成团，堵塞肠道，导致肠破裂。有时蛔虫可进入胆管，造成胆管堵塞，引起黄疸等症状。病程较长的，有化脓性胆管炎或胆管破裂，肝黄染和变硬等病变。

3. 实验室诊断 死后剖检在小肠发现虫体和结节性病灶即可确诊。但蛔虫是否为直接的致死原因，必须根据虫体的数量、病变程度、生前症状和流行病学资料以及是否有其他原发或继发的疾病做综合判断。

（1）粪便检查。生前诊断主要靠饱和盐水漂浮法和直接涂片法检查粪便中虫卵。1g粪便中虫卵数达1 000个时，可以诊断为蛔虫病。

（2）幼虫分离法。哺乳仔猪（两个月龄内）患蛔虫病时，其小肠内通常没有发育至性成熟的蛔虫，故不能用粪便检查法做生前诊断，而应仔细观察其呼吸系统的症状和病变。剖检时，在肺部见有大量出血点时，将肺脏或者肝脏绞碎，用贝尔曼氏幼虫分离法查到大量的蛔虫幼虫可确诊。有时也在小肠内可检出数量不定的蛔虫童虫。

（3）免疫学诊断法。用蛔虫抗原注射于仔猪耳背皮内，若局部皮肤出现红—紫—红色晕环、肿胀者可判为阳性。

（六）治疗

1. 伊维菌素或阿维菌素 每千克体重0.3mg，1次皮下注射。休药期不少于28d。

2. 多拉菌素 每千克体重0.3mg，1次肌内注射。

3. 阿苯达唑 每千克体重5～20mg，1次口服。有致畸作用，妊娠动物禁用。

4. 甲苯达唑 每千克体重10～20mg，混料喂服。

5. 硫苯咪唑 每千克体重3mg，连用3d。

6. 左旋咪唑 每千克体重10mg，口服或混料喂服，休药期3d；或每千克体重4～6mg，肌内或皮下注射，休药期28d。严重肝病或泌乳期动物禁用。

传统中兽医园地

我国传统医学经典名著验方

豕患槽虫者，由皮肉羸瘦而生。宜用：榧子、槟榔、贯众、秦艽、白芷、甘草、煎浓，入槽糠与饲。

《活兽慈舟校注》

二、猪食道口线虫病

本病是由盅口科食道口属的多种线虫寄生于猪结肠引起的疾病，又称结节虫病。主要特征为严重感染时肠壁形成结节，破溃后形成溃疡而致顽固性肠炎。

（一）病原特征

雄虫有膜质，交合伞发达，背肋中部分两支，每支再分小支，雌虫具有排卵器。在猪体内常见的食道口线虫有：有齿食道口线虫、长尾食道口线虫和短尾食道口线虫，主要根据雌虫的尾长及雄虫的交合刺长度等特点分类。虫卵卵圆形，较大。

1. 有齿食道口线虫 （*Oesophagostomum Oe. dentatum*） 虫体呈乳白色，口囊浅，头泡膨大（图 3-7）。雄虫长 8～9mm，雌虫长 8～11.3mm。寄生于结肠。

虫卵呈椭圆形，壳薄，内含 8～16 个胚细胞。虫卵大小为（70～74）μm×（40～42）μm。

2. 长尾食道口线虫（*O. longicadum*） 虫体呈暗红色，口颌膨大，口囊壁下部向外倾斜。雄虫长 6.5～8.5mm，雌虫长 8.2～9.4mm。寄生于盲肠和结肠。

3. 短尾食道口线虫（*Oe. breuicandum*）雄虫长 6.2～6.8mm，雌虫长 6.4～8.5mm。寄生于结肠。

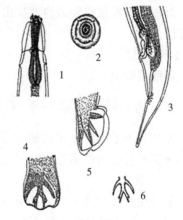

猪食道口
线虫卵
（400 倍）

图 3-7　有齿食道口线虫
1. 前端　2. 头顶端　3. 雌虫尾端
4. 交合伞背面　5. 交合伞侧面　6. 背肋

（二）生活史

1. 发育过程 虫卵随猪的粪便排出体外发育为披壳的感染性幼虫，被猪吞食后，幼虫在小肠内脱壳，然后移行到结肠黏膜深层，使肠壁形成结节，幼虫在结节内蜕化变为第 4 期幼虫，返回肠腔变为第 5 期幼虫，最后发育为成虫。

2. 发育时间 在外界环境中的虫卵发育为感染性幼需 6～8d；进入猪体内的感染性幼虫发育为成虫需 30～60d。

（三）流行

1. 感染来源 患病或带虫的终末宿主，虫卵存在于粪便中。

2. 感染途径 经口感染。

3. 抵抗力 感染性幼虫为披壳幼虫，有很强的抵抗力，在外界环境中可越冬，在 22～24℃的湿润条件下可生存 10 个月，在 −20～−19℃可生存 1 个月。虫卵在 60℃时可迅速死亡。虫卵和幼虫对干燥敏感。

（四）预防措施

参照猪蛔虫病。

（五）诊断

1. 临床症状　一般无明显症状。严重感染时，肠壁结节破溃后，发生顽固性肠炎，粪便中带有脱落的黏膜，表现腹痛、腹泻，高度消瘦，发育障碍。继发细菌感染时，则发生化脓性结节性大肠炎。

2. 病理变化　典型变化为肠黏膜结节。初次感染时很少有结节，但多次感染后，肠壁形成粟粒状结节。肠壁普遍增厚，有卡他性肠炎。感染细菌时，可能继发弥漫性大肠炎。

3. 实验室诊断　粪便检查采用饱和盐水漂浮法。注意查看粪便中是否有自然排出的虫体。虫卵呈椭圆形，卵壳薄，内有胚细胞，在某些地区应注意与红色猪圆线虫卵相区别。虫卵不易鉴别时，可培养检查幼虫。

4. 鉴别诊断　虫卵易与红色猪圆线虫卵混淆，多以第 3 期幼虫相区别。食道口线虫幼虫短而粗，幼虫长 $500\sim530\mu m$，宽约 $26\mu m$，尾部呈圆锥形，尾鞘长；红色猪圆线虫幼虫长而细，尾鞘短。

粪便检查发现虫卵或自然排出的虫体可以确诊，剖检时发现虫体和结节性病灶也可确诊。

（六）治疗

参照猪蛔虫病。

三、猪毛尾线虫病（毛首线虫病）

本病是由毛尾科毛尾属的猪毛尾线虫寄生于猪的盲肠和大肠引起的疾病，又称鞭虫病。主要特征为严重感染时引起贫血、顽固性下痢。

（一）病原特征

猪毛尾线虫（*Trichuris suis*），又称猪毛首线虫（图 3-8）。虫体呈乳白色，长 $20\sim80mm$，前部为食道部，细长，内部由 1 串单细胞构成。后部为体部，短粗，内

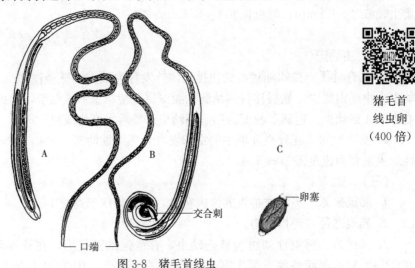

猪毛首
线虫卵
（400 倍）

图 3-8　猪毛首线虫
A. 雌虫　B. 雄虫　C. 虫卵

有肠道和生殖器官。整个虫体似"鞭子"，又称"鞭虫"。雄虫尾端卷曲，有1根交合刺，交合鞘短而膨大呈钟形。雌虫后端钝圆，阴门位于粗细交界处（图3-10）。

虫卵呈黄褐色，腰鼓状，两端有塞状构造，壳厚，光滑，内含未发育的卵胚。虫卵大小为（70～80）μm×（30～40）μm。

（二）生活史

1. 发育过程　虫卵随猪的粪便排出体外，发育为含有第1期幼虫的感染性虫卵，猪吃入后，第1期幼虫在小肠内释出，钻入肠绒毛间发育，然后移行到盲肠和结肠钻入肠腺，在此进行4次蜕皮，逐渐发育为成虫。成虫寄生于肠腔中，以头部固着于肠黏膜上。

2. 发育时间　在外界的虫卵内胚细胞发育为第1期幼虫需3～4周；进入猪体内的感染性虫卵发育为成虫需40～50d。

（三）流行

1. 感染来源　患病或带虫的终末宿主，虫卵存在于粪便中。

2. 感染途径　经口感染。

3. 虫卵抵抗力　虫卵抵抗力强，感染性虫卵可在土壤中存活5年。

4. 季节动态　一年四季均可感染，但夏季感染率高，秋冬季出现症状。

5. 年龄动态　幼畜感染较多。

（四）预防措施

参照猪蛔虫病。

（五）诊断

根据流行病学、临床症状、粪便检查和剖检等综合判定。

1. 临床症状　轻度感染不显症状。严重感染时虫体可以达数千条，出现顽固性下痢，粪中常带黏液和血液，贫血，消瘦，食欲不振，发育障碍。重度感染者可致慢性失血，死前数日排水样血便并有黏液。可继发细菌及结肠小袋虫感染。

2. 病理变化　大肠呈慢性卡他性炎症，有时呈出血性炎。严重感染时，肠壁黏膜有出血性坏死、水肿和溃疡。

3. 实验室诊断　粪便检查，用漂浮法。粪便虫卵达每克6 000个以上即可诊断。因虫卵较小，需反复检查，以提高检出率。

（六）治疗

羟嘧啶为驱除毛尾线虫的特效药，按每千克体重2～4mg，口服或混料喂服。其他药物可参照猪蛔虫病。

四、猪类圆线虫病

本病是由小杆科类圆属的兰氏类圆线虫寄生于猪小肠黏膜引起的疾病，又称杆虫病。主要特征为严重的肠炎，病猪消瘦、生长迟缓，甚至大批死亡。

请扫描二维码获取该病的详细资料。

类圆线虫病

五、猪胃线虫病

本病是由似蛔科似蛔属、泡首属、西蒙属及颚口科颚口属的线虫寄生于猪胃所引起疾病的总称。主要特征为急、慢性胃炎及胃炎后继发的代谢紊乱。

请扫描二维码获取该病的详细资料。

猪胃线虫病

六、猪后圆线虫病

本病是由后圆科后圆属的线虫寄生于猪的支气管、细支气管和肺泡引起的疾病，又称肺线虫病。主要特征为危害仔猪，引起支气管炎和支气管肺炎，严重时可造成大批死亡。

请扫描二维码获取该病的详细资料。

猪后圆线虫病

七、猪冠尾线虫病

本病是由冠尾科冠尾属的有齿冠尾线虫寄生于猪的肾盂、肾周围脂肪和输尿管等处引起的疾病，又称肾虫病。主要特征为仔猪生长迟缓，母猪不孕或流产。

请扫描二维码获取该病的详细资料。

猪冠尾线虫病

八、猪棘头虫病

本病是由少棘科巨吻属的蛭形巨吻棘头虫寄生于猪的小肠（主要是空肠）引起的疾病。主要特征为下痢，粪便带血，腹痛。

（一）病原特征

蛭形巨吻棘头虫（*Macra canthorhynchus hirudinaceus*），呈乳白色或淡红色，长圆柱形，前部较粗，后部逐渐变细。体表有横皱纹。头端有 1 个可伸缩的吻突，上有 5～6 行小棘。雄虫长 7～15cm，雌虫长 30～68cm。棘头蚴的头端有 4 列小棘，前两列较大，后两列较小。棘头囊长 3.6～4.4mm，体扁，白色，吻突常缩入吻囊，肉眼可见。

虫卵呈长椭圆形，深褐色，两端稍尖，卵壳壁厚，两端有小塞状结构，卵内含有棘头蚴。虫卵大小为（89～100）μm×（42～56）μm，平均为 91μm×47μm（图 3-14）。

猪巨吻棘头虫

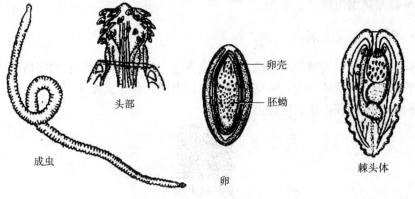

头部

成虫

卵壳

胚蚴

卵

棘头体

图 3-14　棘头虫及其卵

（二）生活史

1. 中间宿主 金龟子及其他甲虫。

2. 终末宿主 猪，也感染野猪、犬和猫，偶见于人。

3. 发育过程 雌虫所产虫卵随终末宿主的粪便排出体外，被中间宿主的幼虫吞食后，虫卵在其体内孵化出棘头蚴。棘头蚴穿过肠壁，进入体腔内发育为棘头体，进一步发育为具有感染性的棘头囊。猪吞食了含有棘头囊的中间宿主的幼虫或成虫而感染。棘头囊在猪的消化液中脱囊，以吻突固着于肠壁上发育为成虫。

4. 发育时间 幼虫在中间宿主体内的发育期限因季节而异，如果甲虫幼虫在6月份以前感染，则棘头蚴可在其体内经3个月发育到感染期；如果在7月份以后感染，则需经过12～13个月才能发育到感染期。棘头囊发育为成虫需2.5～4个月。

5. 成虫寿命 成虫在猪体的寿命为10～24个月（图3-15）。

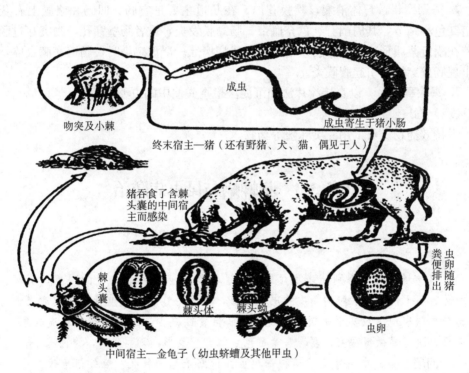

图 3-15 棘头虫生活史

（三）流行

1. 感染来源 患病或带虫的终末宿主，虫卵存在于粪便中。

2. 感染途径 终末宿主经口感染。

3. 抵抗力 虫卵对外界环境的抵抗力很强，在高温、低温以及干燥或潮湿的气候下均可长时间存活。

4. 感染原因 猪吞食了含有棘头囊的甲虫幼虫、蛹或其他幼虫。放牧猪比舍饲猪感染率高，后备猪比仔猪感染率高。

5. 繁殖力 雌虫繁殖力很强，1条雌虫每天产卵26万～68万个，产卵持续时间达10个月，使外界环境污染相当严重。

6. 地理分布 呈地方性流行。

7. 季节动态 感染季节与金龟子的活动季节相一致。金龟子一般出现在早春至6、7月份，本病同季节感染。

（四）预防措施

对病猪进行驱虫，消除感染来源；猪的粪便进行无害化处理，切断传播途径；改放牧为舍饲；消灭中间宿主。

（五）诊断

结合流行病学和临床症状及实验室检查进行综合诊断。

1. 临床症状 临床表现随感染强度和饲养条件的不同而异。感染虫体数量不多时症状不明显。若感染数量较多时，食欲减退，黏膜苍白，食欲异常，腹泻，粪内混有血液。若肠壁因溃疡而穿孔引起腹膜炎时，则体温升高至 $41\sim41.5℃$，腹部异常，疼痛，不食，起卧抽搐，多以死亡而告终。

2. 病理变化 尸体消瘦，黏膜苍白。在肠道主要是空肠、回肠和浆膜上有灰黄或暗红色小结节，其周围有红色充血带。肠黏膜发炎，重者肠壁穿孔，吻突穿过肠壁吸着在附近浆膜形成粘连。肠壁增厚，有溃疡病灶。严重感染时，肠道塞满虫体，可能出现肠壁穿孔而引起腹膜炎。

3. 实验室诊断 以直接涂片法和沉淀法检查粪便中的虫卵来确诊。

（六）治疗

无特效药物。可试用左旋咪唑等药物。

任务 3-3 猪蜱螨与昆虫病防治

【案例导入】

某猪场发现有个别猪表现烦躁不安、摩擦门栏和圈舍墙壁的现象，头部、背部、躯干两侧及后肢内侧皮肤出现丘疹，摩擦处红肿，严重者甚至破溃出血，部分皮肤出现褶皱甚至皲裂脱毛现象。病猪食欲减少，逐渐消瘦。对皮肤患处采样，进行显微镜观察，发现有微黄色虫体，呈龟形，背面隆起，腹面扁平。

问题： 案例中猪感染了何种寄生虫？诊断依据是什么？应如何治疗？

一、猪疥螨病

本病是由疥螨科疥螨属的疥螨寄生于猪的皮肤内所引起的皮肤病，又称"癞"。主要特征为剧痒、脱毛、皮炎、高度传染性等。

（一）病原特征

虽然各种动物体上的疥螨形态都相似，但在交差感染时，包括转移到人体时，它们寄生时间较短暂，危害也较轻，故生理上是不同的。因而根据其宿主的不同而定为不同的变种，如牛疥螨、山羊疥螨、绵羊疥螨、猪疥螨等。猪疥螨病病原为疥螨科，疥螨属的猪疥螨。

疥螨（*Sarcoptec scabiei*），虫体微黄色，大小为 $0.2\sim0.5mm$。呈龟形，背面隆

起，腹面扁平。口器呈蹄铁形，为咀嚼式。肢粗而短，第 3、4 对不突出体缘。雄虫第 1、2、4 对肢末端有吸盘，第 3 对肢末端有刚毛。雌虫第 1、2 对肢端有吸盘，第 3、4 对肢有刚毛。吸盘柄长，不分节（图 3-16、图 3-17）。

虫卵呈椭圆形，两端钝圆，透明，灰白色，约 $150\mu m \times 100\mu m$，内含卵胚或幼虫。

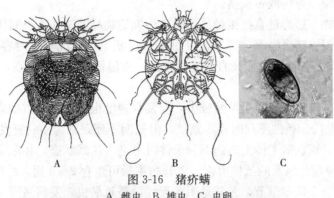

A　　　　　　　　B　　　　　　　　C

图 3-16　猪疥螨

A. 雌虫　B. 雄虫　C. 虫卵

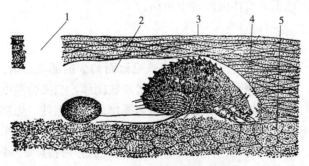

图 3-17　疥螨（电镜扫描）

疥螨（雄）

疥螨（雌）

猪疥螨病
的防治

（二）生活史

1. 宿主　猪。

2. 发育过程　疥螨属于不完全变态，其发育过程有卵、幼虫、若虫和成虫 4 个阶段。雄螨有 1 个若虫期，雌螨有 2 个若虫期。雌螨与雄螨交配后，雌螨在宿主表皮内挖掘隧道，以角质层组织和渗出的淋巴液为食，并在此发育和繁殖（图 3-18）。隧

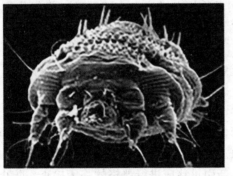

图 3-18　疥螨在皮肤内挖凿隧道

1. 隧道口　2. 隧道　3. 皮肤表层　4. 角质层　5. 细胞层

道每隔一段距离，即有小孔与外界相通，以进入空气和幼虫出入的通道。雌虫一生可产卵 40~50 个，卵孵化出幼虫，幼虫蜕皮变为若虫，再蜕皮变为成虫。

3. 发育时间 每个阶段发育期为 3~8d，完成 1 代发育需 8~22d，平均为 15d。

4. 成虫寿命 雄虫交配后不久死亡。雌虫产卵期为 4~5 周，产完卵后 4~5 周死亡。

（三）流行

1. 感染来源 患病或带虫猪。

2. 传播方式 猪通过直接接触或通过被污染的物品及工作人员间接接触传播。

3. 发病诱因 猪舍潮湿，饲养密度过大，皮肤卫生状况不良时容易发病。尤其在秋末以后，猪毛长而密，阳光直射时间减少，皮温恒定，湿度增高，有利于螨的生长繁殖。夏季少发。

4. 繁殖力 雌虫产卵数量虽然较少，但发育速度很快，在适宜的条件下 1~3 周即可完成 1 个世代。条件不利时停止繁殖，但长期不死，常为疾病复发的原因。

5. 抵抗力 螨在宿主体上遇到不利条件时可进入休眠状态，休眠期长达 5~6 个月，此时对各种理化因素的抵抗力强。离开宿主后可生存 2~3 周，并保持侵袭力。

6. 季节动态 秋冬季节，尤其是阴雨天气，蔓延最快，发病强烈。

7. 年龄动态 幼龄动物易患螨病且病情较重，成年动物有一定的抵抗力，但往往成为感染来源。

（四）预防措施

螨病的预防尤为重要，发病后再治疗，往往损失很大。

（1）搞好环境卫生。猪舍要经常保持清洁、干燥、通风、透光，饲养管理用具也要定期消毒。

（2）加强饲养管理，保持适宜的饲养密度。注意防控与净化相结合，重视杀灭环境中的螨虫，定期杀虫。

（3）把好进场关，新引进猪应进行严格的临床检查，防止引进有螨病的病猪，进场后应隔离观察 2~4 周，确认健康后方可混群饲养。

（4）做好隔离治疗，发现病猪应立即隔离治疗，以防止蔓延。在治疗病猪的同时，应用杀螨药物彻底消毒猪舍和用具，并对同群猪进行防治，将治疗后的猪安置到经过消毒杀虫处理过的卫生猪舍内饲养。

（5）定期驱虫。每年在春夏、秋冬交接过程中，对猪场全场进行至少 2 次以上的体内、体外的彻底驱虫工作，每次驱虫时间必须连续 5~7d。大环内酯类杀螨药物是目前临床上应用较理想的抗体内外寄生虫药。

（五）诊断

根据流行病学、临床症状和实验室检查即可诊断。

1. 临床症状 疥螨多寄生于皮肤薄、被毛短而稀少的部位。猪一般起始于头部，以后蔓延到背部、躯干两侧及后肢内侧。患猪皮肤剧痒，当圈舍温度增高或猪在运动后使得皮温增高时痒感更加剧烈，表现为动物擦痒或啃咬患处。患部脱毛并逐渐向四周扩散，使病变不断扩大，甚至蔓延全身。猪表现烦躁不安，影响采食、休息和消化机能，逐渐消瘦，甚至衰竭死亡。潜伏期 2~4 周，病程可持续 2~4 个月。

2. 病理变化 患部皮肤损伤、发炎、形成水疱和结节，局部皮肤增厚和脱毛。局部损伤感染后成为脓疱，水疱和脓疱破溃，流出渗出液和脓汁，干涸后形成黄色痂皮。如病情继续发展，将破坏毛囊和汗腺，表皮角质化，结缔组织增生，皮肤变厚，失去弹性，形成皱褶和皲裂。

3. 实验室诊断　一般根据临床观察即可作出初步诊断，结合实验室检查，发现虫体即可确诊。实验室诊断应刮取皮屑，于显微镜下寻找虫体。对猪疥螨的检查多刮取耳内侧皮肤。选择患病皮肤与健康皮肤交界处采集病料。可用透明皮屑法或加热法检查，虫体少时，可用虫体浓集法检查。

另外，钱癣、湿疹、过敏性皮炎等皮肤病以及虱与毛虱寄生时也都有皮炎、脱毛、落屑、发痒等症状，应注意鉴别。

（1）钱癣（秃毛癣）。由真菌引起，在头、颈、肩等部位出现椭圆形、圆形界限明显的患部，上面覆盖着浅灰色疏松的干痂，容易剥脱，创面干燥，痒觉不明显，被毛常在近根部折断。在患部与健康部交界处拔取毛根或刮取痂皮，用10%苛性钾处理后，镜检可发现真菌。

（2）虱。发痒、脱毛和营养障碍同螨病相类似，但皮肤病变不如疥螨病严重，而且容易发现虫体及虱卵。

（3）湿疹。无传染性。痒觉不剧烈，即便在温暖场所也不加剧。

（4）过敏性皮炎。无传染性，病变从丘疹开始，以后形成散在的小干痂和圆形秃毛斑。只有在剧烈摩擦后，才形成大片糜烂创面。镜检病料找不到螨。

（六）治疗

1. 体外用药　一般采用涂药、喷淋、药浴疗法。为了使药物能充分接触虫体，最好用肥皂水或煤酚溶液彻底洗刷患部，消除硬痂和污物后再用药。常用药物及用法：敌百虫，配成1%～3%浓度的药液喷洒或局部涂布；0.025%～0.05%蝇毒磷、0.025%二嗪农（螨净）、0.05%双甲脒（特敌克）、0.05%溴氰菊酯（倍特）等药液喷洒或药浴。因为药物无杀灭虫卵作用，根据疥螨的生活史，在第1次用药后7～10d，用相同的方法进行第2次治疗，以消灭孵化出的螨虫。临床上一般需治疗2～3次，每次间隔7～10d，严重的还需更多次。

2. 注射或口服用药

（1）阿维菌素或伊维菌素。每千克体重皮下注射0.3mg，间隔5～7d后重复使用一次；或每天每千克体重0.1mg拌料饲喂，连用7d。

（2）多拉菌素注射液（通灭）。按每千克体重0.3mg，1次肌内注射，间隔5～7d后重复使用一次或多次。

传统中兽医园地

....

我国传统医学经典名著验方

青峰曰：豕患虫癗皮破毛落者，无论何处俱当服：大黄、川椒、贯众、皂角、槟榔、甘草，煎饲之。

外用：滑石、石灰，涂患处。

又：枯矾、石膏，调羊胆汁敷患处。

又：猪腰果、烟叶骨、川楝根，捣碎，煎滚，以水常洗常换。不数次而愈。

《活兽慈舟校注》

二、猪蠕形螨病

本病是由蠕形螨科蠕形螨属的各种蠕形螨寄生于猪的毛囊和皮脂腺引起的疾病，又称为脂螨或毛囊虫。蠕形螨具有专一寄生的特点，与其他动物互不交叉感染。主要特征为脱毛、皮炎、皮脂腺炎和毛囊炎等。

（一）病原特征

蠕形螨（*Demodex*），呈半透明乳白色，体长 0.25～0.3mm，宽约 0.04mm。身体细长，外形上可分为头、胸、腹 3 个部分。胸部有 4 对很短的足；腹部长，有横纹；口器由 1 对须肢、1 对螯肢和 1 个口下板组成（图 3-19）。

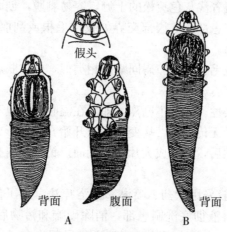

图 3-19　猪蠕形螨
A. 猪蠕形螨雌虫　B. 猪蠕形螨雄虫

（二）生活史

1. 发育过程　蠕形螨属于不完全变态，发育过程包括卵、幼虫、若虫和成虫阶段，全部在宿主体上进行。雌虫在毛囊和皮脂腺内产卵，经2～3d孵出幼虫，经1～2d蜕皮变为第 1 期若虫，经 3～4d 蜕皮变为第 2 期若虫，再经 2～3d 蜕皮变为成螨。

2. 发育时间　全部发育期为 14～15d。

（三）流行

1. 感染来源　患病或带虫宿主。

2. 传播方式　通过动物直接接触或通过饲养人员和用具间接接触传播。

3. 发病诱因　皮肤卫生差，环境潮湿，通风不良，应激状态，免疫力低下等原因，可诱发本病。

（四）预防措施

对患猪进行隔离治疗；圈舍用二嗪农、双甲脒等喷洒处理，保持干燥和通风。

（五）诊断

1. 临床症状和病理变化　该病一般先发生于猪的头部颜面、鼻部和耳基部颈侧等处的毛囊和皮脂腺，然后逐步向其他部位蔓延。

本病瘙痒轻微或没有瘙痒，脱皮不严重。病变部皮肤无光泽、粗糙，毛根部有针尖、米粒以至胡桃大小的白色囊疱，囊内有很多蠕形螨、表皮碎屑及脓细胞。有的病猪皮肤增厚、凹凸不平而盖以皮屑，并发生皲裂。

　　猪蠕形螨感染时应与疥螨感染相区别。猪蠕形螨病毛根处皮肤肿起，皮表不红肿，皮下组织不增厚，脱毛不严重，银白色皮屑具黏性，痒觉不严重。患疥螨病时，毛根处皮肤不肿起，脱毛严重，皮表红而有疹状突起，皮下组织不增厚，无白鳞皮屑，但有小黄痂，奇痒。

　　2. 实验室诊断　用力挤压病变部位，或用外科刀将皮肤上的结节处划破，将挤出物涂于玻片上供检查。显微镜下发现大量虫体即可确诊。

（六）治疗

　　可采用局部治疗或药浴，对患部剪毛，清洗痂皮，然后涂擦杀螨药或药浴。伊维菌素或阿维菌素每千克体重 0.3mL 皮下注射一次，隔 7～10d 后重复一次。也可每吨饲料 3kg 拌服，连用 7d。25% 或 50% 苯甲酸苄酯乳剂，涂擦患部。14% 碘酊，涂擦患部 6～8 次。

　　对脓疱型重症病例还应同时选用高效抗菌药物；对体质虚弱患猪应补给营养，以增强体质及抵抗力。

三、猪血虱病

　　寄生于猪体表的血虱是血虱科血虱属的猪血虱。主要特征为猪体瘙痒。

（一）病原特征

　　猪血虱（*HaemaAopinus suis*），扁平而宽，灰黄色。雌虱长 4～6mm，雄虱长 3.5～4mm。身体由头、胸、腹 3 部分组成。头部狭长，前端是刺吸式口器。有触角 1 对，分 5 节。胸部稍宽，分为 3 节，无明显界限。每一胸节的腹面，有 1 对足，末端有坚强的爪。腹部卵圆形，比胸部宽，分为 9 节。虫体胸、腹每节两侧各有 1 个气孔（图 3-20）。

图 3-20　猪血虱

（二）生活史

　　1. 发育过程　虱的发育为不完全变态，其发育过程包括卵、若虫和成虫。雌、雄虫交配后，雌虱吸饱血后产卵，用分泌的黏液附着在被毛上。虫卵孵化出若虫，若虫与成虫相似，只是体形较小，颜色较光亮，无生殖器官。若虫采食力强，生长迅速，经 3 次蜕化发育为成虫。

　　2. 发育时间　虫卵孵出若虫需 12～15d；若虫蜕化 1 次需 4～6d；若虫发育为成虫需 10～14d。

　　3. 成虫寿命　雌虫产完卵后即死亡，雄虫生活期更短。血虱离开猪体仅能生存 5～7d。

（三）流行

　　1. 感染来源　带虫猪。

2. 传播方式　直接接触或通过饲养人员和用具间接接触传播。

3. 繁殖力　雌虫每次产卵 3～4 个，产卵持续期 2～3 周，一生共产卵 50～80 个。

4. 季节动态　以寒冷季节感染严重，与冬季舍饲、拥挤、运动少、褥草长期不换、空气湿度增加等因素有关。在温暖季节，由于日晒、干燥或洗澡而减少发病。

（四）预防措施

平时对猪体应经常检查，发现猪血虱，应全群用药物杀灭虫体。

（五）诊断

1. 临床症状　血虱主要在耳根、颈下、体侧及后肢内侧最多见。猪经常擦痒，烦躁不安，导致饮食减少，营养不良和消瘦。仔猪尤为明显。

2. 病理变化　当毛囊、汗腺、皮肤腺遭受破坏时，导致皮肤粗糙落屑，机能损害，甚至形成皲裂。

根据临床症状及在猪体表发现虫体即可诊断。

（六）治疗

可用精制敌百虫、双甲脒、螨净、伊维菌素等进行治疗。

任务 3-4　猪原虫病防治

【案例导入】

某猪场存栏母猪 50 余头，保育猪 380 头，其中 60 日龄以下 180 头，60 日龄以上 200 头。4 月下旬，60 日龄以下的仔猪突然出现糊状稀粪，个别仔猪出现水样腹泻，随后 60 日龄以上的仔猪也陆续发病。至 5 月初，该批仔猪已有 50% 以上发病，并出现死亡。畜主曾用硫酸庆大霉素、硫酸黏杆菌素等抗生素类药物治疗无效。病死仔猪尸体极度消瘦，剖检可见肠系膜淋巴结肿大、出血；结肠和盲肠病变最明显，肠壁变薄，肠黏膜有瘀血斑和少量溃疡灶，肠内容物稀薄如水，并含有少量组织碎片，恶臭。其他组织和器官未见肉眼可见的病理变化。无菌采集病死仔猪的肝脏、脾脏、肺脏和肠系膜淋巴结进行涂片染色和细菌培养，结果未见细菌生长。

问题：如何进一步诊断仔猪感染了何种疾病？诊断依据是什么？应如何治疗？

一、结肠小袋纤毛虫病

本病是由纤毛虫纲小袋科小袋属的结肠小袋纤毛虫寄生于猪和人的大肠（主要是结肠）引起的疾病。主要特征为隐性感染，重者腹泻。

（一）病原特征

结肠小袋虫（*Balantidium coli*），在发育过程中有滋养体和包囊两个阶段（图 3-21）。

1. 滋养体 一般呈不对称的卵圆形或梨形，大小为（30～180）μm×（20～120）μm。体表有许多纤毛，沿斜线排列成行，其摆动可使虫体运动。虫体前端略尖，其腹面有1个胞口，与漏斗状的胞咽相连。胞口与胞咽处亦有许多纤毛。虫体中部和后部各有1个伸缩泡。大核多在虫体中央，呈肾形，小核呈球形，常位于大核的凹陷处。

2. 包囊 呈圆形或椭圆形，直径40～60μm。生活时呈绿色和黄色。囊壁较厚而透明。在新形成的包囊内，可见到滋养体在囊内活动，但不久即变成一团颗粒状的细胞质。包囊内有核、伸缩泡，甚至食物泡。

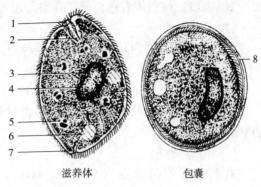

图 3-21 结肠小袋虫
1. 胞口 2. 胞咽 3. 小核 4. 大核
5. 食物泡 6. 伸缩泡 7. 胞肛 8. 囊壁
（崔祖让 . 1981）

结肠小袋纤毛虫包囊（40倍）

（二）生活史

1. 终末宿主 主要感染猪和人，有时也感染牛、羊以及鼠类。

2. 发育过程 猪吞食小袋虫的包囊而感染，囊壁被消化后，滋养体逸出进入大肠，以二分裂法进行繁殖。当环境条件不适宜时，滋养体即形成包囊。滋养体和包囊均可随粪便排出体外。

（三）流行

1. 感染来源 患病或带虫猪和人，病原体存在于粪便中。

2. 感染途径 经口感染。

3. 抵抗力 包囊有较强的抵抗力，在室温下至少可保持活力2周，在潮湿的环境下可活2个月，在直射阳光下3h才能发生死亡，在10%的福尔马林溶液中能存活4h。

4. 地理分布 本病分布较为广泛，南方地区多发。

5. 季节动态 一般发生在夏、秋季节。

（四）预防措施

搞好猪场的环境卫生和消毒工作；饲养人员注意个人卫生和饮食清洁，以防感染。

（五）诊断

生前可根据临床症状和实验室检查而确诊。

1. 临床症状 因猪的年龄、饲养管理条件、季节不同而有差异。急性型多突然发病，短时间内死亡。慢性型可持续数周至数月，主要表现腹泻，粪便由半稀转为水泻，带有黏液碎片和血液，并有恶臭；精神沉郁，食欲减退或废绝，喜躺卧，全身颤抖，有时体温升高。重症可死亡。仔猪严重，成年猪常为带虫者。

2. 病理变化 一般无明显变化。但当宿主消化功能紊乱或因其他原因肠黏膜损伤时，虫体可侵入肠壁形成溃疡，主要发生在结肠，其次是直肠和盲肠。

3. 实验室诊断 急性病例的粪便中常有大量能运动的滋养体，慢性病例以包囊为多。用温热的生理盐水5～10倍稀释粪便，过滤后吸取少量粪液涂片镜检。也可滴加 0.1% 碘液，使虫体着色而便于观察。还可刮取肠黏膜作涂片检查。

（六）治疗

可选用土霉素、四环素或金霉素等药物。

二、猪球虫病

本病是由艾美耳科等孢属和艾美耳属的多种球虫引起的疾病。主要特征为引起仔猪下痢和增重缓慢。

（一）病原特征

主要有猪等孢球虫（*Isospora suis*），致病力最强。还有粗糙艾美耳球虫（*Eimeria scabra*）、蠕孢艾美耳球虫（*E. cerdonis*）、蒂氏艾美耳球虫（*E. debliecki*）、猪艾美耳球虫（*E. suis*）、有刺艾美耳球虫（*E. spinosa*）、极细艾美耳球虫（*E. perminuta*）、豚艾美耳球虫（*E. porci*）等。

猪等孢球虫卵囊呈球形或亚球形，大小为（18.7～23.9）μm×（16.9～20.7）μm，囊壁光滑，无色，无卵膜孔。囊内有 2 个椭圆形或亚球形的孢子囊，每个孢子囊内有 4 个子孢子。

（二）生活史

1. 发育过程　卵囊随猪粪便排出体外，在适宜条件下发育为孢子化卵囊，猪吃入后释放出子孢子，子孢子侵入肠壁进行裂殖生殖及配子生殖，大、小配子在肠腔结合为合子，最后形成卵囊。

2. 发育时间　裂殖生殖的高峰期是在感染后第 4 天。卵囊见于感染后第 5 天，孢子化时间为 63h。

（三）流行

1. 感染来源　患病或带虫猪，卵囊存在于粪便中。

2. 感染途径　经口感染。

3. 抵抗力　卵囊能耐受冰冻 26d，高压蒸汽可杀死卵囊。

4. 季节动态　温暖、潮湿季节有利于卵囊的孢子化，为本病的高发季节。

（四）预防措施

本病的控制主要是良好的卫生条件和阻止母猪排出卵囊。从母猪产仔前 1 周开始，直至整个哺乳期服用抗球虫药。对猪舍应经常清扫，将粪便和垫料进行无害化处理，地面热水冲洗，可用含氨和酚的消毒剂喷洒，以减少环境中的卵囊数量。

（五）诊断

可根据临床症状和病理变化初步诊断，确诊需做粪便检查。

1. 临床症状　主要是腹泻，持续 4～6d。病猪排黄色或灰白色粪便，恶臭，初为黏液，12d 后排水样粪便，导致仔猪脱水，失重。在伴有传染性胃肠炎、大肠杆菌和轮状病毒感染情况下，往往造成死亡。耐过的仔猪生长发育受阻。成年猪多不表现明显症状，成为带虫者。

2. 病理变化　主要是空肠和回肠的急性炎症，黏膜上覆盖黄色纤维素坏死性伪膜，肠上皮细胞坏死并脱落。在组织切片上可见绒毛萎缩和脱落，还可见到不同发育阶段的虫体。

3. 实验室诊断　粪便检查用漂浮法。亦可用小肠黏膜直接涂片检查。

（六）治疗

可选用氨丙啉或磺胺类药物进行治疗。

三、肉孢子虫病

本病是由肉孢子虫科肉孢子虫属的肉孢子虫寄生于多种动物和人的横纹肌引起的疾病。主要特征为隐性感染，严重感染时症状亦不明显，但使胴体肌肉变性变色。是重要的人兽共患病。

（一）病原特征

肉孢子虫（*Sarcoczstis*），约有百余种，无严格的宿主特异性，可以相互感染。同种虫体寄生于不同宿主时，其形态和大小有显著差异。寄生于牛的主要有3种，羊有2种，猪有3种，马有2种，骆驼有1种。寄生于猪的3种肉孢子虫分别是米氏肉孢子虫、猪-人肉孢子虫和猪-猫肉孢子虫。

包囊（米氏囊）呈乳白色，多呈圆柱形、纺锤形，也有椭圆形或不规则形，最大可达10mm，小的需在显微镜下才可见到。包囊壁由两层组成，内层向囊内延伸，将囊腔间隔成许多小室。囊内含有母细胞，成熟后成为呈香蕉形的慢殖子，又称为雷氏小体（图3-22）。

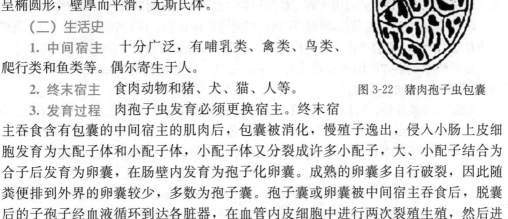

卵囊呈哑铃形，壁薄易破裂，无微孔、极粒和残体，内含2个孢子囊，每个孢子囊内有4个子孢子。孢子囊呈椭圆形，壁厚而平滑，无斯氏体。

（二）生活史

1. 中间宿主 十分广泛，有哺乳类、禽类、鸟类、爬行类和鱼类等。偶尔寄生于人。

2. 终末宿主 食肉动物和猪、犬、猫、人等。

图3-22 猪肉孢子虫包囊

3. 发育过程 肉孢子虫发育必须更换宿主。终末宿主吞食含有包囊的中间宿主的肌肉后，包囊被消化，慢殖子逸出，侵入小肠上皮细胞发育为大配子体和小配子体，小配子体又分裂成许多小配子，大、小配子结合为合子后发育为卵囊，在肠壁内发育为孢子化卵囊。成熟的卵囊多自行破裂，因此随粪便排到外界的卵囊较少，多数为孢子囊。孢子囊或卵囊被中间宿主吞食后，脱囊后的子孢子经血液循环到达各脏器，在血管内皮细胞中进行两次裂殖生殖，然后进入血液或单核细胞中进行第3次裂殖生殖，裂殖子随血液侵入横纹肌纤维内，经1～2个月或数月发育为成熟包囊。

（三）流行

1. 感染来源 患病或带虫的终末宿主，孢子囊和卵囊存在于终末宿主的粪便。终末宿主体内的末代裂殖子对中间宿主也具有感染性。

2. 感染途径 终末宿主和中间宿主均经口感染，亦可经胎盘感染。

3. 抵抗力 孢子囊对外界环境的抵抗力强，适宜温度条件下可存活1个月以上。但对高温和冷冻敏感，60～70℃、100min，冷冻1周或-20℃存放3d均可灭活。

4. 年龄动态 各种年龄动物的感染率无明显差异，但牛、羊随着年龄增长而感染率增高。

（四）预防措施

（1）各屠宰场和兽医卫生监督所均应做好肉品的卫生检验工作，对带虫肉品必须进行无害化处理。

（2）防止终末宿主感染。严禁用生肉喂犬、猫等终末宿主；因人也可能感染猪肉孢子虫，应注意个人的饮食卫生，不吃生的或未煮熟的肉品。

（3）严禁犬、猫及其他肉食兽接近猪场，避免其粪便污染饲料和水源。

（五）诊断

生前诊断困难，可用间接血凝试验，结合症状和流行病学进行综合诊断。慢性病例死后剖检发现包囊确诊。

1. 临床症状 成年动物多为隐性经过。幼年动物感染后，经 20～30d 可能出现症状。仔猪表现精神沉郁、腹泻、发育不良，严重感染时（1g 膈肌有 40 个以上的虫体），表现不安，腰无力，肌肉僵硬和短时间的后肢瘫痪等。怀孕动物易发生流产。另一个危害是因胴体有大量虫体寄生，使局部肌肉变性变色而不能食用。猫、犬等肉食动物感染后症状不明显。

人作为中间宿主时症状不明显，少数病人发热，肌肉疼痛。人作为终末宿主时，表现厌食，恶心，腹痛和腹泻。

2. 病理变化 最常寄生的部位：牛为食道肌、心肌和膈肌；猪为心肌和膈肌；绵羊为食道肌和心肌；禽为头颈部肌肉、心肌和肌胃。在后肢、侧腹、腰肌、食道、心脏、膈肌等处，可见顺着肌纤维方向有大量的白色包囊。在心脏时可导致严重的心肌炎。显微镜检查时可见到肌肉中有完整的包囊，也可见到包囊破裂释放出的慢殖子。

3. 实验室诊断 生前诊断比较困难，需通过临床症状、流行病学资料，结合免疫学方法进行确诊。死后则主要靠剖检发现肌肉组织存在住肉孢子虫包囊而作出确诊。

（1）肉眼观察。适用于长度大于 1mm 的包囊。呈灰色柳叶形或半月形，无包囊，明显地位于肌纤维内。

（2）压片镜检法。可以参照旋毛虫检查。显微镜下应注意旋毛虫与猪肉孢子虫的区别。猪肉孢子虫寄生在膈肌等肌肉中，白色带包囊。制作涂片时可取病变组织压碎，在显微镜下检查香蕉状的慢殖子。也可用吉姆萨染色后观察，还要注意与弓形虫区别，肉孢子虫染色质少，着色不均，弓形虫染色质多，着色均匀。

（3）生前诊断主要采用免疫学方法，但诊断比较困难。以包囊或慢殖子作抗原，检测血清抗体。目前血清学诊断方法有间接血凝试验、酶联免疫吸附试验等。

（六）治疗

目前尚无特效药物。可试用抗球虫药如盐霉素、莫能菌素、氨丙啉、常山酮等预防。

岗位操作任务6

养猪场猪螨虫病防制方案的制定和实施

【任务描述】

养猪场螨虫病的防制任务是根据动物疫病防治员的工作要求和猪场兽医的工作任务的需要而制定，通过对猪螨虫病的防制，为生猪的安全、健康、生态养殖提供技术支持。

【任务目标和要求】

完成本任务后，你应当能够具备以下能力：

1. 专业能力

(1) 应能够对养殖场常见寄生性蠕虫进行调查和诊断。

(2) 熟悉大群动物驱虫的准备和组织工作，掌握驱虫技术及驱虫效果的评定方法。

(3) 能根据养殖场的具体情况制定出科学的防制措施。

2. 方法能力

(1) 应能通过各种途径查找防制养猪场蠕虫病及其他寄生虫病的相关信息。

(2) 应能根据养猪场工作环境的变化，制订工作计划并解决问题。

(3) 在教师、技师或同学帮助下，能主动参与评价自己及他人任务完成程度。

3. 社会能力

(1) 应具有主动参与小组活动，积极与他人沟通和交流，团队协作的能力。

(2) 能与养殖户和其他同学建立良好的、持久的合作关系。

【任务实施】

第一步　资讯

(1) 查找《中华人民共和国动物防疫法》《一、二、三类动物疫病病种名录》《国家动物疫病防治员职业标准》及相关的国家标准、行业标准、行业企业网站，获取完成工作任务所需要的信息。

(2) 查找常用的抗蠕虫药及其用途、用法、用量及注意事项等。

(3) 熟悉驱虫技术（参照项目一任务1-4）。

第二步　任务情境

某规模化猪场养殖情况案例或某规模化养猪场。

> **任务情境示例**
>
> 　　某猪场现存栏种母猪1 200头，种公猪20头，仔猪2 400头，保育猪2 000头，育肥猪4 500头，主要品种有：大白猪、长白猪和杜洛克。饲养方式：以某饲料公司全价饲料为主。场地内建有沼气池1个，所有猪粪尿全部通过沼气池发酵，沼液灌溉果树，沼气用于取暖和发电。从2011年7月份开始，饲养员在清洁卫生时经常发现猪粪便中带有呈粉红色并稍带黄白色，体表光滑，形似蚯蚓，中间稍粗、两端稍尖的圆柱状虫体；同时发现育成猪群中消瘦贫血、被毛粗糙、粪便带血、生长发育受阻的僵猪比例上升了2倍多；晚上和中午安静时段，猪舍值班人员经常听到育成猪舍猪磨牙的声音。该场兽医曾经使用过左旋咪唑对种猪群进行驱虫，但效果不理想。
>
> **请你诊断该猪场猪可能感染何种寄生虫？并给该猪场制定预防猪蠕虫病的方案。**

第三步　材料准备

1. 材料　显微镜、天平、粪盒（或塑料袋）、孔径$300\mu m$金属筛、孔径$59\mu m$尼龙筛、玻璃棒、塑料杯、烧杯、离心管、漏斗、离心机、试管、试管架、胶头滴管、载玻片、盖玻片、污物桶、纱布、数码相机、手提电脑、多媒体投影仪、饱和食盐水、常用驱虫药等。

2. 人员分工

序号	人员	数量	任务分工
1			
2			
3			
4			
5			

第四步　实施步骤

（1）流行病学调查。在老师的指导下，学生分组对本猪场基本情况（包括规模、品种、年龄、饲养目的等）和本地区常发的寄生虫病进行调查。

（2）临床检查。首先对猪场所有猪的营养状况、精神状态、排便、排尿情况等进行群体观察，发现异常猪只进行个体检查，必要时进行剖检。

（3）随机采取各年龄段猪的粪便，进行实验室检查（具体方法参见项目一任务1-5），以调查该养殖场猪主要感染的寄生虫种类。

（4）根据以上调查和检查结果，确定驱虫的寄生虫的种类，并选择高效的驱虫药，做好记录。

（5）根据本养猪场的具体情况，经小组讨论，制定驱虫措施及其他防制措施，实施驱虫（具体方法参见任务1-4）。

案例猪场的驱虫方案（标明关键措施、难点）

（6）针对本养殖场的情况和不同年龄猪消化道蠕虫病的发病规律和特点，编制如下猪群的防制方案。

哺乳仔猪	保育猪	育肥猪	种公猪	种母猪
防制方案	防制方案	防制方案	防制方案	防制方案

提示：党的二十大报告中指出，深入推进环境污染防治，坚持精准治污、科学治污、依法治污。中国式现代化是人与自然和谐共生的现代化。像保护眼睛一样保护自然和生态环境，坚定不移走生产发展、生活富裕、生态良好的文明发展道路，实现中华民族永续发展。由于定期驱虫、粪便的处理、消灭中间宿主等防制措施都和生态环境息息相关，因此，制定的蠕虫病防制措施应重视粪便的科学处理，以及药物的合理运用，充分考虑生态环境。

第五步 评价

1. 教师点评 根据上述学习情况（包括过程和结果）进行检查，做好观察记录，并进行点评。

2. 学生互评和自评 每个同学根据评分要求和学习的情况，对小组内其他成员和自己进行评分。

通过互评、自评和教师（包括养殖场指导教师）评价来完成对每个同学的学习效果评价。评价成绩均采用 100 分制，考核评价如表 3-1 所示。

表 3-1 考核评价表

班级_____学号_____学生姓名_____总分_____

	评价维度	考核指标解释及分值	教师（技师）评价 40%	学生自评 30%	小组互评 30%	得分	备注
1	任务目标达成度	能根据本任务的要求，达到学习目标。（10分）					
2	任务完成度	能完成老师布置的任务。（10分）					
3	知识掌握精确度	（1）能说出养殖场常见寄生性螨虫。（20分） （2）能根据养猪场工作环境的变化，制订工作计划并解决问题。（10分）					
4	技术操作精准度	（1）能为大群动物驱虫的准备和组织工作，会对动物实施驱虫及驱虫效果的评定。（20分） （2）能通过各种途径查找防制养猪场螨虫病及其他寄生虫病相关信息。（10分）					
5	岗位需求适应度	（1）具有主动参与小组活动，积极与他人沟通和交流，团队协作的能力。（10分） （2）能根据养殖场的具体情况制定出科学的防制措施。（10分）					
	得　　分						
	最终得分						

知 识 拓 展

寄生于肌肉中的几
种寄生虫鉴别方法

项目小结

病名	病原	宿主	感染途径	寄生部位	诊断要点	防治方法
姜片吸虫病	布氏姜片吸虫	中间宿主：扁卷螺 终末宿主：猪、犬、野兔、人	口	小肠	1. 临诊：食欲减退，消化不良，腹痛，腹泻，粪便混有黏液 2. 实验室诊断：直接涂片法、沉淀法检查粪便中虫卵	1. 定期驱虫，吡喹酮、硝硫氰胺 2. 加强猪的粪便管理，经生物热处理后再利用 3. 人和猪禁止采食水生植物 4. 灭螺
华支睾吸虫病	华支睾吸虫	中间宿主：纹沼螺、长角涵螺和赤豆螺 终末宿主：犬、猫、猪、人	口	肝脏、胆管、胆囊	1. 临诊：下痢，水肿，甚至腹水，轻度至重度黄疸，可视黏膜黄染 2. 实验室诊断：漂浮法检查虫卵	1. 定期驱虫，吡喹酮、阿苯达唑 2. 注意饲料卫生 3. 注意饮食卫生 4. 灭螺
伪裸头绦虫病	克氏伪裸头绦虫	中间宿主：赤拟谷盗、黑粉虫 终末宿主：猪和人	口	小肠	1. 临诊：食欲不振，阵发性呕吐、腹泻、腹痛，粪便中常有黏液，逐渐消瘦 2. 实验室诊断：漂浮法检查虫卵，镜检粪便中的孕卵节片	1. 定期驱虫 2. 注意饲料卫生 3. 注意粪便管理 4. 消灭鞘翅目昆虫等害虫
猪蛔虫病	猪蛔虫	猪	口	小肠	1. 临诊：仔猪轻度湿咳，体温 40℃ 左右。精神沉郁，食欲缺乏、异嗜，营养不良，被毛粗糙。有的生长发育受阻，成年猪食欲不振、磨牙和增重缓慢 2. 实验室诊断：采用直接涂片法或漂浮法进行粪便检查	1. 定期驱虫，可用左旋咪唑、阿苯达唑 2. 减少虫卵污染 3. 增强抵抗力
食道口线虫病	有齿食道口线虫、长尾食道口线虫和短尾食道口线虫	猪	口	大肠（结肠）	1. 临诊：严重感染时，肠壁结节破溃后，发生顽固性肠炎，粪便中带有脱落的黏膜，表现腹痛、腹泻，高度消瘦，发育障碍 2. 实验室诊断：用漂浮法进行粪便检查	参照猪蛔虫病

（续）

病名	病原	宿主	感染途径	寄生部位	诊断要点	防治方法
毛首线虫病	猪毛首线虫	猪	大肠（盲肠）	口	1. 临诊：肠炎，消瘦，贫血，顽固性腹泻、甚至粪便带血；剖检可见盲肠和结肠出血、肿胀、结节，可见虫体 2. 实验室诊断：用漂浮法检查粪便中虫卵	参照猪蛔虫病
类圆线虫病	兰氏类圆线虫	猪	小肠	皮肤、口	1. 临诊：发病仔猪消瘦，贫血，呕吐，腹痛，严重者衰竭而死亡 2. 实验室诊断：漂浮法检查粪便，发现大量虫卵时确诊	参照猪蛔虫病
胃线虫病	圆形似蛔线虫、六翼泡首线虫、刚棘颚口线虫等	终末宿主：猪 中间宿主：食粪甲虫（似蛔科线虫）、剑水蚤（颚口科线虫） 贮藏宿主：鱼类、蛙或爬行动物（颚口科线虫）	胃	口	1. 临诊：病猪呈慢性或急性胃炎症状 2. 病理变化：成虫以其头部深入胃壁中，形成空腔，周围组织红肿，黏膜肥厚，溃疡 3. 实验室诊断：用漂浮法做粪便检查，发现大量虫卵时可确诊。剖检发现虫体可确诊	参照猪蛔虫病
猪后圆线虫病	野猪后圆线虫、复阴后圆线虫、萨氏后圆线虫	中间宿主：蚯蚓 终末宿主：猪	肺（支气管和细支气管）	口	1. 临诊：气管炎，支气管炎，咳嗽，呼吸困难；剖检可见肺脏呈肌肉样硬变，气管、支气管分泌物增多，可见虫体 2. 实验室诊断：用饱和硫酸镁溶液漂浮法检查粪便中虫卵	参照猪蛔虫病
猪冠尾线虫病	有齿冠尾线虫	猪	肾、输尿管	口	1. 临诊：尿混浊，有白色絮状物，皮炎，后躯麻痹，剖检肝脏、肾脏有包囊和脓肿；可见到有虫体 2. 实验室诊断：用沉淀法检查尿液中虫卵	参照猪蛔虫病
猪棘头虫病	蛭形巨吻棘头虫	中间宿主：蛴螬及其他甲虫 终末宿主：猪	小肠	口	1. 临诊：类似猪蛔虫肠炎症状和病变特征 2. 实验室诊断：直接涂片法、沉淀法检查粪便中虫卵	1. 消灭中间宿主 2. 治疗无特效药，可试用左旋咪唑、阿苯达唑等 3. 其他参考猪蛔虫病

(续)

病名	病原	宿主	感染途径	寄生部位	诊断要点	防治方法
猪疥螨病	猪疥螨	猪	皮肤（表皮内）	接触	1. 临诊：剧痒、皮炎，生长缓慢 2. 实验室诊断：采集病健交界处皮肤表皮，用直接检查法、加热法或螨虫浓集法等检查虫体	1. 加强管理：圈舍通风干燥 2. 隔离：引进动物时和动物发病时需隔离 3. 定期用药物进行消毒 4. 治疗可用阿维菌素、伊维菌素、二嗪农（螨净）、溴氰菊酯等
猪蠕形螨病	猪蠕形螨	猪	毛囊或皮脂腺	接触	1. 临诊：痛痒轻微，毛囊炎、有脓疱。其他似疥螨病 2. 实验室诊断：切破皮肤结节或脓疱，取其内容物显微镜检查，其他方法同疥螨病	有脓肿的可用青霉素等抗菌药治疗；其他药物和防治方法同疥螨病
猪结肠小袋纤毛虫病	结肠小袋纤毛虫	猪	大肠（结肠）	口	1. 临诊：消化障碍，腹泻、贫血，脱水，肠黏膜脱落、溃疡 2. 直接涂片法检查粪便中滋养体和包囊；肠黏膜涂片法检查虫体	治疗可用氯苯胍、土霉素、四环素、金霉素等；其他防治方法参考猪蛔虫病
猪肉孢子虫病	米氏肉孢子虫、猪-人肉孢子虫和猪-猫肉孢子虫	中间宿主：猪和野猪　终末宿主：人、犬和猫	肌肉	口	生前诊断困难，死后可取肌肉检查包囊	无特效药物，可试用抗球虫药

职业能力和职业资格测试

（一）单项选择题

1. 猪囊尾蚴的成虫是（　　　）。

    A. 有钩绦虫　　B. 无钩绦虫　　C. 肥胖带绦虫　　D. 瑞利绦虫

    E. 豆状带绦虫

2. 猪蛔虫最主要的致病作用是（　　　）。

    A. 免疫损伤　　B. 毒素作用　　C. 夺取宿主营养　　D. 机械性损伤

3. 引起病猪尿液中出现白色黏稠絮状物或脓液的寄生虫是（　　　）。

    A. 猪蛔虫　　B. 猪毛尾线虫　　C. 有齿冠尾线虫　　D. 野猪后圆线虫

4. 猪疥螨的寄生部位是（　　　）。

    A. 体毛　　　B. 表皮　　　C. 血液　　　D. 脂肪

5. 猪等孢球虫病的主要发病日龄是（　　　）。

A. 7～21　　　　B. 25～35　　　　C. 36～45　　　　D. 46～55

E. 56～65

（二）多项选择题

1. 华支睾吸虫的第二中间宿主是（　　）。

A. 蜻蜓　　　　B. 陆地螺　　　　C. 淡水鱼　　　　D. 淡水虾

2. 防控猪旋毛虫病应采取的关键措施是（　　）。

A. 防止犬进入猪场　　　　B. 消灭猪场周围的鼠类

C. 猪粪的无害化处理　　　　D. 控制猪的饲养密度

3. 弓形虫虫体寄生于动物细胞内，其发育阶段有（　　）。

A. 速殖子　　　　B. 包囊　　　　C. 裂殖体　　　　D. 配子体

E. 卵囊

4. 猪急性弓形虫病剖检病变主要见于（　　）。

A. 肝脏　　　　B. 肺脏　　　　C. 盲肠　　　　D. 肠系膜淋巴结

5. 猪血虱多寄生于（　　）。

A. 耳部周围　　　　B. 腹下　　　　C. 四肢内侧　　　　D. 颈部

（三）判断题

1. 猪蛔虫幼虫阶段主要对肝脏和肺脏的损伤。（　　）

2. 引起猪结节虫病的病原体是食道口线虫。（　　）

3. 猪蛔虫雌性成虫的长度范围在10cm左右。（　　）

4. 引起猪球虫病的病原体是猪住肉孢子虫。（　　）

5. 猪肾虫病生前诊断最好是取尿静置或离心后检查虫卵。（　　）

参考答案

（一）单项选择题

1. A　2. D　3. C　4. B　5. A

（二）多项选择题

1. CD　2. ABC　3. ABCDE　4. ABD　5. ABCD

（三）判断题

1. √　2. √　3. ×　4. ×　5. √

牛、羊寄生虫病防治

【项目设置描述】

  牛、羊寄生虫病防治项目是根据牛、羊场动物疫病防治人员的工作要求和执业兽医典型工作的需要而安排，主要介绍了双腔吸虫病、阔盘吸虫病、前后盘吸虫病、牛羊绦虫病、消化道线虫病、蜱螨病、梨形虫病等牛、羊场常见寄生虫病的病原体特征、生活史、流行、预防措施、诊断和治疗，目的是使学生具有对牛、羊寄生虫病诊断、治疗和制定防治措施的能力，从而为牛、羊等反刍动物的安全、健康、生态饲养提供技术支持。

【学习目标与思政目标】

  完成本项目后，你应能够：认识常见的牛羊绦虫、消化道线虫、蜱、螨、蝇蛆和梨形虫等寄生虫，能阐述它们的生活史，会正确地诊断和防治这些常见的牛、羊寄生虫病。能够运用系统观念、辩证思维、创新思维对牛、羊寄生虫病典型病例进行分析，并能对相似的病例进行鉴别诊断和有针对性的治疗。能运用中华传统文化和创新性思维为农业生产服务。

任务 4-1　牛、羊吸虫病防治

【案例导入】

  某年 3 月下旬，某养牛场从隆林县引进一批牛共 43 头，9 月龄～1.5 岁。饲养 1 个月后不见长膘，大部分牛出现腹泻，粪便含有黏液且恶臭，体温不见升高。使用抗生素治疗不见好转，1 周内陆续死亡 6 头。剖检最明显的病理变化是胰脏肿大，表面凹凸不平，有多量出血点，且可见胰管扩张增粗，发炎增厚，管腔黏膜不平呈乳头状小结节突起，有出血斑，内含大量虫体。虫体扁平，呈长卵圆形，活体呈棕红色，长 8～16mm，宽 5～5.8mm。

  问题：请问如何进一步诊断该牛场的牛发生了何种疾病？

一、双腔吸虫病

本病是由双腔科双腔属的吸虫寄生于反刍动物肝脏胆管和胆囊引起的疾病。主要特征为胆管炎、肝硬化及代谢、营养障碍，常与肝片形吸虫混合感染。

（一）病原特征

主要有以下 2 种（图 4-1）：

1. 矛形双腔吸虫（*Dicrocoelium lanceatum*） 又称枝双腔吸虫（*D. dendriticum*），虫体扁平，狭长呈矛形，活体呈棕红色，固定后为灰白色。长 6.7～8.3mm，宽 1.6～2.2mm。口吸盘位于前端，腹吸盘位于体前 1/5 处。2 个圆形或边缘有缺刻的睾丸，前后或斜列于腹吸盘后方，雄茎囊位于肠分叉与腹吸盘之间。生殖孔开口于肠分叉处。卵巢圆形，位于睾丸之后。卵黄腺呈细小颗粒状位于虫体中部两侧。子宫弯曲，充满虫体的后半部。

虫卵呈卵圆形，黄褐色，一端有卵盖，内含毛蚴。虫卵大小为（34～44）μm×（29～33）μm。

2. 中华双腔吸虫（*D. chinensis*）与矛形双腔吸虫相似，但虫体较宽，长 3.5～9mm，宽 2～3mm。主要区别为两个睾丸边缘不整齐或稍分叶，左右并列于腹吸盘后。

（二）生活史

1. 中间宿主 陆地螺，主要为条纹蜗牛、枝小丽螺等。

2. 补充宿主 蚂蚁。

3. 终末宿主 主要为牛、羊、鹿、骆驼等反刍动物；马属动物、猪、犬、兔、猴等也可感染；偶见于人。

4. 发育过程 成虫产出的虫卵随粪便排出体外，虫卵被螺吞食后，在其体内孵出毛蚴，发育为母胞蚴、子胞蚴、尾蚴。众多尾蚴聚集形成尾蚴群囊，外被黏性物质包裹成为黏性球，从螺的呼吸腔排出，黏附于植物叶及其他物体

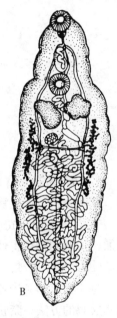

图 4-1 双腔吸虫
A. 矛形双腔吸虫 B. 中华双腔吸虫

上，被蚂蚁吞食后在其体内形成囊蚴。终末宿主吞食了含有囊蚴的蚂蚁而感染，囊蚴脱囊后，由十二指肠经胆总管进入胆管及胆囊内发育为成虫（图 4-2）。

5. 发育时间 进入中间宿主体内的虫卵发育为尾蚴需 82～150d；进入终末宿主体内的囊蚴发育为成虫需 72～85d。整个发育期为 160～240d。

（三）流行

1. 感染来源 患病或带虫的终末宿主，虫卵存在于粪便中。

2. 感染途径 终末宿主经口感染。

3. 抵抗力 虫卵对外界环境的抵抗力强，在土壤和粪便中可存活数月；18～20℃干燥 1 周仍可存活；可耐受−50℃的低温；在中间宿主和补充宿主体内的各期幼虫均可越冬，且保持感染能力。

4. 地理分布 分布广泛，与陆地螺和蚂蚁的分布广泛有关，多呈地方性流行。

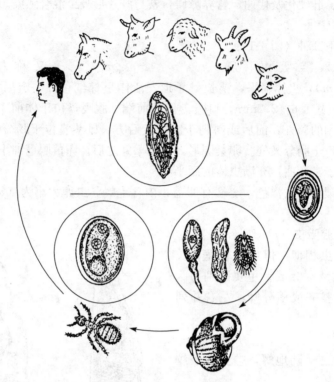

图 4-2 双腔吸虫生活史

5. 季节动态 南方全年都可流行。北方由于中间宿主冬眠，易感动物感染具有春、秋两季特点，发病多在冬、春季节。

6. 年龄动态 成年动物易感，而且随着年龄的增长，感染率和感染强度也逐渐增加，说明动物获得性免疫力较差。可感染数千条虫体。

（四）预防措施

每年秋末和冬季各进行 1 次驱虫，粪便发酵处理；灭螺、灭蚁可采取改良牧场或放养成鸡的方法；禁止在低洼地放牧。

（五）诊断

1. 临床症状 轻度感染时症状不明显。严重感染时，尤其在早春症状明显。一般表现为慢性消耗性疾病症状，精神沉郁，食欲不振，逐渐消瘦，可视黏膜苍白、黄染，下颌水肿，腹泻，行动迟缓，喜卧等。本虫常与肝片形吸虫混合感染，症状加重，可引起死亡。

2. 病理变化 由于虫体的机械性刺激和毒素作用，致使胆管卡他性炎症，胆管壁增厚，肝肿大。

3. 实验室诊断 粪便检查用沉淀法。因带虫现象极为普遍，发现大量虫卵时方可确诊。

根据流行病学资料，结合临床症状、粪便检查和剖检发现虫体综合诊断。

（六）治疗

1. 阿苯达唑 牛每千克体重 10～15mg，羊每千克体重 30～40mg，配成 5％混悬液，经口灌服。

2. 吡喹酮 牛每千克体重 35～45mg，羊每千克体重 60～70mg，1 次口服。油剂腹腔注射，绵羊每千克体重 50mg，牛每千克体重 35～45mg。

二、阔盘吸虫病

本病是由双腔科阔盘属的吸虫寄生于反刍动物的胰管引起的疾病。偶尔寄生于胆管和十二指肠。主要特征为轻度感染时不显症状，严重感染时表现营养障碍、腹泻、消瘦、贫血、水肿。

请扫描二维码获取该病的详细资料。

阔盘吸虫病

三、前后盘吸虫病

本病是由前后盘科前后盘属的吸虫寄生于反刍动物的瘤胃引起的疾病。又称同盘吸虫病。主要特征为感染强度很大，但症状较轻；大量童虫在移行过程中寄生在皱胃、小肠、胆管和胆囊时，可有较强的致病作用，甚至引起死亡。

同类疾病还有前后盘科殖盘属，腹袋科腹袋属、菲策属、卡妙属，腹盘科平腹属等吸虫所引起。除平腹属的成虫寄生于盲肠和结肠外，其他各属的成虫均寄生于瘤胃。

请扫描二维码获取该病的详细资料。

前后盘吸虫病

四、东毕吸虫病

本病是由分体科东毕属的多种吸虫寄生于牛、羊肠系膜静脉和门静脉引起的疾病。主要特征为腹泻，水肿，消瘦，贫血。尾蚴可侵入人皮肤内引起皮炎，称为尾蚴性皮炎、稻田皮炎。

请扫描二维码获取该病的详细资料。

东毕吸虫病

任务 4-2　牛、羊绦虫病防治

【案例导入】

　　某养羊专业户，共饲养淮山羊（小体型羊）82 只。某年夏初，畜主送来 1 只死山羊剖检。主诉：羊群普遍腹泻，消瘦，食欲不佳，精神不振，已近月余。昨晚突然死亡 1 只小山羊。剖检死羊：被毛粗乱，明显消瘦，贫血状；剖检时在小肠内见有 4 条扁平带状的寄生虫，每条长达 50cm 左右，并一条紧跟一条似带鱼样阻塞小肠，小肠很细，无肠内容物；其他脏器和组织无明显病灶。

　　问题：案例中羊群感染了何种寄生虫？诊断依据是什么？该如何治疗？

一、牛、羊绦虫病

　　本病是由裸头科裸头属，副裸头属、芙尼茨属、曲子宫属、无卵黄腺属的多种绦虫寄生于牛、羊小肠引起疾病的总称。主要特征为消瘦，贫血，腹泻，尤其对犊牛和羔羊危害严重。

（一）病原特征

　　1. 莫尼茨绦虫　莫尼茨绦虫为莫尼茨属。大型绦虫。头节小呈球形，有 4 个吸盘，无顶突和小钩，体节宽度大于长度。每个成熟节片内有 2 组生殖器官，生殖孔开口于节片两侧。睾丸数百个，呈颗粒状，分布于两条纵排泄管之间。卵巢呈扇形分叶状，与块状的卵黄腺共同组成花环状，卵模在其中间，分布在节片两侧。子宫呈网状。虫卵内含梨形器。主要有以下几种：

　　（1）扩展莫尼茨绦虫（*Moniezia expansa*）。长可达 10m，宽可达 16mm。节间腺呈环状分布于节片整个后缘。虫卵近似三角形。

　　（2）贝氏莫尼茨绦虫（*M. benedeni*）。长可达 4m，宽可达 26mm。节间腺为小点状，聚集为条带状分布于节片后缘的中央部（图 4-7）。虫卵近似方形。

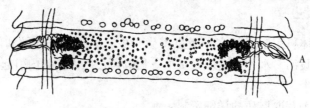

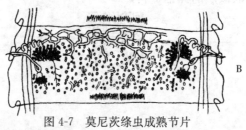

图 4-7　莫尼茨绦虫成熟节片
A. 扩展莫尼茨绦虫　B. 贝氏莫尼茨绦虫

2. 盖氏曲子宫绦虫（*Helictometra giardi*） 曲子宫属。大型绦虫，长可达 4.3m。主要特征是每个成熟节片内有 1 组生殖器官，左右不规则地交替排列。由于雄茎囊向节片外侧突出，使虫体两侧不整齐而呈锯齿状。睾丸呈颗粒状，分布于两侧纵排泄管的外侧。子宫呈波浪状弯曲，横列于两个纵排泄管之间。虫卵近似圆形，直径为 $18\sim27\mu m$，无梨形器，每 1 个副子宫器包围 $5\sim15$ 个虫卵。

3. 中点无卵黄腺绦虫（*Avitellina centripunctata*） 无卵黄腺属。虫体长 $2\sim3m$，宽 $2\sim3mm$。因虫体窄细，所以外观分节不明显。每个成熟节片内有 1 组生殖器官，左右不规则交替排列。睾丸呈颗粒状，分布于两条纵排泄管的两侧。子宫呈囊状，位于节片中央，外观虫体在中央构成 1 条纵向白线。卵巢呈圆形，位于生殖孔与子宫之间。无卵黄腺（图 4-8）。虫卵近圆形，直径为 $21\sim38\mu m$，内含六钩蚴，无梨形器，被包围在副子宫内。

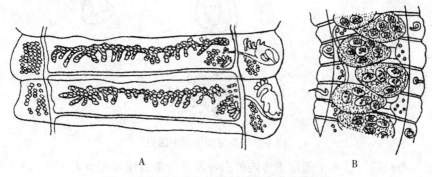

图 4-8 曲子宫绦虫与无卵黄腺绦虫成熟节片
A. 曲子宫绦虫　B. 无卵黄腺绦虫

（二）生活史

上述绦虫的生活史相似。

1. 中间宿主 莫尼茨绦虫和曲子宫绦虫的中间宿主为甲螨（地螨、土壤螨）。甲螨近似圆形，大小约 1.2mm，暗红色，被覆坚硬的外壳，腹面有 4 对足，每足有 5 节组成，无眼，口器为咀嚼型（图 4-9）。无卵黄腺绦虫的中间宿主尚有争议，有人认为是弹尾目昆虫长角跳虫，也有人认为是甲螨。

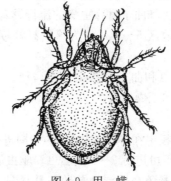

图 4-9 甲 螨

2. 终末宿主 牛、羊、骆驼等反刍动物。

3. 发育过程 孕卵节片或其破裂释放的虫卵随粪便排出体外，被中间宿主吞食，虫卵内六钩蚴逸出发育为似囊尾蚴，牛、羊吃草时吞食含有似囊尾蚴的甲螨而感染。

似囊尾蚴以头节附着于小肠壁发育为成虫（图 4-10）。

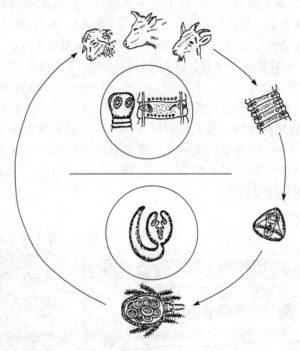

图 4-10　莫尼茨绦虫生活史

4. 发育时间　进入中间宿主体内的虫卵发育为似囊尾蚴至少需 40d；进入终末宿主体内的似囊尾蚴发育为成虫需 45～60d。

5. 成虫寿命　成虫在牛、羊体内可寄生 2～6 个月，一般为 3 个月。

（三）流行

1. 感染来源　患病或带虫的终末宿主，孕卵节片存在于粪便中。

2. 感染途径　终末宿主经口感染。

3. 甲螨习性　甲螨种类多、分布广，主要分布在潮湿、肥沃的土地里，在雨后的牧场上，数量显著增加。耐寒冷，可以越冬，但对干燥和热敏感。气温 30℃以上，地面干燥或日光照射时钻入地面下，在早晨、黄昏及阴天较活跃。

4. 季节动态　莫尼茨绦虫和曲子宫绦虫病的流行具有明显的季节性，这与甲螨的分布和习性密切相关。北方地区 5～8 月份为感染高峰期，南方 4～6 月份为感染高峰期。

5. 地理分布　莫尼茨绦虫和曲子宫绦虫分布广泛，尤以北方和牧区多见。无卵黄腺绦虫主要分布在较寒冷和干燥地区。

（四）预防措施

1. 预防性驱虫　羔羊和犊牛在春季放牧后 4～5 周进行成虫期前驱虫，2～3 周后再驱虫 1 次。成年牛、羊每年可进行 2～3 次驱虫。驱虫后的粪便无害化处理。

2. 科学放牧　感染季节避免在低湿地放牧，并尽量不在清晨、黄昏和阴雨天放牧，以减少感染。有条件的地方可进行轮牧。

3. 消灭甲螨　对地螨滋生场所，采取深耕土地、种植牧草、开垦荒地等措施，以减少甲螨的数量。

（五）诊断

1. 临床症状　常混合感染。轻度感染或成年动物症状不明显。犊牛和羔羊症状明显，表现为消化紊乱，经常腹泻、肠臌气，粪便中常混有孕卵节片。逐渐消瘦、贫血。寄生数量多时可造成肠阻塞，甚至肠破裂。虫体的毒素作用，可引起幼畜出现回旋运动、痉挛、抽搐、空口咀嚼等神经症状。严重者死亡。

2. 病理变化　尸体消瘦，肠黏膜有出血。有时可见肠阻塞或扭转。

3. 实验室诊断　仔细观察患病羔羊粪便中有无节片或链体排出；未发现节片时，应用饱和盐水漂浮法检查粪便中的虫卵；未发现节片或虫卵时，应考虑绦虫未发育成熟，多量寄生时，绦虫成熟前的生长发育过程中的危害也是很大的，因此应考虑用药物诊断性驱虫；死后剖检，可在小肠内找到多量虫体和相应的病变即可确诊。

（六）治疗

1. 氯硝柳胺　牛每千克体重 50mg，羊每千克体重 60～75mg，配成水悬液 1 次口服。给药前隔夜禁食。休药期为 28d。

2. 阿苯达唑　牛每千克体重 10mg，羊每千克体重 15mg，配成水悬液 1 次口服。有致畸形作用，妊娠动物禁用。休药期牛为 14d，羊 10d。

3. 吡喹酮　牛每千克体重 5～10mg，羊按每千克体重 10～15mg，1 次口服。休药期为 28d。

二、牛囊尾蚴病

本病是由带科带吻属的肥胖带绦虫的幼虫寄生于牛肌肉引起的疾病，又称为牛囊虫病。主要特征为幼虫移行时体温升高，虚弱，腹泻，反刍减弱或消失；幼虫定居后症状不明显。成虫肥胖带绦虫寄生于人的小肠，是重要的人兽共患病。

（一）病原特征

1. 牛囊尾蚴（*Cysticercus bovis*）　为半透明的囊泡，大小为（5～9）mm×（3～6）mm，呈灰白色，囊内充满液体，囊内有 1 个乳白色的头节，头节上无顶突和小钩。

2. 肥胖带绦虫（*Taeniarhynchus saginatus*）　又称牛带吻绦虫、牛肉带绦虫、无钩绦虫。呈乳白色，扁平带状。长 5～10m，最长可达 25m。由 1 000～2 000 个节片组成。头节上有 4 个吸盘，无顶突和小钩。成熟节片近似方形，睾丸 300～400 个。孕卵节片窄而长，其内子宫侧支 15～30 对（图 4-11）。

牛带绦虫卵

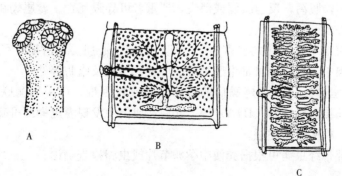

图 4-11　肥胖带绦虫

A. 头节　B. 成熟节片　C. 孕卵节片

虫卵呈椭圆形，胚膜厚，具辐射状，内含六钩蚴。虫卵大小为（30～40）μm×（20～30）μm。

（二）生活史

1. 中间宿主　黄牛、水牛、牦牛等。

2. 终末宿主　人。

3. 发育过程　孕卵节片随粪便排出体外，污染了饲料、饲草或饮水，牛吞食后，六钩蚴逸出进入肠壁血管中，随血液循环到达全身肌肉中发育为牛囊尾蚴。人食入含有牛囊尾蚴的肌肉而感染，包囊被消化，头节吸附于小肠黏膜上发育为成虫。

4. 发育时间　进入中间宿主体内的虫卵至发育为成熟的牛囊尾蚴需 10～12 周；人吞食牛囊尾蚴至发育为成虫需 2～3 个月。

5. 成虫寿命　成虫在人小肠内的寿命可达 25 年以上。

（三）流行

1. 感染来源　患病或带虫的终末宿主，孕卵节片存在于粪便中。

2. 感染途径　终末宿主和中间宿主均经口感染。中间宿主也可经胎盘感染。

3. 繁殖力　繁殖力强，每个孕卵节片含虫卵 10 万个以上，平均每日排卵可达 72 万个。

4. 抵抗力　虫卵在水中可存活 4～5 周，在湿润粪便中存活 10 周，在干燥牧场上可存活8～10 周，在低湿牧场可存活 20 周。

5. 地理分布　呈世界性分布，无严格地区性，其流行主要取决于食肉习惯、人粪便管理及牛的饲养方式。我国有些地区居民有吃生或不熟牛肉的习惯，而呈地方性流行。其他地区多为散发。

6. 年龄动态　犊牛比成年牛易感性高。

（四）预防措施

做好人群中该病的普查和驱虫工作；加强人粪便管理工作，避免污染饲料、草场、饮水；加强卫生监督检验工作，病肉严格按有关规定处理；加强宣传工作，改变生食牛肉的习惯。

（五）诊断

1. 临床症状　牛感染囊尾蚴初期，六钩蚴在体内移行时症状明显，主要表现体温升高，虚弱，腹泻，反刍减弱或消失，严重者可导致死亡。囊尾蚴在肌肉中发育成熟后，则不表现明显的症状。

2. 病理变化　牛囊尾蚴多寄生于咬肌、舌肌、心肌、肩胛肌、颈肌、臀肌等运动性强的肌肉中，有时也可寄生于肺脏、肝脏、肾脏及脂肪等处。

3. 实验室诊断　牛囊尾蚴病的生前诊断比较困难，可采用酶联免疫吸附试验（ELISA）、间接血凝试验（IHA）等。宰后在肌肉中发现囊尾蚴即可确诊，但一般感染强度较低，检验时需注意。

人的肥胖带绦虫病可根据粪便中孕卵节片或虫卵检查确诊。

（六）治疗

吡喹酮，每千克体重 30mg 口服，连用 7d。芬苯达唑，每千克体重 25mg，口服，连用 3d。人可用氯硝柳胺、吡喹酮、丙硫咪唑等驱虫。

三、细颈囊尾蚴病

本病是由带科带属的泡状带绦虫的幼虫寄生于猪、牛、羊等多种动物的腹腔引起的疾病。主要特征为幼虫移行时引起出血性肝炎，腹痛。成虫泡状带绦虫寄生于犬、猫的小肠。

（一）病原特征

1. 细颈囊尾蚴（*Cysticercus tenuicollis*）　又称"水铃铛"，是泡状带绦虫的幼虫期。呈乳白色，囊泡状，囊内充满液体，大小如鸡蛋或更大，囊壁上有 1 个乳白色具有长颈的头节。在肝脏、肺脏等脏器中的囊体，由宿主组织反应产生的厚膜包裹，故不透明，易与棘球蚴混淆。

2. 泡状带绦虫（*T. hydatigena*）　长可达 5m。顶突上有 26～46 个小钩。孕卵节片内子宫侧支 5～16 对。

（二）生活史

1. 中间宿主　猪、牛、羊、骆驼等。

2. 终末宿主　犬、狼、狐狸等肉食动物。

3. 寄生部位　幼虫寄生于中间宿主的肝脏、浆膜、大网膜、肠系膜、腹腔内；成虫寄生于终末宿主的小肠。

4. 发育过程　孕卵节片随终末宿主的粪便排出体外，孕节破裂后虫卵逸出，污染牧草、饲料和饮水。中间宿主吞食后，六钩蚴在消化道内逸出，钻入肠壁血管，随血流到肝实质，以后逐渐移行到腹腔发育为成熟的细颈囊尾蚴。终宿主吞食了含有细颈囊尾蚴的脏器后，在小肠内发育为成虫。

5. 发育时间　在肝脏内移行期为 0.5～1 个月；在中间宿主体内六钩蚴发育为细颈囊尾蚴需 1～2 个月；在终末宿主体内的细颈囊尾蚴发育为成虫需 52～78d。

6. 成虫寿命　成虫可在犬体内生存 1 年左右。

（三）流行

1. 感染来源　患病或带虫的终末宿主，孕卵节片存在于粪便中。

2. 感染途径　经口感染。

（四）预防措施

对犬定期驱虫；防止犬进入猪、羊舍内，以免污染饲料、饮水；禁止将屠宰动物的患病脏器随地抛弃，或未经处理喂犬。

（五）诊断

1. 临床症状　轻度感染一般不表现症状。对仔猪、羔羊危害较严重。仔猪有时突然大叫后倒毙。多数幼畜表现为虚弱、不安、流涎、不食、消瘦、腹痛和腹泻。有急性腹膜炎时，体温升高并有腹水，按压腹壁有痛感，腹部体积增大。

2. 病理变化　六钩蚴移行时肝脏出血，在肝实质中有虫道。有时能见到急性腹膜炎，腹水混有渗出的血液，其中含有幼小的囊尾蚴体。严重病例可在肺组织和胸腔等处见到囊体。

3. 实验室诊断　生前可使用血清学诊断，死后发现虫体确诊。

（六）治疗

吡喹酮，每千克体重 50mg，1 次口服。

四、多头蚴病

本病是由带科带属的多头带绦虫的幼虫寄生于牛、羊等反刍动物的大脑引起的疾病，有时也寄生于延脑、脊髓中，又称脑包虫病、回旋病。主要特征为由于寄生部位的不同而表现相应的神经症状。是危害绵羊和犊牛的严重疾病。人偶尔也能感染。成虫多头带绦虫寄生于犬科动物的小肠。

（一）病原特征

1. 脑多头蚴（*Coenurus cerebralis*）　又称脑共尾蚴、脑包虫。呈乳白色半透明的囊泡，直径约5cm或更大。囊壁由2层膜组成，外膜为角质层，内膜为生发层，其上有100~250个原头蚴（图4-12）。

2. 多头带绦虫（*T. multiceps*）　又称多头多头绦虫。长40~100cm。200~250个节片，最宽为5mm。顶突上有22~32个小钩。孕卵节片子宫侧支14~26对（图4-13）。

（二）生活史

1. 中间宿主　牛、羊、骆驼等反刍动物。

2. 终末宿主　犬、狼、狐狸等食肉动物。

3. 发育过程　孕卵节片或节片破裂释放出的虫卵随粪便排出体外，污染了饲料、饲草、饮水，被中间宿主吞食后，六钩蚴逸出进入肠壁血管，随血液循环到达脑、脊髓内发育为脑多头蚴。终末宿主吞食了含有脑多头蚴的脑、脊髓后而感染，囊壁被消化，原头蚴逸出，吸附于小肠黏膜上发育为成虫。

4. 发育时间　进入中间宿主体内的孕节或虫卵发育为成熟的脑多头蚴需2~3个月；终末宿主吞食脑多头蚴至发育为成虫需1.5~2.5个月。

5. 成虫寿命　成虫在犬小肠中可存活6~8个月至数年。

脑多头蚴

图 4-12　脑多头蚴
A. 在脑部的多头蚴
B. 多头蚴的头节

（三）流行

1. 感染来源　患病或带虫的终末宿主，孕卵节片存在于粪便中。牧羊犬和狼在疾病传播中起重要作用。

2. 地理分布　分布广泛，但以西北、东北、内蒙古等牧区严重。

（四）预防措施

对牧羊犬和散养犬定期驱虫，排出的粪便发酵处理；提倡犬拴养，以免粪便污染饲料和饮水；牛、羊宰后发现含有脑多头蚴的脑和脊髓，要及时销毁或高温处理，防止犬吃入。

（五）诊断

1. 主要症状　表现过程可分为前、后两个时期。

前期为急性期。是感染初期六钩蚴在脑组织移行引起的脑部炎性反应，表现体温升高，脉搏和呼吸加快，患畜做回旋、前冲或后退运动。有的病例出现流涎、磨牙、

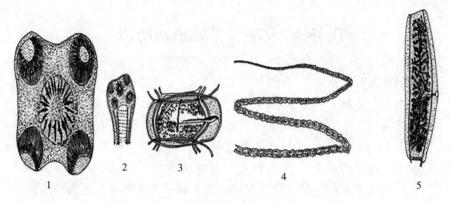

图 4-13 多头绦虫
1. 头节顶面 2. 头节 3. 成熟节片 4. 虫体 5. 孕卵节片

斜视、头颈弯向一侧等。发病严重的羔羊可在 5～7d 内因急性脑炎而死亡。

后期为慢性期。在一定时期内症状不明显，随着脑多头蚴的发育，逐渐出现明显症状。以虫体寄生于大脑半球表面最为常见，出现典型的回旋运动，转圈方向与虫体寄生部位相一致，虫体大小与转圈直径成反比。虫体较大时可致局部头骨变薄、变软和皮肤隆起。如果虫体压迫视神经，可致视力障碍以至失明。虫体寄生于大脑额骨区时，头下垂，或向前冲，遇障碍物时用头抵住不动或倒地。虫体寄生于枕骨区时，头高举。虫体寄生于小脑时，站立或运动失去平衡，步态蹒跚。虫体寄生于脊髓时，后躯无力或麻痹，呈犬坐姿势。上述症状常反复出现，终因神经中枢损伤及衰竭而死亡。如果多个虫体寄生于不同部位时，则出现综合性症状。

2. 病理变化 急性病例剖检时可见脑膜充血和出血，脑膜表面有六钩蚴移行所致的虫道。慢性病例外观头骨，有时会出现变薄、变软，并有隆起，打开头骨后可见虫体，虫体寄生部位周围组织出现萎缩、变性、坏死等。

3. 鉴别诊断 维生素 A 缺乏症：无定向的转圈运动，叩诊头颅部无浊音区。另外，应注意与莫尼茨绦虫病及羊鼻蝇蛆病区分。因这两种病都有神经症状，可用粪检和观察羊鼻腔来区别。

4. 实验室诊断 可以用 X 射线或超声波进行诊断。近年来有采用 ELISA 和变态反应（眼睑内注射多头蚴囊液）诊断本病的报道。即用变态反应原（用多头蚴的囊液及原头蚴制成乳剂）注入羊的上眼睑内作诊断，感染多头蚴的羊于注射 1h 后，皮肤呈现肥厚肿大（1.75～4.2cm），并保持 6h 左右。另外，用酶联免疫吸附试验（ELISA）诊断有较强的特异性、敏感性，且没有交叉反应，据报道是多头蚴病早期诊断的好方法。

（六）治疗

虫体寄生于头部前方大脑表面时，可采用外科手术的方法摘除。对急性病例可用吡喹酮和阿苯达唑试治。吡喹酮，牛、羊每千克体重 100～150g，1 次口服，连用 3d 为 1 个疗程。

任务 4-3　牛、羊线虫病防治

【案例导入】

　　郑州市东郊某村，利用 1 个旧厂房及空地建羊舍，2010 年 7～8 月，多雨潮湿，天气闷热，羊群日渐消瘦，采食量下降，近日有一只羊卧地不起。主诉：原体重为 75kg，但现在触摸体表皮包骨头，用手抓病羊即可提起，约重 25kg。检查：患羊为公羊，白色被毛，为短尾寒羊。体温 36.2℃，眼结膜、口色苍白，高度贫血，心悸，呼吸稍快，粪便稀薄有少量黏液，未见虫体，涂片镜检疑似有捻转血矛线虫卵。将胃内容物置于清水中，有不少似头发丝、长 1～1.5cm 的虫体在水中游动，虫体颜色红白相间。

　　问题： 请结合所学知识，诊断该羊场发生了什么疾病，如何进行实验室诊断？

一、犊新蛔虫病

本病是由弓首科新蛔属的牛新蛔虫寄生于犊牛小肠引起的疾病。主要特征为肠炎、腹泻、腹部膨大和腹痛。初生犊牛大量感染时可引起死亡。

（一）病原特征

牛新蛔虫（*Neoascaris vitulorum*），又称牛弓首蛔虫（*Toxocara vitulorum*）。虫体粗大，活体呈淡黄色，固定后为灰白色。头端有 3 片唇。食道呈圆柱形，后端有 1 个小胃与肠管相接。雄虫长 11～26cm，尾部有一个小锥突，弯向腹面，交合刺 1 对，等长或稍不等长。雌虫长 14～30cm，尾直。

虫卵近似圆形，淡黄色，卵壳厚，外层呈蜂窝状，内含 1 个胚细胞。虫卵大小为（70～80）μm×（60～66）μm（图 4-14）。

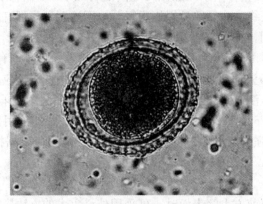

图 4-14　牛新蛔虫卵

（二）生活史

1. 发育过程　成虫寄生于 5 月龄以下的犊牛小肠内，雌虫产出的虫卵随粪便排出体外，在适宜的条件下发育为感染性虫卵。母牛吞食后，虫卵在小肠内孵出幼虫，穿过肠黏膜移行至母牛的生殖系统组织中。母牛怀孕后，幼虫通过胎盘进入胎儿体内。犊牛出生后，幼虫在小肠发育为成虫。

幼虫在母牛体内移行时，有一部分可经血液循环到达乳腺，哺乳犊牛吸吮乳汁而感染，在小肠内发育为成虫。

犊牛在外界吞食感染性虫卵后，幼虫可随血液循环在肝脏、肺脏等移行后经支气管、气管、口腔，咽入消化道后随粪便排出体外，但不能在小肠内发育。

2. 发育时间 在外界的虫卵发育为感染性虫卵需 20～30d（27℃）；侵入犊牛体内的幼虫发育为成虫约需 1 个月。

3. 成虫寿命 成虫在犊牛小肠内可寄生 2～5 个月，以后逐渐从体内排出。

（三）流行

1. 感染来源 患病或带虫的犊牛，虫卵存在于粪便中。

2. 感染途径 犊牛经胎盘或经口感染。母牛经口感染。

3. 虫卵抵抗力 对消毒药抵抗力强，2％福尔马林中仍可正常发育，29℃时在 2％来苏儿中可存活约 20h。对直射阳光抵抗力差，地表面阳光直射下 4h 全部死亡，干燥环境中 48～72h 死亡。感染期虫卵需 80％的相对湿度才能存活。

4. 地理分布 本病以温暖的南方多见，北方少见，但也有发生。

5. 年龄动态 主要发生于 5 月龄以内的犊牛，成年牛只在内部器官组织中有移行阶段的幼虫，而无成虫寄生。

（四）预防措施

对 15～30 日龄的犊牛进行驱虫，不仅可以及时治愈病牛，还能减少虫卵对外界环境的污染；加强饲养管理，注意保持犊牛舍及运动场的环境卫生，及时清理粪便进行发酵。

（五）诊断

1. 临床症状 被感染的犊牛一般在出生 2 周后症状明显，表现精神沉郁，食欲不振，吮乳无力，贫血。虫体损伤引起小肠黏膜出血和溃疡，继发细菌感染而导致肠炎，出现腹泻、腹痛、便中带血或黏液，腹部膨胀，站立不稳。虫体毒素作用可引起过敏、振发性痉挛等。成虫寄生数量多时，可致肠阻塞或肠破裂引起死亡。出生后犊牛吞食感染性虫卵，由于幼虫移行损伤肺脏，因而出现咳嗽、呼吸困难等，但可自愈。

2. 病理变化 小肠黏膜出血、溃疡。大量寄生时可引起肠阻塞或肠穿孔。出生后犊牛感染，可见肠壁、肝脏、肺脏等组织损伤，有点状出血、炎症。血液中嗜酸性粒细胞明显增多。

3. 实验室诊断 根据 5 月龄以下犊牛多发等流行病学资料和临床症状初诊。用漂浮法进行粪便检查发现虫卵，或剖检发现虫体可确诊。

（六）治疗

枸橼酸哌嗪（驱蛔灵），每千克体重 250mg；阿苯达唑，每千克体重 10mg；左旋咪唑，每千克体重 8mg，均为 1 次口服。伊维菌素、阿维菌素，每千克体重 0.2mg，皮下注射或口服。

二、牛、羊消化道线虫病

本病是由许多科、属线虫寄生于牛、羊等反刍动物消化道引起各种线虫病的总称。主要特征为贫血、消瘦，可造成牛、羊大批死亡。这些线虫分布广泛，且多为混合感染，对牛、羊危害极大。这些线虫病在流行病学特点、症状、诊断、治疗及防制措施等方面均相似，故综合叙述。

（一）病原特征

病原种类繁多，主要科、属、种有：

1. 圆线目 Strongylata

（1）毛圆科 Trichostrongylidae。

血矛属（*Haemonchus*），寄生于皱胃，偶见于小肠。本属危害最大、分布最广泛的是捻转血矛线虫（*H. contortus*），又称捻转胃虫。虫体呈毛发状，因吸血而呈淡红色。颈乳突明显，头端尖细，口囊小，口囊内有 1 个背侧矛形小齿。雄虫长 15～19mm，交合伞发达，有 1 个"人"字形背肋偏向一侧；交合刺短而粗，末端有小钩，有引器。雌虫长 27～30mm，因白色的生殖器官环绕于红色（含血液）的肠道，故形成红白相间的外观；阴门位于虫体后半部，有一个显著的瓣状或舌状阴门盖。虫卵呈短椭圆形，灰白色或无色，卵壳薄，大小为（75～95）$\mu m \times$（40～50）μm。

毛圆属（*Trichostrongylus*），主要寄生于小肠，其次是皱胃。最常见的是蛇形毛圆线虫（*T. colubriformis*），寄生于小肠前部，偶见于皱胃，亦可寄生于兔、猪、犬及人的胃中。虫体细小。雄虫长 4～6mm，交合伞侧叶大，背叶不明显，背肋小，末端分小枝，1 对交合刺粗而短，近于等长，远端具有明显的三角突，引器呈梭形。雌虫长 5～6mm，阴门位于虫体后半部。虫卵大小为（79～101）$\mu m \times$（39～47）μm。

长刺属（*Mecistocirrus*），寄生于皱胃。外形与血矛属线虫相似。最常见的是指形长刺线虫（*M. digitatus*）。雄虫长 25～31mm，交合刺细长。雌虫长 30～45mm，阴门盖为两片，阴门位于肛门附近。虫卵大小为（105～120）$\mu m \times$（51～57）μm。

奥斯特属（*Ostertagia*），主要寄生于皱胃，少见于小肠。虫体呈棕褐色，长 10～12mm，口囊浅而宽。雄虫有生殖锥和生殖前锥，交合刺短，末端分 2 叉或 3 叉。雌虫尾端常有环纹，阴门在体后部，多具阴门盖。常见的种为环形奥斯特线虫（*O. circumcincta*）和三叉奥斯特线虫（*O. trifurcata*）。

马歇尔属（*Marshallagia*），寄生于皱胃，偶见于十二指肠。形态与奥斯特属线虫相似，但不具引器，交合刺分成 3 枝，末端尖。雌虫阴门位于虫体后半部。常见的种为是蒙古马歇尔线虫（*M. mongolica*）。虫卵呈长椭圆形，灰白色或无色，两侧厚，两端薄，大小为（173～205）$\mu m \times$（73～99）μm。

古柏属（*Cooperia*），寄生于小肠、胰脏，很少见于皱胃。虫体小于 9mm。前方有小的头泡，食道区有横纹，口囊很小。雄虫交合刺短，末端钝，生殖锥和交合伞发达，无引器。本属与毛圆属和类圆属线虫极为相似。常见的种有等侧古柏线虫（*C. laterouniformis*）、叶氏古柏线虫（*C. erschovi*）。

细颈属（*Nematodirus*），寄生于小肠。本属线虫种间大小差异大。头前端角皮有横纹，多数有头泡，颈部常弯曲。雄虫交合伞侧叶大，交合刺细长，远端融合，包在一个共同的薄膜内。雌虫尾端有一个小刺。常见的种类是尖刺细颈线虫（*N. filicollis*）。虫卵长椭圆形，灰白色或无色，一端较尖，大小为（150～230）$\mu m \times$（80～110）μm。

似细颈属（*Nematodirella*），寄生于小肠。形态与细颈属线虫相似，不同点是雄虫交合刺很长，可达全虫的 1/2；雌虫前 1/4 呈线形，以后突然粗大，随后又渐变纤细，阴门位于前 1/3～1/4 处。常见的种有长刺似细颈线虫（*N. longispiculata*）、骆驼似细颈线虫（*N. cameli*）。

以上各属线虫主要部位形态构造见图 4-15、图 4-16。

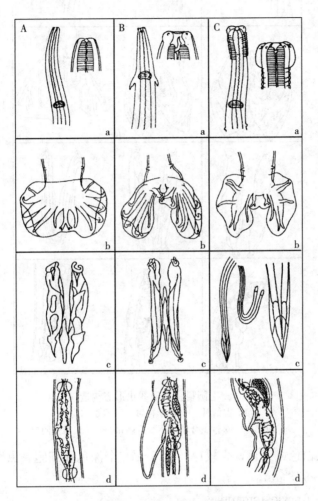

图 4-15　毛圆科主要属线虫形态构造（一）

A. 毛圆属　B. 血矛属　C. 细颈属

a. 前部　b. 雄性交合伞　c. 交合刺和引带　d. 雌虫阴户

（2）盅口科 Cyathostomidae（又名毛线科 Trichonematidae）。

食道口属（*Oesophagostomum*），寄生于结肠。有些种类的幼虫可在肠壁形成结节，所以又称结节虫。口囊小而浅，其外周有明显的口领，口缘有叶冠，有或无颈沟，颈乳突位于食道附近两侧，其位置因种不同而异，有或无侧翼膜。雄虫的交合伞发达，有 1 对等长的交合刺。雌虫阴门位于肛门前方附近，排卵器发达，呈肾形。寄生于羊的主要有：哥伦比亚食道口线虫（*Oe. columbianum*）、微管食道口线虫（*Oe. venulosum*）、粗纹食道口线虫（*Oe. asperum*）、甘肃食道口线虫（*Oe. kansuensis*）。寄生于牛的主要有辐射食道口线虫（*Oe. radiatum*）（图 4-17）。

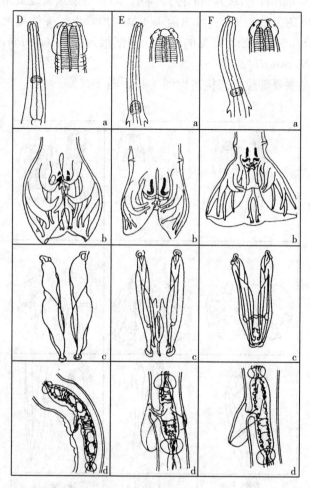

图 4-16　毛圆科主要属线虫形态构造（二）
D. 古柏属　E. 奥斯特属　F. 马歇尔属
a. 前部　b. 雄性交合伞　c. 交合刺和引带　d. 雌虫阴户

虫卵椭圆形，灰白色或无色，壳较厚，含 8～16 个深色胚细胞。虫卵大小为（70～74）μm×（45～57）μm。

（3）钩口科 Ancylostomatidae。

仰口属（*Bunostomum*），头端向背面弯曲，口囊大，呈漏斗状，口孔腹缘有 1 对半月形切板。雄虫交合伞外背肋不对称。雌虫阴门在虫体中部之前。虫卵具有特征性。

羊仰口线虫（*B. trigonocephalum*），又称羊钩虫，寄生于羊小肠。口囊底部背侧有 1 个大背齿，腹侧有 1 对小亚腹侧齿。雄虫长 12.5～17mm，交合伞发达，外背肋不对称，交合刺扭曲、较短，无引器。雌虫长 15.5～21mm，尾端钝圆，阴门位于体后部。虫卵呈钝椭圆形，两侧平直，壳薄，灰白或无色，胚细胞大而少，内含暗色颗粒。虫卵大小为（82～97）μm×（47～57）μm。

牛仰口线虫（*B. phlebotomum*），又称牛钩虫，寄生于牛小肠，主要是十二指肠。与羊仰口线虫相似，区别为口囊底部腹侧有 2 对亚腹侧齿，雄虫交合刺长，为羊仰口线虫的 5～6 倍，阴门位于虫体中部前（图 4-18）。虫卵两端钝圆，胚细胞呈暗黑色。

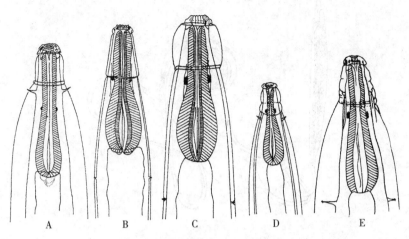

图 4-17　食道口线虫前部

A. 哥伦比亚食道口线虫　B. 微管食道口线虫　C. 粗纹食道口线虫

D. 辐射食道口线虫　E. 甘肃食道口线虫

（4）圆线科 Strongymoidea。

夏伯特属（*Chabertia*），寄生于大肠。有或无颈沟，颈沟前有不明显的头泡，或无头泡。口孔开口于前腹侧，有两圈不发达的叶冠。口囊呈亚球形，底部无齿。雄虫交合伞发达，交合刺等长且较细，有引器。雌虫阴门靠近肛门。常见的种有绵羊夏伯特线虫（*C. ovina*）和叶氏夏伯特线虫（*C. erschowi*）（图 4-19）。虫卵椭圆形，灰白或无色，壳较厚，含 10 多个胚细胞。虫卵大小为（83～110）μm×（47～59）μm。

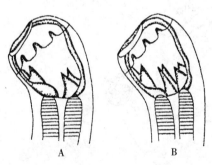

图 4-18　牛、羊仰口线虫头部

A. 羊仰口线虫　B. 牛仰口线虫

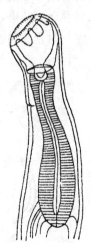

图 4-19　绵羊夏伯特线虫前部

2. 毛尾目 Trichurata

毛尾科 Trichuridae。

毛尾属（*Trichuris*），寄生于盲肠。虫体呈乳白色，前部细长呈毛发状，后部短粗，虫体粗细过度突然，外形似鞭子，故称鞭虫。雄虫尾部卷曲，有 1 根交合刺，有交合刺鞘。雌虫尾部稍弯曲，后端钝圆，阴门位于粗细交界处（图 4-20）。虫卵呈褐色或棕色，壳厚，两端具塞，呈腰鼓状。虫卵大小为（70～75）μm×（31～35）μm。

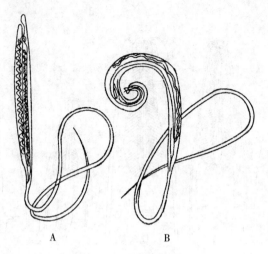

图 4-20　绵羊毛尾线虫

A. 雌虫　B. 雄虫

（二）生活史

牛、羊消化道线虫的发育过程基本相似。毛尾线虫的感染期为感染性虫卵，其余消化道线虫的感染期均为感染性幼虫（第 3 期幼虫）。均属于直接发育型。

1. 感染途径　消化道线虫均经口感染。但仰口线虫亦可经皮肤感染，而且幼虫发育率可达 80% 以上，而经口感染时，发育率仅为 10% 左右。

2. 发育过程　毛圆科线虫产出的虫卵随粪便排出体外，在适宜的条件下，约需 1 周，逸出的幼虫经 2 次蜕皮发育为感染性幼虫。幼虫移动到牧草的茎叶上，牛、羊吃草或饮水时吞食而感染，幼虫在皱胃或小肠黏膜内进行第 3 次蜕皮，第 4 期幼虫返回皱胃和肠腔，附着在黏膜上进行最后 1 次蜕皮，逐渐发育为成虫（图 4-21）。

图 4-21　毛圆科线虫生活史

仰口线虫经皮肤感染后，幼虫进入血液循环到达肺脏，进入肺泡进行第 3 次蜕皮发育为第 4 期幼虫，再移行至支气管、气管、咽，被咽下后进入小肠，进行第 4 次蜕皮发育为第 5 期幼虫，最后发育为成虫。此过程需 50～60d。

食道口线虫的感染性幼虫感染牛、羊后，大部分幼虫钻入结肠固有层形成结节，在其中进行第 3 次蜕皮变为第 4 期幼虫，再返回结肠中经第 4 次蜕皮发育为第 5 期幼虫，最后发育为成虫。幼虫在结节内停留的时间，与牛、羊的年龄和抵抗力有关，短则 6～8d，长则 1～3 个月或更长，甚至不能发育为成虫。微管食道口线虫很少造成肠壁结节。

毛尾线虫的虫卵随粪便排出体外，在适宜的条件下经 2 周或数月发育为感染性虫卵，牛、羊经口感染后，卵内幼虫在肠道孵出，以细长的头部固着在肠壁内，约经 12 周发育为成虫。

（三）流行

1. 感染来源　患病或带虫的终末宿主，虫卵存在于粪便中。

2. 第 3 期幼虫特点　第 3 期幼虫抵抗力强，多数可抵抗干燥、低温和高温等不利因素的影响，许多种类线虫的幼虫可在牧场上越冬。此期幼虫具有背地性和向光性的特点，在温度、湿度和光照适宜时，幼虫从土壤中爬到牧草上，而当环境条件不利时又返回土壤中隐蔽。故牧草受到幼虫污染，土壤为其来源。

3. 地理分布　本病分布广泛，多数地区性不明显。但因其感染性幼虫对外界因素的抵抗力不同，因此，各别种类亦具有一定的地区性，如奥斯特线虫和夏伯特线虫第 3 期幼虫较为耐寒，一般在高寒地区多见。

4. 春季高潮　是指每年春季（4～5 月份）牛、羊消化道线虫病发病出现高峰期。我国许多地区有此现象，尤其以西北地区明显。其原因说法不一，但主要归结为两点：一是可以越冬的感染性幼虫，致使牛、羊春季放牧后很快获得感染；二是牛、羊当年感染时，由于牧草充足，抵抗力强，使体内的幼虫发育受阻，而当冬末春初，草料不足，抵抗力下降时，幼虫开始活跃发育，至春季 4～5 月份，其成虫数量在体内迅速达到高峰，即"春季高潮"，牛、羊发病数量剧增。

（四）预防措施

应根据流行病学特点制定综合性防治措施。

1. 定期驱虫　一般应在春、秋两季各进行 1 次驱虫。北方地区可在冬末、春初进行驱虫，可有效防止"春季高潮"。

2. 粪便处理　对计划性驱虫和治疗性驱虫后排出的粪便应及时清理，进行发酵，以杀死其中的病原体，消除感染源。

3. 提高抗病力　注意饲料、饮水清洁卫生，尤其在冬、春季节，牛、羊要合理地补充精料、矿物质、多种维生素，以增强抗病力。

4. 科学放牧　放牧牛、羊尽量避开潮湿地及幼虫活跃时间，以减少感染机会。有条件的地方实行划地轮牧或畜种间轮牧。

（五）诊断

1. 临床症状　牛、羊经常混合感染多种消化道线虫，而多数线虫以吸食血液为生，因此，会引起宿主贫血，虫体的毒素作用干扰宿主的造血功能或抑制红细胞的生成，使贫血加重。虫体的机械性刺激，使胃、肠组织损伤，消化、吸收功能降低。表现高度营养不良，渐进性消瘦，可视黏膜苍白，下颌及腹下水肿，腹泻或顽固性下痢，有时便中带血，有时便秘与腹泻交替，精神沉郁，食欲不振，可因衰竭而死亡。尤其羔羊和犊牛发育受阻，死亡率高。死亡多发生在"春季高潮"时期。

2. 病理变化　尸体消瘦、贫血、水肿。幼虫移行经过的器官出现淤血性出血和小出血点。胃、肠黏膜发炎有出血点，肠内容物呈褐色或血红色。食道口线虫可引起肠壁结节，新结节中常有幼虫。在胃、肠道内发现大量虫体。

3. 实验室诊断　粪便检查用漂浮法。除细颈线虫、似细颈线虫、马歇尔线虫卵较大，毛尾线虫卵有特点外，其他毛圆科线虫卵基本相似。所以，虫种的鉴定需对幼虫进行培养，对第3期幼虫鉴定。因牛、羊带虫现象极为普遍，故发现大量虫卵时才能确诊。

（六）治疗

对重症病例，应配合对症、支持疗法。

1. 左旋咪唑　牛、羊每千克体重6～10mg，1次口服，奶牛、奶羊休药期不得少于3d；或每千克体重4～6mg，肌肉或皮下注射，休药期28d。严重肝病或泌乳期动物禁用。

2. 阿苯达唑　牛、羊每千克体重10～15mg，1次口服。有致畸作用，妊娠动物禁用。

3. 甲苯达唑　牛、羊每千克体重10～15mg，1次口服。

4. 伊维菌素或阿维菌素　牛、羊每千克体重0.2mg，1次口服或皮下注射。

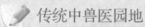 传统中兽医园地

我国传统医学经典名著节选

牛患肠胃中生蛲鳖虫

蛲鳖虫者，何也？夫蛲鳖虫，皆因南畜卖往北地，北畜卖往南土，不服水土，不服料谷，久食于肠胃中自生之虫也。叮于肠胃，耗其血脉，令兽日渐衰弱，瘦似豺狼，此谓肠胃不服水土、生虫咬瘦之症也。

形状：精神如旧，瘦似豺狼。

口色：鲜明无恙。

歌曰：牛生鳖虫叮胃肠，不服水土致其淤。摇头摆尾精神旧，日渐衰瘦似豺狼。青盐百部金钗草，使君鹤虱明矾良。楮皮麻黄同为末，三服虫消体自康。

治法：用贯众、柴皂角，同煮料熟，拣去贯众、皂角，其料喂之，日久其虫自消。

调理：水浸青草喂之。

戒忌：下水浸泡。

青盐散：治鳖虫叮胃等症。百部根、青盐、柴皂角、天仙子、明矾、五味子、金骊草、草果、苦参共为细末，盐为引。虫从大便出，自然长膘矣。

——《注释马牛驼经大全集》

治牛口吐杂虫法

青峰曰：牛或时口吐杂虫，或内有虫积，或脾虚生蛲虫。总之，先用杀虫药，然后量证用药，分经治病方可。

杀虫方：贯众、槟榔、雷丸、榧子、石膏、秦芫、夜明砂、望月砂、宿蚕沙、使君子、荞麦灰，煎浓，啖服。

又：贯众、野烟、虫草、鹤虱、榧子、花椒根、王不留行、使君子根、吴萸根、煎浓，啖服。

又：川椒、吴萸、贯众、硫黄同捣，煎浓，入猪、羊胆汁服。

——《活兽慈舟》

选自于船，张克家主编《中华兽医精典》

三、网尾线虫病

本病是由网尾科网尾属的线虫寄生于反刍动物的支气管和细支气管引起的疾病。又称肺线虫病。主要特征为群发性咳嗽，咳出的黏液团块中含有虫卵和幼虫，体温一般正常。

请扫描二维码获取该病的详细资料。

网尾线虫病

四、牛吸吮线虫病

本病是由吸吮科吸吮属的多种线虫寄生于牛的结膜囊、第三眼睑和泪管引起的疾病，又称为牛眼虫病。主要特征为眼结膜角膜炎，常继发细菌感染而致角膜糜烂和溃疡。

请扫描二维码获取该病的详细资料。

牛吸吮线虫病

任务 4-4　牛、羊蜱螨与昆虫病防治

【案例导入】

某羊场现饲养湖羊 13 096 只，其中种公羊 37 只，种母羊 5 211 只，后备母羊 2 588 只，断奶公羊 2 600 只，哺乳羔羊 2 660 只。饲喂干牧草和精料，常规疫苗免疫，每半年用伊维菌素拌料驱虫一次，4月以来，阴雨连绵，多只羊频繁用后肢挠前肢及颈、胸部皮肤，或用嘴在身体上蹭痒；体侧、胸腹下部出现大量脱毛或毛发呈泥泞状，脱毛处皮肤有痂皮，痂皮与皮肤交界处体表红嫩，部分羊只消瘦，严重影响了饲料转化率和产毛量。

问题：请结合所学知识如何进一步诊断是何种寄生虫感染？该病如何防治？请为该养殖户制定出综合性防治措施。

绵羊疥螨病
疑似病例

羊疥螨病
导学

一、羊疥螨病

羊疥螨病，俗称疥癣，是由疥螨科疥螨属的疥螨寄生于羊表皮内所引起的一种接触传染的慢性皮肤病。病羊表现剧痒、皮肤变厚、脱毛和消瘦等主要特征。严重感染时，常导致羊生产性能降低，甚至发生死亡。给畜牧业带来损失。

（一）病原特征

山羊疥螨病的病原为山羊疥螨，绵羊疥螨病的病原为绵羊疥螨，特征均似猪疥螨。

（二）生活史

同猪疥螨。

（三）流行

羊疥螨主要发生于秋末、冬季和初春。因为这些季节，日光照射不足，家畜被毛增厚，绒毛增生，皮肤温度增高，很适合疥螨的发育繁殖。尤其在羊舍潮湿、阴暗、拥挤及卫生条件差的情况下，极容易造成疥螨病的严重流行。夏季绵羊绒毛大量脱落，皮肤表面常受阳光照射，经常保持干燥状态，这些条件均不利于疥螨的生存和繁殖，大部分虫体死亡，仅有少数疥螨潜伏在耳壳内、蹄踵、腹股沟部以及被毛深处，这种带虫绵羊没有明显的症状。但到了秋冬季节，疥螨又重新活跃起来，不但引起疾病的复发，而且成为最危险的感染来源。

绵羊疥螨
生活史

幼龄羊易患疥螨病，发病也较严重，成年羊有一定的抵抗力。体质瘦弱、抵抗力差的羊易受感染，体质健壮、抵抗力强的羊则不易感染。但成年体质健壮的羊的"带螨现象"往往成为该病的感染来源，这种情况应该引起高度的重视。

其他流行特点类似猪疥螨病。

（四）预防措施

疥螨病重在预防。发病后再治疗，常常十分被动，往往造成很大损失。疥螨病的预防应做好以下工作。

（1）羊舍要经常保持干燥清洁，通风透光，不要使羊过于拥挤。羊舍及饲养管理用具要定期消毒（至少每2周1次）。

（2）引入绵羊时应事先了解有无疥螨病存在，引入后应隔离一段时间（15～20d），仔细观察，并做疥螨病检查，必要时进行灭螨处理后再合群。

（3）经常注意羊群中有无发痒、脱毛现象，及时检出可疑患畜，并及时隔离饲养、治疗。无种用或经济价值者应予以淘汰。同时，对同群未发病的其他羊也要进行灭螨处理，对圈舍也应喷洒药液，彻底消毒。做好疥螨病羊皮毛的处理，以防止病原扩散，同时要防止饲养人员或用具散播病原。治愈病畜应继续隔离观察20d，如未再发，再一次用杀虫药处理，方可合群。

绵羊药浴
技术

（4）每年夏季剪毛后对羊应进行药浴（尤其在牧区较常用），是预防羊螨病的主要措施。对曾经发生过螨病的单位尤为必要。在流行区，对群牧的羊不论发病与否，要定期用药。具体方法如下，也可参考绵羊药浴视频。

①设备。根据羊的多少和养殖场具体条件，可选择不同的药浴设备。规模化养殖场应设置专门的药浴池或药淋间。小型养殖场或散养羊用小型药浴槽、浴桶、浴缸、帆布药浴池、移动式药浴设备等均可。

②时间。药浴山羊在抓绒后，绵羊在剪毛后 5～7d 进行。药浴常在夏季、晴朗无风的天气进行，最好在中午 1 点左右。

③药物。药浴可用浓度为 0.05％双甲脒的药液、浓度为 0.005％的溴氰菊酯（倍特）药液、浓度为 0.05％的蝇毒磷水乳液、浓度为 0.025％的螨净药液等。

④方法及注意事项。在牧区，同一区域内的羊应集中同时进行，不得漏浴，对护羊犬也应同时药浴；老弱幼畜和有病羊应分群分批进行。药液温度应保持在 36～38℃，药液温度过高对羊体健康有害，过低影响药效，最低不能低于 30℃。药液浓度计算要准确，用倍比稀释法重复多次，混匀药液，大批羊药浴前，应选择少量不同年龄、性别、品种的羊进行安全性试验。大批羊药浴时，应随时增加药液，以免影响疗效。

药浴前让羊充分休息，饮足水，以免误饮中毒。从药浴池入口到出口行走间，要将羊头压入药液 1～2 次，出药浴池后，让羊在斜坡处站一会儿，让药液流入池内。药浴时间为 1min 左右。药浴后要注意保暖，防止感冒；并应注意观察，发现羊精神不好、口吐白沫，应及时治疗，同时也要注意工作人员的安全。如 1 次药浴不彻底，最好在 7～8d 后进行第 2 次药浴。

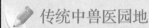

我国传统医学经典名著节选

羊有疥者，间别之。不别，相污染，或能合群致死。

羊疥先著口者，难治，多死。

——《齐民要术》

选自于船、张克家主编《中华兽医精典》

（五）诊断

1. 临床症状和病理变化　羊患疥螨病时，因疥螨分泌毒素，刺激神经末梢，引起羊的剧痒，而且剧痒贯穿于疥螨病的整个过程。当患病羊进入温暖场所或运动后皮温增高时，痒觉更加剧烈。这是由于疥螨随周围温度的增高而活动增强的结果。剧痒使患羊到处用力擦痒或用嘴啃咬患处，其结果不仅使局部损伤、发炎、形成水疱或结节，并伴有局部皮肤增厚和脱毛，而且向周围环境散播大量病原。局部擦破、溃烂、感染化脓、结痂。痂皮被擦破后，创面有多量液体渗出及毛细血管出血，又重新结痂。发病一般都以局部开始，往往波及全身，使患羊终日啃咬、擦痒，严重影响采食和休息，使胃肠的消化、吸收机能减退。患羊日渐消瘦，有时继发感染，严重时可引起死亡。

绵羊疥螨病的病变部位主要在头部明显，患羊嘴唇周围、口角两侧、鼻子边缘和耳根下面皆有病变。发病后期病变部位形成坚硬白色胶皮样痂皮，俗称"石灰头"病。病变部位亦可扩大，可蔓延到腋下、腹下和四肢曲面等无毛及少毛部位。

2. 实验室诊断　同猪疥螨病，或参考实验室检查操作视频。

（六）治疗

治疗羊疥螨病的药物及方法参照猪疥螨病或参照绵羊疥螨病的三种治疗方法视

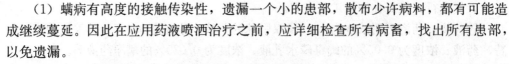

频。另外，也可采用药浴方法进行治疗。并且，治疗患病羊还应注意以下几点。

（1）螨病有高度的接触传染性，遗漏一个小的患部，散布少许病料，都有可能造成继续蔓延。因此在应用药液喷洒治疗之前，应详细检查所有病畜，找出所有患部，以免遗漏。

（2）为使药物能和虫体充分接触，应将患部及其周围 3～4cm 处的被毛剪去，用温肥皂水彻底刷洗，除掉硬痂和污物，擦干后用药。

（3）从患羊身上清除下来的污物，包括毛、痂皮等要集中销毁，治疗器械、工具要彻底消毒，接触患羊人员的手臂、衣物等也要消毒，避免在治疗过程中病原扩散。

（4）已经确诊的患羊，要在专设场地隔离治疗。患羊较多时，应先对少数患羊试验，以鉴定药物的安全性，然后再大面积使用，防止意外发生。如果用涂擦的方法治疗，通常一次涂药面积不应超过体表面积的 1/3，以免发生中毒。治疗后的患畜，应放在未被污染的或消过毒的地方饲养，并注意护理。

（5）由于大多数杀螨药对螨卵的作用较差，因此应间隔 5～7d 重复治疗 1 次或多次，以杀死新孵出的幼虫。

螨病实验室
检查

绵羊疥螨的
三种治疗
方法

✏ 传统中兽医园地

我国传统医学经典名著节选

治羊疥方：

取藜芦根，㕮咀令破，以泔浸之，以瓶盛，塞口，于灶边常令暖，数日醋香，便中用。以砖瓦刮疥令赤（若强硬痂厚者，亦可以汤洗之，去痂，拭燥），以药汁涂之。再上，愈。若多者，日别渐渐涂之，勿顿涂令遍。羊瘦不堪药势，便死矣。

又方：去痂如前法。燃藜根为灰，煮醋淀，热涂之，以灰厚敷。再上，愈。寒时勿剪毛，去即冻死矣。

——《齐民要术》

治牛疥方：

煮乌头汁，热洗，五度即差耳。

——《齐民要术》

硫黄五钱，花椒二两，三奈子一两，洗了皮，锅焙干，捣研细末，猪油调搽好。

——《牛经》

治牛满身生癞方：松香四两，枯矾二两，黄丹二钱，川椒二两，轻粉二钱，共为细末，癞上先用米泔水洗净，如疮湿干搽之，干则用油调搽之，即愈。

——《相牛医药方》

选自于船，张克家主编《中华兽医精典》

二、痒螨病

羊痒螨病是由痒螨属的几种痒螨寄生于羊的体表、皮下引起的以患部脱毛、皮肤炎症、痛痒为特征的接触传染的寄生虫病，虫体适宜在湿润温暖的环境中繁殖，冬季常引起大批羊只死亡。

（一）病原特征

各种动物都有痒螨寄生，主要有牛痒螨、水牛痒螨、绵羊痒螨、山羊痒螨、兔痒螨等。目前多认为5个种均为同一虫种，因绵羊痒螨被描述最早，因此应为绵羊痒螨，另4种为其同物异名。它们在形态上都很相似，但彼此不传染，即使传染上也不能滋生。

羊痒螨呈长圆形，成虫大小为0.5～0.9mm，肉眼可见。虫体背面无鳞片和棘，但有细的线纹。口器长，呈圆锥形。足比疥螨长，前两对足特别发达。雌虫大于雄虫。雌虫的第1、2和4对足以及雄虫的前3对足都有跗节吸盘，雄虫的第3对足特别长，第4对足特别短。腹面后部有1对交合吸盘，尾端有2个尾突，其上各有5根刚毛。雌虫腹面前部正中有产卵孔，后端有纵裂的阴道，阴道背侧有肛孔（图4-24、图4-25）。

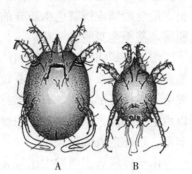

图4-24 羊痒螨
A. 雌虫腹面 B. 雄虫腹面

（二）生活史

痒螨为刺吸式口器，寄生于皮肤表面，以口器穿刺皮肤，以体液和患病渗出液为食。整个发育过程都在体表进行。发育过程和疥螨相似。痒螨寄生于皮肤表面，不挖掘穴道。痒螨对不利于其生活的各种因素的抵抗力超过疥螨，离开宿主体以后，仍能生活相当长的时间。痒螨对宿主皮肤表面的温度、湿度变化的敏感性很强，常聚集在病变部和健康皮肤的交界处。雌螨一生可产约40个卵，寿命约42d，条件适宜时，整个发育需10～

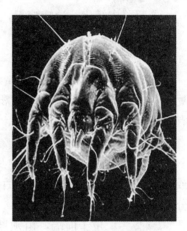

图4-25 痒螨（电镜扫描）

12d，条件不利时可转入5～6个月的休眠期，以增加对外界的抵抗力。痒螨病通常始发于被毛长而稠密之处，以后蔓延至全身，绵羊多发。

（三）流行

痒螨具有坚韧的角质表皮，所以对外界不利的因素具有较强的抵抗力。在6～8℃和85%～100%空气湿度条件下，在畜舍内能活2个月，在牧场上能活25d，在－12～－2℃经4d死亡，在－25℃经6h死亡。潮湿、阴暗、拥挤的厩舍常使病情恶化。夏季对螨不利，绵羊剪毛后，皮肤表面的湿度降低，日照增强，空气流通较好，这时它潜入耳壳、眼下窝、尾根下会阴部、阴囊部的附近和蹄间隙等处，病羊转为潜伏型痒螨病。

（四）预防措施

参照羊疥螨病。

（五）诊断

1. 临床症状和病理变化　痒螨与疥螨不同之处在于皮肤皱褶的形成较不明显，病部与健康部界线明显，形成不规则秃斑，患部渗出液较多。病变部的被毛易脱落，痒觉入夜剧增。患部奇痒，常在墙壁、木桩、石块等物体上摩擦，或用后肢搔抓患部。患部皮肤最初出现针头大至粟粒大的结节，继而形成水疱和脓疱，并有渗出物流出，最后凝结成浅黄色脂肪样的痂皮，有些患部皮肤增厚、变硬形成皲裂。毛束大批脱落，甚至全身脱光。

绵羊痒螨病危害绵羊特别严重，可引起大批死亡，多发生在密毛的部位。开始可能局限于背部或臀部，然后蔓延到体侧部。常首先观察到病羊群中有些羊身上的毛结成束，躯体下部不洁，有些羊身上悬垂着零散的毛束或毛团，呈现被毛褴褛的外观。以后毛束逐渐大批脱落，出现裸露皮肤的病羊。病羊贫血，营养严重不良，在寒冷季节里，可能造成大批死亡。

山羊痒螨病主要发生于耳壳内面，在耳内生成黄白色痂皮，将耳道堵塞，病羊常摇头。严重时可引起死亡。

2. 实验室诊断　参照猪疥螨病。

（六）治疗

参照羊疥螨病。治疗疗程，一般用药 2 次，间隔时间应在 1 周左右。

三、硬蜱病

硬蜱是指硬蜱科的各属蜱，蜱又称为扁虱、牛虱、草爬子、草瘪子、马鹿虱、狗豆子等。硬蜱分布广泛，种类繁多，已知约有 800 余种，我国记载有 104 种。重要的有硬蜱属、璃眼蜱属、血蜱属、扇头蜱属、革蜱属、牛蜱属、花蜱属等。

（一）病原特征

蜱呈红褐色，背腹扁平，虫体分假头和躯体。背面有几丁质的盾板，眼 1 对或缺，气门板 1 对。吸饱血后膨胀如赤豆或蓖麻籽大。头、胸、腹融合，不易分辨。

硬蜱

1. 假头　位于前端，由须肢、螯肢、口下板和假头基部组成。须肢位于假头基前方两侧，分为 4 节。螯肢位于须肢之间，可从背面看到，是切割宿主皮肤的器官。口下板位于螯肢的腹面，与螯肢合拢为口腔。在腹面有呈纵列的逆齿，在吸血时有穿刺与附着的作用。假头基部的形状因种属不同而异。

2. 躯体　体部由盾板、眼、缘垛、足、生殖孔、气门板、肛沟、腹板等组成。

盾板在虫体背面，雄虫盾板几乎覆盖整个背面，雌虫仅覆盖前 1/3 部分，盾板有点窝状刻点。有些属有 1 对眼位于盾板的前缘（雄虫）或中部（雌虫）的两侧边缘，有的蜱无眼。多数硬蜱在盾板或躯体后缘具有方块形的缘垛，通常 11 块，正中的 1 块有时较大，色淡而明亮，称为中垛。

躯体腹面有足、生殖孔、肛门、气门和几丁质板。生殖孔位于前部或靠中部中央，其前方及两侧有 1 对向后延伸的生殖沟。肛门位于后部正中，通常有肛沟围绕肛门的前方或后方。雄蜱腹面的几丁质板数目因蜱属不同而异。1 对气门板位于第 4 对足基节的后外侧，其形状因种而异。腹面两侧有 4 对足，每足由 6 节组成，基节固定于腹面，其上着生距。第 1 对足腹节接近端部背缘有哈氏器，为嗅觉器官（图 4-26）。

3. 内部构造　硬蜱有消化、生殖、呼吸、循环、神经系统。

幼蜱和若蜱的形态与成蜱相似，其区别为：幼蜱有 3 对足，无气门板、生殖孔和孔区，盾板只覆盖于背前部，其上无花斑；若蜱有 4 对足，有气门板，无生殖孔和孔

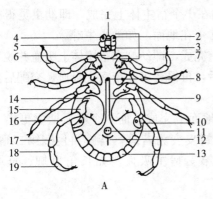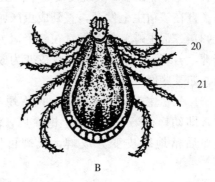

图 4-26 硬蜱（雄性）

A. 腹面 B. 背面

1. 口下板 2. 须肢第四节 3. 须肢第一节 4. 须肢第三节
5. 须肢第二节 6. 假头基 7. 假头 8. 生殖孔 9. 生殖沟
10. 气门板 11. 肛门 12. 肛沟 13. 缘垛 14. 基节 15. 转节
16. 股节 17. 胫节 18. 前跗节 19. 跗节 20. 颈沟 21. 侧沟

区，盾板只覆盖于背前部，其上无花斑。

（二）生活史

1. 易感宿主 大多数寄生于哺乳动物，少数寄生于鸟类和爬虫类，个别寄生于两栖类。

2. 发育过程 硬蜱发育要经过卵、幼蜱、若蜱和成蜱四个阶段。雌蜱吸饱血后离开宿主产卵，达 1 000～15 000 个，产卵后死亡。虫卵呈卵圆形，黄褐色，胶着成团，经 2～4 周孵出三对足的幼蜱。几天后幼蜱侵袭宿主吸血 2～7d，蛰伏一定时间后蜕皮变为若蜱，若蜱再吸血后蜕皮变为成蜱。在硬蜱整个发育过程中，需有 2 次蜕皮和 3 次吸血期（图 4-27）。

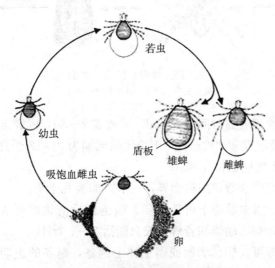

图 4-27 硬蜱的形态和生活史

（Urquhart 等 . 1996. Veterinary Parasitology）

根据在吸血时是否更换宿主可分为以下 3 种类型（图 4-28）：

（1）一宿主蜱。2 次蜕皮及 3 个活跃期均在 1 个宿主体上完成，即幼虫觅得宿主后，一直在该宿主上发育，直到成虫产卵时才落在地面。如微小牛蜱。

（2）二宿主蜱。整个发育在 2 个宿主体上完成，即幼蜱在宿主体上吸血并蜕皮变为若蜱，若蜱吸饱血后落地，蜕皮变为成蜱后，再侵袭第 2 个宿主吸血，交配后落地产卵。如某些璃眼蜱。

（3）三宿主蜱。种类最多，两次蜕皮在地面上完成，而 3 个吸血期要更换 3 个宿主，即幼蜱在第一宿主体上饱血后，落地蜕皮变为若蜱，若蜱再侵袭第二宿主，吸饱血后落地蜕皮变为成蜱，成蜱再侵袭第三宿主吸血。如长角血蜱、草原革蜱等。

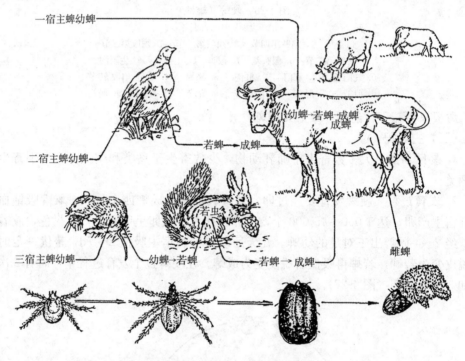

图 4-28　硬蜱更换宿主类型

（杨光友等. 2005. 动物寄生虫病学）

3. 发育时间　幼蜱吸血时间需 2～6d，若蜱需 2～8d，成蜱需 6～20d。硬蜱生活史的长短主要受环境温度和湿度影响，1 个生活周期为 3～12 个月，环境条件不利时出现滞育现象，生活周期延长。

4. 繁殖力　硬蜱产卵数量因种而异，一般产卵为几千个。

5. 寿命　成蜱在饥饿状态下可活 1 年，吸饱血后的雄蜱可活 1 个月左右，而雌蜱产完卵后 1～2 周死亡。幼蜱和若蜱一般只能活 2～4 个月。

6. 抵抗力　硬蜱可在栖息场所或宿主体上越冬，越冬的虫期因种类而异，有的各虫期均可越冬，有的以某一虫期越冬。硬蜱具有很强的耐饥饿能力。

（三）流行

1. 地理分布　蜱的分布与气候、地势、土壤、植被和宿主等有关，各种蜱均有一定的地理分布区。

2. 季节动态　硬蜱活动有明显的季节性，在四季分明的地区，多数在温暖季节活动。

3. 主要危害　硬蜱可以寄生于多种动物，亦可侵袭人。直接危害是吸食血液，并且吸食量很大，雌虫饱食后体重可增加 50～250 倍。大量寄生时可引起动物贫血、消瘦、发育不良、皮毛质量降低及产乳量下降等。由于叮咬使宿主皮肤产生水肿、出血、急性炎性反应。蜱的唾液腺能分泌毒素，使动物产生厌食，体重减轻和代谢障碍。某些种的雌蜱唾液腺可分泌一种神经毒素，它可抑制肌神经乙酰胆碱的释放，造成运动神经传导障碍，引起急性上行性肌萎缩性麻痹，称为蜱瘫痪。

蜱的主要危害是作为生物媒介传播疾病，可以传播百余种病原微生物和 30 余种原虫。其中许多是人兽共患病，如森林脑炎、莱姆热、出血热、Q 热、蜱传斑疹伤寒、鼠疫、野兔热、布鲁菌病、牛羊梨形虫病等。对动物危害严重的巴贝斯虫病和泰勒虫病必须依赖硬蜱传播。

（四）预防措施

因地制宜采取综合性防治措施，以人工捕捉或用杀虫剂灭蜱。

1. 畜体灭蜱　在蜱活动季节，除人工捕捉外，主要进行药物灭蜱。每天刷拭动物体，发现蜱时使蜱体与皮肤垂直拔出，集中杀死。药物灭蜱可选用 2％精制敌百虫、0.2％马拉硫磷、0.2％辛硫磷等，大动物每头 500mL，小动物每头 200mL，每隔 3 周向动物体表喷洒 1 次。还可用 0.1％马拉硫磷、0.1％辛硫磷、0.05％毒死蜱、0.05％地亚农等药浴。其他治疗螨病的药物对蜱多有杀灭作用。杀虫剂要几种轮换使用，以免产生抗药性。

2. 圈舍灭蜱　对圈舍的墙壁、地面、饲槽等小孔和缝隙撒杀蜱药剂，堵塞后用石灰乳粉刷。

3. 自然界灭蜱　改变有利于蜱生长的自然环境，如翻耕牧地，清除杂草、灌木丛等。有条件时还可对蜱滋生场所进行超低容量喷雾。

四、牛皮蝇蛆病

本病是由皮蝇科皮蝇属的幼虫寄生于牛的背部皮下组织引起的疾病，又称牛皮蝇蚴病。主要感染牛，有时也可感染马、驴及野生动物和人。主要特征为引起患牛消瘦，生产能力下降，幼畜发育不良，尤其是引起皮革质量下降。

请扫描二维码获取该病的详细资料。

牛皮蝇蛆病

五、羊鼻蝇蛆病

本病是由狂蝇科狂蝇属的羊狂蝇的幼虫寄生于羊的鼻腔与其相通的腔窦内引起的

疾病，又称羊鼻蝇蚴病。主要危害绵羊，其次是山羊，有时尚感染鹿和人。主要特征为流鼻汁和慢性鼻炎。

请扫描二维码获取该病的详细资料。

羊鼻蝇蚴（图片）　　　　羊鼻蝇蛆病

六、羊虱病

本病是由羊虱寄生在羊的体表引起的，以皮肤发炎、剧痒、脱皮、脱毛、消瘦、贫血等为特征的一种慢性皮肤病。

请扫描二维码获取该病的详细资料。

羊虱病　　　　　羊血虱（图片）　　　　羊毛虱（图片）

七、绵羊虱蝇病

本病是由虱蝇科虱蝇属无翅昆虫引起的疾病，寄生于绵羊体表。主要特征为发痒、掉毛、消瘦。

请扫描二维码获取该病的详细资料。

绵羊虱蝇病

八、吸血昆虫病

吸血昆虫是指双翅目的一大类昆虫，包括虻科、蚊科、蠓科、蚋科等。吸血昆虫的危害是吸血，影响采食和休息，传播多种细菌、病毒、原虫和蠕虫病。

请扫描二维码获取该病的详细资料。

吸血昆虫病

任务 4-5　牛、羊原虫病防治

一、牛、羊球虫病

本病是由艾美耳科艾美耳属和等孢属的多种球虫寄生于牛、羊肠道上皮细胞内引起的疾病。牛以出血性肠炎为特征；羊以下痢、消瘦、贫血、发育不良为特征。多危害犊牛和羔羊，严重者可引起死亡。

（一）病原特征

牛球虫有 10 余种，多数是艾美耳属球虫，少数为等孢属球虫。其中以邱氏艾美耳球虫（*Eimeria zurnii*）致病力最强，牛艾美耳球虫（*E. bovis*）致病力较强。二者均寄生于大肠和小肠上皮细胞内。

绵羊球虫有 10 余种，其中阿撒他艾美耳球虫（*E. ahsata*）致病力最强；绵羊艾美耳球虫（*E. ovina*）和小艾美耳球虫（*E. parva*）致病力中等；浮氏艾美耳球虫（*E. faurei*）有一定的致病力。主要寄生于小肠上皮细胞内。

山羊球虫有 10 余种，其中雅氏艾美耳球虫（*E. ninakohlyakimovae*）致病力强，阿氏艾美耳球虫（*E. arloingi*）等具有中等或一定的致病力。主要寄生于小肠上皮细胞内。

艾美耳属球虫孢子化卵囊内有 4 个孢子囊，每个孢子囊内含 2 个子孢子。

（二）生活史

为直接发育型，不需要中间宿主，牛、羊因吞食了球虫的孢子化卵囊而感染。子孢子侵入肠上皮细胞内，首先进行无性的裂体增殖，继而进行有性的配子生殖并形成卵囊，卵囊随粪便排出外界，在适宜的温度、湿度条件下，经 2～3d 完成孢子生殖过程，形成孢子化卵囊即具感染性。牛、羊体内发育过程有裂殖生殖和配子生殖，体外发育过程为孢子生殖。只有在体外发育为孢子化卵囊时才具有感染能力。

（三）流行

1. 感染来源　患病或带虫动物，卵囊存在于粪便中。

2. 感染途径　经口感染。

3. 年龄动态　各品种、年龄的牛、羊均易感，而 2 岁以下的犊牛和 1 岁以下羔羊最易感，且发病较重，死亡率也高。成年牛、羊多为带虫者，一般不发病或发病较轻。

4. 发病季节　本病多发生于春、夏、秋较温暖的季节，特别是多雨年份容易发病。在潮湿、多沼泽的牧场上放牧时易感染发病。哺乳期乳房被粪便污染时，容易引起犊牛和羔羊发病。饲料突然改变、应激反应或遭其他肠道性疾病及消化道线虫感染，机体抵抗力下降时，易诱发本病。

（四）预防措施

幼龄与成年牛、羊分开饲养；及时清理粪便并进行发酵；哺乳母牛和母羊的乳房要经常擦洗，保持清洁；饲草和饮水避免被粪便污染，更换饲料时要逐渐过渡；在发病季节应进行药物预防。

（五）诊断

1. 临床症状　牛潜伏期 2～3 周，犊牛多呈急性经过。病程一般为 10～15d，严重者可在发病 1～2d 内死亡。病初精神沉郁，体温略高或正常，粪稀薄带血液。约 7d 后，症状加剧，体温升至 40～41℃，精神更加沉郁，消瘦，喜躺卧；瘤胃蠕动和反刍停止，肠蠕动增强；带血稀粪中有纤维素性伪膜，恶臭。后期粪便呈黑色，几乎全为血液；可视黏膜苍白，体温下降，病牛多因极度衰竭而死。慢性型病牛一般在 3～5d 逐渐好转，但下痢和贫血症状仍持续，病程可达数日，诊治不及时也可发生死亡。

羊人工感染的潜伏期为 11～17d。急性型多见于 1 岁以下的羔羊，精神不振，食欲减退或废绝，体温升至 40～41℃，消瘦，贫血，腹泻，便中带血并混有脱落的肠黏膜。慢性型表现长时间的腹泻，逐渐消瘦，生长缓慢。

2. 病理变化　犊牛尸体消瘦，可视黏膜贫血。肛门松弛、外翻，后肢和肛门周围被血粪污染。直肠黏膜肥厚、出血，有数量不等的溃疡灶。直肠内容物呈褐色，恶臭，含血液、黏膜碎片和纤维素性伪膜。肠系膜淋巴结肿大。

羔羊病变主要在小肠。小肠黏膜上有淡白或黄色的圆形结节，有粟粒至豌豆大。十二指肠和回肠有卡他性炎症，有点状或带状出血。

3. 诊断要点　根据流行病学特点、临诊症状、剖检变化及粪便检查进行综合诊断。检查肠黏膜刮取物和肠内容物，可发现球虫卵囊。粪便检查采用漂浮法，需检出大量卵囊才能确诊。

（六）治疗

氨丙啉，每千克体重 25mg 口服，每天 1 次，连用 5d；也可选用磺胺喹噁啉等其他一些抗球虫药物。还需配合抗菌消炎、止泻、强心、补液等对症疗法。并要注意更换药物，以免产生抗药性。

二、隐孢子虫病

本病是由真球虫目、隐孢子虫科、隐孢子虫属的隐孢子虫寄生于人和哺乳动物、禽类引起的疾病。主要特征是引起人和哺乳动物，尤其是犊牛和羔羊的严重腹泻；犊牛和羔羊最严重。主要表现精神沉郁，厌食，腹泻，粪便带血和含大量纤维，发育迟缓，进行性消瘦和减重甚至死亡。本病在艾滋病人群中感染率很高，是重要的致死原因之一，也是重要的人兽共患寄生虫病。

（一）病原特征

小鼠隐孢子虫（*Cryptosporidium muris*）寄生于家畜胃黏膜上皮细胞，小隐孢子虫（*C. parvum*）寄生于家畜小肠黏膜上皮细胞。贝氏隐孢子虫（*C. baileyi*）寄生于禽类的法氏囊、泄殖腔和呼吸道，火鸡隐孢子虫（*C. meleagridis*）寄生于禽类的肠道。

各种隐孢子虫的形态相似，其卵囊呈圆形或椭圆形，内含 4 个裸露的香蕉形子孢子和 1 个残体（图 4-40）。

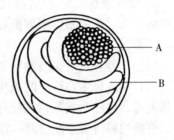

图 4-40　隐孢子虫孢子化卵囊
A. 残体　B. 子孢子

（二）生活史

隐孢子虫的发育过程与球虫相似，也分为裂殖生殖、配子生殖和孢子生殖三个阶段，均在同一宿主体内完成。卵囊对外界抵抗力强。

1. 裂殖生殖　牛、羊等吞食孢子化卵囊而感染，在胃肠道内脱囊后，子孢子进入胃肠上皮细胞绒毛层内进行裂殖生殖，产生 3 代裂殖体，其中第 1、3 代裂殖体含 8 个裂殖子，第 2 代裂殖体含 4 个裂殖子。

2. 配子生殖　第 3 代裂殖子中的一部分发育为大配子体、大配子（雌性），另一部分发育为小配子体、小配子（雄性），大、小配子结合形成合子，外层形成囊壁后发育为卵囊。

3. 孢子生殖　配子生殖形成的合子，可分化为两种类型的卵囊，即薄壁型卵囊（占 20%）和厚壁型卵囊（占 80%）。薄壁型卵囊可在宿主体内脱囊，造成宿主的自体循环感染；厚壁型卵囊发育为孢子化卵囊后，随粪便排出体外，宿主吞食后重复上述发育过程。与球虫发育过程不同的是卵囊的孢子化过程在宿主体内完成，排出的卵囊即已经孢子化。

（三）流行

1. 感染来源　患病或带虫的动物和人，感染性卵囊存在于宿主的粪便中，污染环境、饲料、饮水、食物等。人的感染主要来源于牛，人群中也可以互相感染。隐孢子虫不具有明显的宿主特异性，多数可交叉感染。

2. 感染途径　哺乳动物经口感染。

3. 易感宿主　感染哺乳动物的两种隐孢子虫除感染牛、羊、人外，还可以感染马、猪、犬、猫、鹿、猴、兔、鼠类等。

4. 抵抗力　卵囊抵抗力强，在潮湿环境中可存活数月。卵囊对大多数化学消毒剂有很强的抵抗力，50% 氨水、30% 福尔马林作用 30min 才能杀死。冷冻和 65℃ 以上高温可失去活力。

5. 年龄动态　本病主要危害幼龄动物，犊牛和羔羊多发，而且发病比较严重。人群感染年龄多在 1 岁以下。

6. 季节动态 发病的季节性不明显，但在多雨的 8～9 月份发病率较高，并且常常伴发或继发于其他疾病。

7. 流行诱因 卫生和饲养条件不良，可促使本病的流行。先天性或后天获得性免疫缺陷、免疫抑制以及免疫损伤的动物和人，可因感染本病而死亡。

8. 地理分布 本病呈世界性分布，已有 70 多个国家报道。我国绝大多数省区存在本病，人、牛的感染率均很高。

（四）预防措施

加强饲养管理，提高动物免疫力，是目前唯一可行的办法。幼龄与成年牛、羊分开饲养；哺乳母牛和母羊的乳房要经常擦洗，保持清洁；圈舍和饲养场用 10% 福尔马林消毒，用沸水或蒸汽清洗用具；防止粪便污染饲料和饮水，粪便进行无害化处理；更换饲料时要逐渐过渡；在发病季节应进行药物预防。

（五）诊断

1. 临床症状 犊牛和羔羊最为严重。主要表现精神沉郁，厌食，腹泻，粪便带血和含大量纤维素，发育迟缓，进行性消瘦和减重甚至死亡。牛的死亡率可达16%～40%，羊的病程为 1～2 周，死亡率可达 40%。

2. 病理变化 脱水，消瘦。肛周及尾部粪便污染。主要变化在肠道，卡他性及纤维素性肠炎，有出血点。肠绒毛变短，萎缩和崩解、脱落。肠系膜淋巴结水肿。

牛呈典型的肠炎病变，主要特征为空肠绒毛层萎缩和损伤，在病变部位有不同发育阶段的虫体。羔羊皱胃内有凝乳块，小肠黏膜充血和肠系膜淋巴结充血水肿。

3. 实验室诊断 本病多呈隐性经过，没有特异性症状，并且常常伴有其他病原体感染。所以，确诊须检查隐孢子虫的各期虫体。

生前用饱和糖液漂浮法检查，从粪便或呼吸道黏液中收集卵囊。由于隐孢子虫卵囊小，不易被发现，所以粪便中卵囊检查法的检出率低。用显微镜观察时需用 1 000 倍的油镜观察，可见到呈圆形或椭圆形，内含 4 个裸露的香蕉形子孢子和 1 个残体。感染严重时，可用粪便直接涂片，吉姆萨染色后镜检，虫体细胞质呈蓝色，内含数个致密的红色颗粒。以"齐-尼氏染色法"最佳，可在绿色的背景下见到红色虫体。

死后可用病变部肠黏膜涂片染色镜检。还可取病理材料进行组织学检查，观察内生性发育阶段的虫体。必要时进行动物接种，然后做组织学检查。

此外，也可用酶联免疫吸附试验（ELISA）、免疫荧光试验、微分干涉检查法、PCR 法等诊断。

（六）治疗

目前尚无特效药物。国内曾有报道大蒜素对治疗人隐孢子虫病有效。国外有采用免疫学疗法的报道，如口服单克隆抗体、高免兔乳汁等方法治疗病人。有较强抵抗力的牛、羊，采用对症疗法和支持疗法有一定效果。

三、梨形虫病

本病是由梨形虫纲巴贝斯科巴贝斯属、泰勒科泰勒属的原虫所引起动物疾病的总称。除病原体外，疾病的其他方面内容有许多相似之处。

（一）牛、羊巴贝斯虫病

本病是由巴贝斯科巴贝斯属的原虫寄生于牛、羊红细胞引起的疾病，旧称焦虫病。临床上经常出现血红蛋白尿，故称红尿热。由于经蜱传播，故又称蜱热。主要特征为高热，贫血，黄疸，血红蛋白尿。死亡率很高。

1. 病原特征　巴贝斯虫种类很多，我国已报道牛有 3 种，羊有 1 种。均具有多形性的特点，有梨籽形、圆形、卵圆形及不规则形等多种形态。虫体大小也存在很大差异，长度大于红细胞半径的称为大型虫体，长度小于红细胞半径的称为小型虫体。虫体大小、排列方式、在红细胞中的位置、染色质团块数与位置及典型虫体的形态等，都是鉴定虫种的依据。典型虫体的形态具有诊断意义。

（1）双芽巴贝斯虫（*Babesia bigemina*）。寄生于牛。虫体长 2.8～6μm，为大型虫体。每个红细胞内多为 1～2 个虫体，多位于红细胞中央。吉姆萨染色后，细胞质呈淡蓝色；核呈紫红色，往往位于虫体边缘，染色质 2 团，圆形的核有时从虫体逸出，虫体中心呈空泡状，不着色而透明。红细胞染虫率为 2%～15%。虫体形态随病程的发展而变化，初期以单个虫体为主，随后双梨籽形虫体所占比例逐渐增多。典型虫体为成双的梨籽形以尖端相连成锐角。

（2）牛巴贝斯虫（*B. bovis*）。寄生于牛。虫体长 1～2.4μm，为小型虫体，有 1 团染色质块。每个红细胞内多为 1～3 个虫体，多位于红细胞边缘。红细胞染虫率一般不超过 1%。典型虫体为成双的梨籽形以尖端相连成钝角，甚至呈"一"字形。

（3）卵形巴贝斯虫（*B. ovata*）。寄生于牛。为大型虫体。虫体多为卵形，中央往往不着色，形成空泡。虫体多数位于红细胞中央。典型虫体为双梨籽形，较宽大，两尖端成锐角相连或不相连。

（4）莫氏巴贝斯虫（*B. motasi*）。寄生于羊。为大型虫体。有 2 团染色质。虫体多数位于红细胞中央。大多数形态为双梨籽形（占 60% 以上）。典型虫体为双梨籽形以锐角相连（图 4-41）。

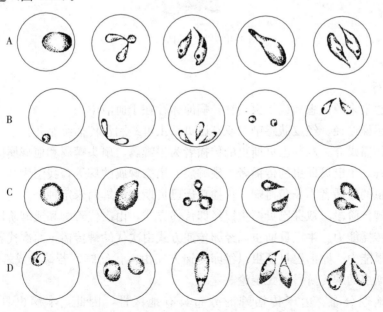

图 4-41　红细胞内巴贝斯虫
A. 双芽巴贝斯虫　B. 牛巴贝斯虫　C. 卵形巴贝斯虫　D. 莫氏巴贝斯虫

巴贝斯虫
的生活史

2. 生活史 牛、羊巴贝斯虫的发育过程基本相似，需要转换 2 个宿主才能完成其发育，一个是牛或羊，另一个是必须在一定种属的蜱体内发育并传播。现以牛双芽巴贝斯虫为例：

带有子孢子的蜱吸食牛血液时，子孢子进入红细胞中使其感染，以裂殖生殖的方式进行繁殖，产生裂殖子。当红细胞破裂后，释放出的虫体再侵入新的红细胞，重复上述发育，最后形成配子体。当蜱吸食带虫牛或病牛血液时，在蜱的肠内进行配子生殖，然后在蜱的唾液腺等处进行孢子生殖，产生许多子孢子。蜱吸食牛血液时吸入体内，再注入其他牛红细胞（图 4-42）。

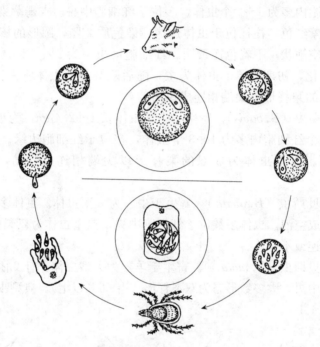

图 4-42　牛巴贝斯虫生活史

3. 流行

（1）感染来源。患病或带虫动物，病原体存在于血液中。

（2）感染途径。经皮肤感染。双芽巴贝斯虫可经胎盘传播给胎儿。

（3）传播媒介。双芽巴贝斯虫的传播者为牛蜱属、扇头蜱属和血蜱属的蜱，我国为微小牛蜱。牛巴贝斯虫的传播者为硬蜱属、扇头蜱属的蜱等，我国为微小牛蜱。卵形巴贝斯虫的传播者为长角血蜱。传播莫氏巴贝斯虫的蜱尚未定种。

（4）蜱传阶段。双芽巴贝斯虫以经卵传递方式，由次代若蜱和成蜱阶段传播，幼蜱阶段无传播能力。牛巴贝斯虫以经卵传递方式由次代幼蜱传播，而次代若蜱和成蜱阶段无传播能力。卵形巴贝斯虫以经卵传递方式由次代幼蜱、若蜱及成蜱阶段传播。莫氏巴贝斯虫的蜱传阶段尚无定论。

（5）地理分布。由于传播蜱的分布具有地区性，因此，本病也具有明显的地区性。

（6）季节动态。由于传播蜱的活动具有季节性，故本病的发生与流行也具有明显的季节性，春末至秋季均可发病。由于主要传播蜱在野外发育繁殖，所以多发生于放牧时期，舍饲牛则发病较少。

(7) 年龄动态。两岁以内的犊牛发病率高，但症状较轻，死亡率低。成年牛发病率低，但症状较重，死亡率高，尤其是老、弱及使役过度的牛发病更加严重。纯种牛及外地引进牛易发病，发病较重且死亡率高，而当地牛具有一定的抵抗力。

4. 预防措施 搞好灭蜱工作；实行科学轮牧，在蜱流行季节，尽量不到蜱大量滋生的草场放牧，必要时可改为舍饲；加强检疫，对外地调进的牛、羊，特别是从疫区调进时，一定要检疫后隔离观察，患病或带虫者应进行隔离治疗；在发病季节，可用咪唑苯脲进行预防，预防期一般为3～8周。

5. 诊断

(1) 临床症状。潜伏期为8～15d。病初表现高热稽留，体温可达40～42℃，脉搏和呼吸加快，精神沉郁，食欲减退甚至废绝，反刍迟缓或停止，便秘或腹泻，乳牛泌乳减少或停止，妊娠母牛常发生流产。病牛迅速消瘦、贫血，黏膜苍白或黄染。由于红细胞被大量破坏而出现血红蛋白尿。治疗不及时的重症病牛可在4～8d死亡，死亡率可达50%～80%。慢性病例，体温在40℃上下持续数周，食欲减退，渐进性贫血和消瘦，需经数周或数月才能恢复健康。幼龄病牛中度发热仅数日，轻度贫血或黄染，退热后可康复。

在出现血红蛋白尿时进行实验室检查，可见血液稀薄，红细胞数降至100万～200万个/mm³，血沉加快显著，红细胞着色淡，大小不均，有时还可见到幼稚型红细胞，血红蛋白减少到25%左右。白细胞在病初变化不明显，随后数量可增加3～4倍，淋巴细胞增加，中性粒细胞减少，嗜酸性粒细胞降至1%以下或消失。

(2) 病理变化。尸体消瘦，血液稀薄如水，凝固不良。皮下组织、肌间结缔组织及脂肪均有不同程度的黄染和水肿。脾脏肿大2～3倍，脾髓软化呈暗红色。肝脏肿大呈黄褐色。胆囊肿大，胆汁浓稠。肾脏肿大。肺脏淤血、水肿。心肌松软，心内膜及外膜、心冠脂肪、肝脏、脾脏、肾脏、肺脏等表面有不同程度的出血。膀胱膨大，黏膜有出血点，内有多量红色尿液。皱胃黏膜和肠黏膜水肿、出血。

(3) 实验室诊断。根据流行病学特点、临床症状、病理变化和实验室常规检查初步诊断，确诊须做血液寄生虫学检查。还可用特效抗巴贝斯虫药物进行治疗性诊断。亦可用酶联免疫吸附试验（ELISA）、间接血凝试验（IHA）、乳胶凝集试验（CA）、补体结合反应（cF）、间接荧光抗体试验（IFAT）等免疫学诊断方法。其中ELISA和IFAT主要用于带虫率较低的牛、羊的检疫和疫区流行病学调查。

6. 治疗 应及时诊断和治疗，辅以退热、强心、补液、健胃等对症、支持疗法。二者均十分重要。

(1) 咪唑苯脲。每千克体重1～3mg，配成10%的水溶液肌内注射。该药在体内残留期较长，休药期不少于28d。对各种巴贝斯虫均有较好效果。

(2) 三氮脒（贝尼尔）。每千克体重3.5～3.8mg，配成5%～7%溶液深部肌内注射。有时会出现毒性反应，表现起卧不安、肌肉震颤、频频排尿等。骆驼敏感，不宜应用。水牛较敏感，一般1次用药较安全，连续用药应谨慎。妊娠牛、羊慎用。休药期为28～35d。

（二）牛羊泰勒虫病

本病是由泰勒科泰勒属的原虫寄生于牛、羊等动物的红细胞、巨噬细胞和淋巴细胞引起的疾病。主要特征为高热稽留、贫血、黄染、消瘦、体表淋巴结肿大。发病率和死亡率都很高。

1. 病原特征　病原主要有以下3种：

（1）环形泰勒虫（*Theileria annulata*）。寄生于红细胞内的虫体有环形、杆形、圆形、卵圆形、梨形、逗点形、十字形和三叶形等多种形态，其中以环形和椭圆形为主，占总数的70%～80%。小型虫体为0.5～2.1μm，有1团染色质，多数位于虫体一侧边缘，经吉姆萨氏染色，原生质呈淡蓝色，染色质呈红色。裂殖体出现于单核巨噬系统的细胞内，如巨噬细胞、淋巴细胞等，或散在于细胞外，称柯赫氏体、石榴体，虫体圆形，平均直径8μm，内含许多小的裂殖子或染色质颗粒。

（2）瑟氏泰勒虫（*T. sergenti*）。寄生于红细胞内的虫体以杆形和梨形为主，占总数的67%～90%；但在疾病的上升期，二者的比例有所变化，杆形为60%～70%，梨形为15%～20%。细胞内裂殖体较少，多为游离的胞外裂殖体。

（3）山羊泰勒虫（*T. hirci*）。寄生于红细胞内的虫体以圆形多见，直径为0.6～1.6μm，1个红细胞内一般只有1个虫体，有时可见2～3个。红细胞染虫率0.5%～30%，最高可达90%以上。裂殖体可见于淋巴结、脾、肝等涂片中。

2. 生活史　环形泰勒虫、瑟氏泰勒虫主要寄生于牛；山羊泰勒虫寄生于羊。各种泰勒虫的发育过程基本相似。

带有子孢子的蜱吸食牛、羊血液时，子孢子随蜱唾液进入其体内，首先侵入局部单核巨噬系统的细胞内进行裂殖生殖，形成大裂殖体。大裂殖体发育成熟后破裂，释放出许多大裂殖子，大裂殖子又侵入其他巨噬细胞和淋巴细胞内重复上述裂殖生殖过程。与此同时，部分大裂殖子随淋巴和血液循环扩散到全身，侵入其他脏器的巨噬细胞和淋巴细胞再进行裂殖生殖，经若干世代后，形成小裂殖体，小裂殖体发育成熟后，释放出小裂殖子，进入红细胞中发育为配子体（血液型虫体）。

幼蜱或若蜱吸食病牛或带虫牛血液时，把含有配子体的红细胞吸入体内，配子体由红细胞逸出，变为大配子和小配子，二者结合形成合子，继续发育为动合子。当蜱完成蜕化后，动合子进入蜱的唾腺变为合孢体开始孢子生殖，分裂产生许多子孢子。蜱吸食牛、羊血液时，子孢子进入其体内，重新开始在牛、羊体内的发育和繁殖。

3. 流行

（1）感染来源。患病或带虫动物，病原体存在于血液中。

（2）感染途径。经皮肤感染。

（3）传播媒介。环形泰勒虫的传播蜱在我国主要为璃眼蜱；瑟氏泰勒虫为血蜱属的长角血蜱、青海血蜱；羊泰勒虫为青海血蜱。一种泰勒虫可以由多种蜱传播。

（4）蜱传阶段。上述泰勒虫在蜱体内均不能经卵传递。蜱对病原体的传播为期间传播，即在蜱的同一世代内传播，幼蜱或若蜱吸食带虫血液后，虫体在其体内发育，到蜱发育为若蜱或成蜱时才能传播。

（5）地理分布。环形泰勒虫和瑟氏泰勒虫主要流行于西北、华北、东北等地区。羊泰勒虫在四川、甘肃、青海均有发现。随着牛、羊流动频繁，本病的流行区域也在不断扩大。

（6）季节动态。本病随着传播蜱的季节性消长而呈明显的季节性变化。环形泰勒虫病主要流行于 5～8 月份，6～7 月份为发病高峰期，因其传播蜱（璃眼蜱）为圈舍蜱，故多发生于舍饲牛。瑟氏泰勒虫病主要流行于 5～10 月份，6～7 月份为发病高峰期，传播蜱（血蜱）为野外蜱，故本病多发生于放牧牛。羊泰勒虫病主要流行于 4～6 月份，5 月份为发病高峰期，放牧羊多发。

（7）年龄动态。不同品种和年龄的牛、羊均有感受性，在流行区，1～3 岁牛多发，且病情较重。从非疫区引入的牛易于发病且病情严重。纯种牛、羊及杂交改良牛、羊易发病。1～6 月龄羔羊多发且病死率高，1～2 岁羊次之，3～4 岁羊发病较少。

4. 预防措施

（1）加强检疫。在引进牛、羊时，应进行体表蜱及血液寄生虫学检查，防止将蜱和虫体带入。

（2）灭蜱和科学放牧。传播环形泰勒虫的残缘璃眼蜱为圈舍蜱，故注意圈舍灭蜱，可向墙缝喷洒药物，或将其堵死。传播瑟氏泰勒虫和羊泰勒虫的蜱在野外寄居，因此，在发病季节应尽量避开山地、次生林地等蜱滋生地放牧。

（3）免疫接种。我国已成功研制出环形泰勒虫裂殖体胶冻细胞苗，接种 20d 后产生免疫力，免疫期在 1 年以上。此种疫苗对瑟氏泰勒虫和羊泰勒虫无交叉免疫保护作用。

（4）药物预防。在流行区内，根据发病季节，在发病前使用磷酸伯氨喹啉或三氮脒，预防期约 1 个月，亦有较好的效果。

5. 诊断

（1）临床症状。潜伏期 14～20d，多呈现急性经过。病初表现高热稽留，体温高达 40～42℃，体表淋巴结（肩前、腹股沟浅淋巴结）肿大，有痛感。眼结膜初充血、肿胀，后贫血黄染。心跳加快，呼吸增数。食欲大减或废绝，有的出现啃土等异嗜现象，个别出现磨牙（尤其是羊）。亦可在颌下、胸腹下发生水肿。中后期在可视黏膜、肛门、阴门、尾根及阴囊等处出现出血点或出血斑。病牛迅速消瘦，严重贫血，红细胞数减少至 300 万个/mm³ 以下，血红蛋白降至 20%～30%，血沉加快，肌肉震颤，卧地不起，多在发病后 1～2 周死亡。濒死前体温降至常温以下。耐过动物成为带虫者。

（2）病理变化。全身皮下、肌间、黏膜和浆膜上均有大量出血点或出血斑。全身淋巴结肿大 3～5 倍，切面多汁，有暗红色和灰白色大小不一的结节。皱胃黏膜肿胀，有许多针头至黄豆大暗红色或黄白色结节，有的结节坏死、糜烂后形成边缘不整且稍微隆起的溃疡病灶，胃黏膜易脱落。小肠和膀胱黏膜有时也可见到结节和溃疡。脾脏肿大明显，被膜有出血点，髓质软化。肾脏肿大、质软，表面有粟粒大暗红色病灶，外膜易剥离。肝脏肿大、质脆，呈棕黄色或棕红色，表面有出血点，并有灰白或暗红色病灶。胆囊扩张，胆汁浓稠。肺脏有水肿或气肿，表面有多量出血点。

（3）实验室诊断。泰勒虫病的病畜，常呈现局部的体表淋巴结肿大，早期采取淋巴结穿刺液作涂片，检查有无石榴体（柯赫氏蓝体），以便尽早做出诊断。操作方法：

首先将病畜保定，用右手将肿大的淋巴结（通常采用肩前淋巴结）稍向上方推移，并用左手固定淋巴结，穿刺部位剪毛，消毒，局部麻醉，以 10mL 注射器和较粗的针头，刺入淋巴结，抽取淋巴组织和淋巴液，拔出针头，将针头内容物推挤到载玻片上，涂上抹片，固定，染色（与血片染色法同），镜检有无石榴体。

后期耳静脉采血涂片镜检，在红细胞内找到虫体也可以确诊。

环形泰勒虫病，皱胃黏膜有溃疡斑和脱落具有诊断意义。早期进行淋巴结穿刺涂片，发现石榴体，中、后期采耳静脉血涂片，在红细胞内发现配子体可确诊。

瑟氏泰勒虫病，虽然体表淋巴结肿胀，但穿刺检查不易见到石榴体，淋巴细胞内更少，往往游离于细胞外。

羊泰勒虫病，在血涂片、淋巴结或脾脏涂片上可发现虫体。

根据实验室检查结果，结合流行病学、症状、剖检变化进行综合诊断。流行病学主要考虑发病季节、传播媒介及是否为外地引进牛等。症状和病理变化主要注意高热稽留、贫血、黄疸、全身性出血、全身淋巴结肿大、真胃黏膜有溃疡灶等。

6. 治疗　要做到早期诊断、早期治疗，同时还要采取退热、强心、补液及输血等对症、支持疗法，才能提高治疗效果。为控制并发或激发感染，还应配合应用抗菌消炎药。

（1）磷酸伯氨喹啉（PMQ）。每千克体重按 0.75～1.5mg，口服或肌内注射，3～5d 为 1 个疗程。该药对环形泰勒虫的配子体有较好的杀灭作用，在疗程结束后 2～3d，可使红细胞染虫率明显下降。

（2）三氮脒（贝尼尔）。每千克体重 7mg，配成 7%水溶液，肌内注射，1 次/d，3～5d 为 1 个疗程。

（3）新鲜黄花青蒿。每日每牛用 2～3kg，分 2 次口服。用法：将青蒿切碎，用冷水浸泡 1～2h，然后连渣灌服。2～3d 后，染虫率可明显下降。

国外有用长效土霉素和常山酮治疗的报道。

四、牛胎儿毛滴虫病

本病是由毛滴虫科三毛滴虫属的胎儿三毛滴虫寄生于牛的生殖器官引起的疾病。主要特征为生殖器官炎症、机能减退，孕牛流产等。奶牛较为常见。毛滴虫病可引起奶牛早期胚胎死亡，造成流产和不孕。

请扫描二维码获取该病的详细资料。

牛胎儿毛滴虫病

五、新孢子虫病

本病是由犬新孢子虫引起的一种全球性的原虫病，该病给多种家畜带来严重的危害，主要引起孕畜流产、死胎，新生幼畜神经系统紊乱和四肢运动障碍，给畜牧业造成重大损失。

请扫描二维码获取该病的详细资料。

新孢子虫病

六、贝诺孢子虫病

贝诺孢子虫病，是牛、马、羚羊、鹿和骆驼的一种慢性寄生性原虫病，对牛的危害性最大，其临床特征是皮肤脱毛和增厚。在我国本病主要见于东北、河北和内蒙古地区。

请扫描二维码获取该病的详细资料。

贝诺孢子虫病

岗位操作任务7

血液中寄生虫的检查

【任务描述】

动物寄生虫病的血液学检查是根据执业兽医及其他动物疫病防治、检疫、检验工作人员的典型工作任务分析而安排，通过该任务的实训为血液中寄生虫的检查和该病的早期诊断、早治疗提供技术支持。

【任务目标和要求】

完成本任务后，你应当能够：

（1）采集和处理血液样本。

（2）用血液中寄生虫的检测方法诊断寄生虫病。

（3）识别血液中伊氏锥虫、梨形虫、丝虫等。

（4）查找血液寄生虫病相关资料并截取信息。

（5）根据生产实践及时调整工作计划方案。

【任务实施】

第一步 资讯

（1）查找血液中寄生虫检查相关的国家标准、行业标准、行业企业网站及视频资料，获取完成工作任务所需要的信息。

（2）瑞氏染色液和吉姆萨染色液的配制方法。

第二步 任务情境

某规模化牛、羊场养殖情况案例或某规模化养牛场。

任务情境示例

湖北省安格斯种牛场有 200 头安格斯牛，共患病 37 头，死亡 1 头。临床表现：体温高达 40～41.5℃，多为急性，呈稽留热，精神沉郁，喜卧，心跳、呼吸加快，食欲减退，肠蠕动及反刍弛缓，部分伴有便秘、腹泻现象，消瘦，贫血，排有特征性的血红蛋白尿，眼结膜黄疸，食欲废绝，四肢无力，心跳和呼吸加快。剖检发现：尸体消瘦，胸腹部皮下水肿，皮下结缔组织苍白甚至黄染，血液稀薄如水；脾脏肿大，切面呈紫红色，部分软化；肝脏充血肿大，切面呈灰棕色；胆囊肿大，内充满黏稠胆汁；肾脏肿大，表面有出血点；膀胱充满大量红色尿液，黏膜有出血点；真胃与肠黏膜有点状出血，以直肠最明显。

要对该病进行确诊，应采用什么方法？

第三步　材料准备

显微镜、手提电脑、多媒体投影仪、检查时用的手套、天平、离心机、胶头滴管、采血针头、采血器、载玻片、盖玻片、试管、烧杯、染色缸、污物缸、剪刀、镊子、剪毛剪、记号笔等仪器和用具；生理盐水、2％枸橼酸钠溶液、甲醇、吉姆萨染色液、瑞氏染色液等试剂。

第四步　实施步骤

（1）采集血液样品。
（2）用鲜血压滴法检查锥虫和血液中蠕虫。
（3）用染色法检查梨形虫（用瑞氏染色法和吉姆萨染色法进行检查）。
（4）若以上方法未检测到血液中虫体，可用离心集虫法检查。
（5）写出检查报告，并将检查结果报告给指导教师。

第五步　评价

1. 教师点评　根据上述学习情况（包括过程和结果）进行检查，做好观察记录，并进行点评。

2. 学生相互和自评　每个同学根据评分要求和学习的情况，对小组内其他成员和自己进行评分。

通过互评、自评和教师（包括养殖场指导教师）评价来完成对每个同学的学习效果评价。评价成绩均采用 100 分制，考核评价表如表 4-1 所示。

表 4-1　考核评价表

班级＿＿＿＿＿＿　学号＿＿＿＿＿＿　学生姓名＿＿＿＿＿＿　总分＿＿＿＿＿＿

	评价维度	考核指标解释及分值	教师（技师）评价 40%	学生自评 30%	小组互评 30%	得分	备注
1	任务目标达成度	达成预定的学习目标。（10分）					
2	任务完成度	能完成老师布置的任务。（10分）					

（续）

评价维度		考核指标解释及分值	教师（技师）评价 40%	学生自评 30%	小组互评 30%	得分	备注
3	知识掌握精确度	（1）能正确描述血液的采集和处理方法。（10分） （2）能运用血液中寄生虫的检查方法（鲜血压滴法、涂片染色法和集虫法）检查血液中的寄生虫。（20分）					
4	技术操作精准度	（1）应能通过各种途径查找血液原虫检查所需信息能力。（10分） （2）能准确地在教师、技师或同学帮助下，主动参与评价自己及他人任务完成程度。（10分） （3）能正确地识别血液中伊氏锥虫、梨形虫、丝虫等。（10分）					
5	岗位需求适应度	（1）能主动参与小组活动，积极与他人沟通和交流，做到团队协作。（10分） （2）应能根据养殖场工作环境的变化，制订工作计划并解决问题。（10分）					
得分							
最终得分							

知识拓展

牛、羊消化道线虫第三期幼虫培养与鉴定

寄生于反刍动物胃和小肠的消化道线虫主要以圆线目线虫为主，尤其是毛圆科线虫种类很多，往往混合感染。常用饱和盐水漂浮法进行检测，但由于圆线目中有很多线虫的虫卵在形态结构上非常相似，难以进行鉴别。有时为了进行科学研究或为了生前诊断达到确切诊断目的，可进行第三期幼虫的培养，之后再根据这些幼虫的形态特征进行种类的判定。现将方法介绍如下：

（1）取新鲜待检粪便，弄碎置平皿中央堆成丘状，并略高出平皿边缘。

（2）在平皿内边缘加水少许（如粪便稀可不必加水），加盖使粪与培养皿接触。

（3）放入 25～30℃ 的培养箱内培养（夏天放置室内亦可）。在培养期间应每天滴加少量清水，要保持适宜的湿度，以免干燥。经 7～15d，卵即孵化出幼虫，并发育为第三期幼虫，它们从粪便中出来，爬到平皿的盖上的蒸气凝滴中或四周。

（4）用胶头滴管吸上生理盐水把幼虫冲洗下来，滴在载玻片上覆以盖片，在显微镜下进行观察，或者用滴管直接吸取蒸气凝滴，置载玻片上镜检，看有无活动的幼虫。

也可用贝尔曼幼虫分离法从培养的粪便中分离幼虫。在观察幼虫时，如幼虫运动活跃，不易看清，可将载玻片通过火焰或加进碘液将幼虫杀死后，再做仔细观察。

牛消化道线虫第三期幼虫检索表

(1) 食道呈杆形 ··· 营自由生活线虫
食道呈杆形 ··· (2)
(2) 无鞘；食道接近体长的1/2 ··· 类圆属
有鞘；食道不及体长的1/2 ··· (3)
(3) 尾鞘长且呈细丝状 ··· (4)
尾鞘中等长或短，无细丝状尾端 ·· (5)
(4) 幼虫很小；具有16个肠细胞 ··· 仰口属
幼虫中等长；具有32个肠细胞 ··· 结节虫属
幼虫很大；具有8个肠细胞；幼虫尾端有缺口，2叶或3叶 ········· 细颈属
(5) 尾鞘中等长，至末端渐尖细 ··· (6)
尾鞘短而且呈短圆形；小型幼虫 ·· 毛圆属
(6) 大型幼虫；在口腔与食道之间有明显的卵形体或一条明亮的带 ····· 古柏属
幼虫较细呈中等长；尾常扭结；头端无卵形体 ··················· 血矛属

项目小结

病名	病原	宿主	寄生部位	感染途径	诊断要点	防治方法
双腔吸虫病	矛形双腔吸虫、中华双腔吸虫	中间宿主：陆地螺 补充宿主：蚂蚁 终末宿主：主要为反刍动物	肝脏胆管和胆囊	口	1. 临诊：表现为慢性消耗性疾病症状，逐渐消瘦，下颌水肿，腹泻；胆管壁增厚，肝肿大 2. 粪便检查用沉淀法	1. 每年秋末和冬季用阿苯达唑或吡喹酮进行1次驱虫 2. 粪便发酵处理 3. 灭螺、灭蚁 4. 禁止在低洼地放牧
阔盘吸虫病	胰阔盘吸虫、腔阔盘吸虫、枝睾阔盘吸虫	中间宿主：陆地螺 补充宿主：胰阔盘吸虫和腔阔盘吸虫为草螽，枝睾阔盘吸虫为针蟋 终末宿主：主要为反刍动物	胰管	口	1. 临诊：消化不良、精神沉郁、消瘦、贫血，胰脏肿大 2. 实验室诊断：水洗沉淀法检查粪便中的虫卵	1. 定期驱虫，可用吡喹酮 2. 计划性轮牧 3. 加强粪便管理 4. 消灭中间宿主

（续）

病　名	病　原	宿　主	寄生部位	感染途径	诊断要点	防治方法
前后盘吸虫病	前后盘科前后盘属的吸虫，以鹿前后盘吸虫最常见	中间宿主：椎实螺和扁卷螺　终末宿主：反刍动物	瘤胃	口	1. 临诊：顽固性下痢，粪便呈粥样或水样，带血、恶臭，消瘦，贫血，颌下水肿，可衰竭死亡；小肠、皱胃、胆囊和腹腔等处有"虫道"，使其黏膜和器官有出血点；瘤胃壁黏膜肿胀，其上有大量成虫　2. 实验室诊断：水洗沉淀法检查粪便中的虫卵	参照肝片吸虫病
东毕吸虫病	土耳其斯坦东毕吸虫、程氏东毕吸虫、土耳其斯坦东毕吸虫结节变种、彭氏东毕吸虫	中间宿主：椎实螺类　终末宿主：主要反刍动物及一些野生哺乳动物	肠系膜静脉和门静脉	皮肤	参照日本血吸虫病	参照日本血吸虫病
牛、羊绦虫病	扩展莫尼茨绦虫、贝氏莫尼茨绦虫	中间宿主：地螨　终末宿主：羊	小肠		1. 临诊：消瘦、贫血、神经症状，剖检小肠内发现虫体　2. 实验室诊断：粪便中有无节片或链体，饱和盐水漂浮法检查粪便中的虫卵	1. 定期驱虫　2. 轮牧　3. 药物治疗，常用药物氯硝柳胺，阿苯达唑
牛囊尾蚴病	牛囊尾蚴	中间宿主：黄牛、水牛、牦牛等　终末宿主：人	肌肉	口	1. 临诊：体温升高，虚弱，腹泻；剖检在咬肌、舌肌、肩胛肌等肌肉中可看到囊尾蚴　2. 实验室诊断：宰后检查、血清学检查	同猪囊尾蚴病
细颈囊尾蚴病	细颈囊尾蚴	中间宿主：猪、牛、羊等　终末宿主：犬科动物	肝脏、腹腔	口	1. 临诊：严重时，出现急性出血性肝炎和腹膜炎症状；剖检可见肝脏有虫道，腹腔脏器上有囊泡　2. 生前血清学诊断，死后剖检发现细颈囊尾蚴可确诊	1. 禁止用带有细颈囊尾蚴的脏器喂犬　2. 禁止犬入猪舍、羊舍　3. 可用吡喹酮和氯硝柳胺对犬定期驱虫
多头蚴病	多头绦虫	中间宿主：羊、牛　终末宿主：犬、狼、狐狸等	脑脊髓	口	1. 临诊：神经症状和视力障碍，尸体剖检时可发现虫体　2. 实验室诊断：X射线或超声波	1. 防止犬吃到含脑多头蚴的羊的脑及脊髓　2. 手术摘除虫体　3. 吡喹酮和阿苯达唑治疗

（续）

病 名	病 原	宿 主	寄生部位	感染途径	诊断要点	防治方法
犊新蛔虫病	牛弓首蛔虫	牛	小肠	犊牛经胎盘或经口感染。母牛经口感染	1. 临诊：精神沉郁，食欲不振，吮乳无力，贫血。小肠黏膜出血、溃疡 2. 实验室诊断：用漂浮法检查粪便中虫卵	1. 定期驱虫，可枸橼酸哌嗪、阿苯达唑等 2. 注意环境卫生 3. 加强粪便管理
羊捻转血矛线虫病	捻转血矛线虫	羊、牛	真胃和小肠	口	1. 临诊：贫血、消瘦症状，剖检发现虫体 2. 实验室诊断：饱和盐水漂浮法检查粪便	1. 计划性驱虫 2. 注意环境卫生 3. 药物治疗，左旋咪唑、阿苯达唑、甲苯达唑等
羊仰口线虫病	仰口线虫	羊	小肠	皮肤和口	1. 临诊：贫血、消瘦症状 2. 剖检发现虫体 3. 实验室诊断：饱和盐水漂浮法检查粪便	参照捻转血矛线虫病
羊食道口线虫病	食道口线虫	羊	小结肠和大结肠	口	1. 临诊：持续性腹泻 2. 肠的结节病变 3. 实验室诊断：饱和盐水漂浮法检查粪便	参照捻转血矛线虫病
网尾线虫病	丝状网尾线虫、胎生网尾线虫	反刍动物	支气管和细支气管	口	1. 临诊：咳嗽、打喷嚏。剖检时有虫体及黏液、脓汁、分泌物、血丝等阻塞细支气管 2. 实验室诊断：粪便检查用幼虫分离法	参照牛犊新蛔虫病
牛吸吮线虫病	罗氏吸吮线虫、大口吸吮线虫、斯氏吸吮线虫	中间宿主为蝇 终末宿主为黄牛、水牛	结膜囊、第三眼睑和泪管	节肢动物	1. 临诊：结膜角膜炎 2. 实验室诊断：眼内发现虫体	1. 灭蝇 2. 其他参考牛犊新蛔虫病
绵羊疥螨病	羊疥螨	羊	皮肤（表皮内）	接触	1. 临诊：剧痒，脱毛、皮肤增厚 2. 实验室诊断：刮取皮屑显微镜观察	1. 药浴 2. 精制敌百虫溶液患部涂擦，二嗪农（螨净）喷淋或药浴
痒螨病	羊痒螨	羊	皮肤表面	接触	1. 临诊：痒，皮肤病变，渗出物增多 2. 实验室诊断：刮取皮屑显微镜观察	参照羊疥螨病

（续）

病名	病原	宿主	寄生部位	感染途径	诊断要点	防治方法
硬蜱病	硬蜱	犬、牛、鸡等动物和人	皮肤表面	接触	瘙痒，不安，引起"蜱瘫痪"，局部水肿、出血、发炎、角质增生等；在体表或圈舍发现蜱幼虫、若虫和成虫可确诊	1. 注意环境卫生，减少蜱的滋生 2. 双甲脒、辛硫磷、溴氰菊酯、伊维菌素等防治
牛皮蝇蛆病	牛皮蝇蛆	牛	背部皮下组织	皮肤	1. 临诊：牛惊恐不安、背部有结节 2. 实验室诊断：皮下结节，可发现幼虫	1. 杀灭成蝇 2. 伊维菌素或阿维菌素、蝇毒灵等可用于治疗
羊鼻蝇蛆病	羊鼻蝇	羊	鼻腔、额窦或鼻窦	鼻孔	1. 临诊：流鼻液、打喷嚏 2. 鼻腔或鼻窦发现幼虫 3. 实验室诊断：用药液喷入鼻腔，收集用药后的鼻腔喷出物，发现死亡幼虫	1. 计划性驱虫 2. 药物治疗，伊维菌素、精制敌百虫、氯氰柳胺等
羊虱病	羊虱	羊	体表	接触	1. 临诊：痒，皮肤病变 2. 实验室诊断：体表观察	1. 注意环境卫生 2. 药物灭虱，伊维菌素、蝇毒磷等
牛、羊球虫病	多数是艾美耳属球虫，少数为等孢属球虫	牛、羊	肠上皮细胞	口	1. 临诊：消瘦，贫血，腹泻，便中带血并混有脱落的肠黏膜；肠黏膜肥厚、出血，有淡白或黄色的圆形结节，肠系膜淋巴结肿大 2. 实验室诊断　检查肠黏膜刮取物和肠内容物，可发现球虫卵囊；粪便检查采用漂浮法，须检出大量卵囊才能确诊	1. 幼龄与成年牛、羊分开饲养 2. 粪便发酵 3. 饲养卫生 4. 在发病季节应用氨丙啉、莫能菌素或盐霉素进行药物预防 5. 发病时，用氨丙啉和磺胺嘧啶治疗
隐孢子虫病	隐孢子虫寄	牛、羊和人	胃肠黏膜上皮细胞内		1. 临诊：精神沉郁，厌食，腹泻，消瘦，粪便带有黏液，组织脱水，大肠和小肠黏膜水肿 2. 实验室诊断：用糖溶液漂浮法或抗酸染色法检查卵囊	1. 加强饲养管理，提高动物免疫力 2. 尚无特效药物
巴贝斯虫病	巴贝斯虫	牛、羊等动物	红细胞内	节肢动物	1. 临诊：高热稽留，消瘦，贫血，黏膜苍白 2. 实验室诊断：血液寄生虫检查	1. 灭蜱 2. 轮牧 3. 药物预防和治疗，可用咪唑苯脲、三氮脒、硫酸喹啉脲等

(续)

病名	病原	宿主	寄生部位	感染途径	诊断要点	防治方法
泰勒虫病	环形泰勒虫	牛、羊等动物	巨噬细胞、淋巴细胞和红细胞内	节肢动物	1. 临诊：高热稽留，消瘦，严重贫血。皮下、肌间、黏膜和浆膜上均有大量出血点或出血斑 2. 实验室诊断：剖检变化及血液检查	1. 用环形泰勒虫裂殖体胶冻细胞苗预防 2. 其他参照巴贝斯虫病
牛胎儿毛滴虫病	胎儿三毛滴虫	牛	母牛阴道和子宫内，公牛包皮鞘、阴茎黏膜和输精管等处	交配	1. 临诊：公牛黏液脓性包皮炎，母牛感染后阴道红肿，黏膜可见粟粒大结节 2. 实验室诊断：采集生殖道分泌物或冲洗液、胎液、流产胎儿皱胃内容物镜检	1. 做好检疫 2. 人工授精器械及授精员手臂要严格消毒 3. 药物治疗，碘液、黄色素、三氮脒等
新孢子虫病	新孢子虫	中间宿主：牛、羊等动物 终末宿主：犬	多种有核细胞	口和胎盘	孕畜流产、死胎，新生幼畜神经系统紊乱和四肢运动障碍	1. 淘汰病牛和血清抗体呈阳性的牛 2. 切断传播途径尽可能杜绝牛与犬类动物的接触
贝诺孢子虫病	贝诺孢子虫	终末宿主：猫 中间宿主：牛和羚羊、兔、小鼠等	皮肤、皮下、结缔组织、筋膜、浆膜、呼吸道黏膜和巩膜等	口	皮肤脱毛和增厚	1. 加强肉品卫生检验工作 2. 严禁用生牛肉喂猫 3. 严防猫粪污染牛的饲料和饮水

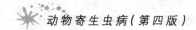 **职业能力和职业资格测试**

(一) 单项选择题

1. 用于驱除羊胃肠道线虫的药物是（　　）。

    A. 伊维菌素　　　　B. 吡喹酮　　　　C. 硝氯酚　　　　D. 氯硝柳胺

2. 羊莫尼茨绦虫成虫寄生在羊的（　　）。

    A. 肝　　　　　　　B. 胰　　　　　　C. 小肠　　　　　D. 大肠

3. 下列既可以通过口感染，也可以通过皮肤感染的是（　　）。

    A. 鞭虫　　　　　　B. 羊仰口线虫　　C. 血矛线虫　　　D. 奥斯特它线虫

4. 如检查发现羔羊尸僵完全，天然孔未见异物。血液稀薄、量少、颜色淡红不易凝固；有较多腹水，胃肠道内容物很少，真胃黏膜有出血性炎症，真胃及小肠内有大量线虫。该线虫病最有可能是（　　）。

    A. 捻转血矛线虫病　B. 钩虫病　　　　C. 食道口线虫病　D. 蛔虫病

    E. 肺线虫病

5. 黑龙江省克山县北兴镇某养羊户饲养波尔山羊48只，从2021年6月份开始，羊群出现病症。有的羊只将鼻孔抵于地面，有的顿足。病羊频频摇头，喷鼻，低头，采食受阻，不能安稳休息，逐渐消瘦。先后死亡2只成羊。剖检发现羊鼻黏膜发炎、肿胀、充血、出血，分泌出脓性鼻汁；在1只羊的鼻腔内发现2条幼虫，呈棕褐色，体长25mm左右，前端细小，有2个黑色的口钩，虫体分节，每节有许多小刺，背面隆起，腹面平，有黑色横带，虫体后端上部平坦，有2个黑色气孔板。该病最有可能是（   ）。

    A. 肺线虫病　　　　B. 鼻蝇蛆病　　　　C. 莫尼茨绦虫病　　D. 华支睾吸虫病

    E. 肝球虫病

6. 羊贝氏莫尼茨绦虫虫卵的鉴别特征是（   ）。

    A. 卵圆形，卵壳薄，内含幼虫

    B. 似圆形，无梨形器，有六钩蚴

    C. 卵圆形，无卵盖，内含多个胚细胞

    D. 近似四角形，卵内有梨形器，内含六钩蚴

7. 莫尼茨绦虫可感染（   ）。

    A. 仔猪　　　　　　B. 幼犬　　　　　　C. 羔羊　　　　　　D. 幼驹

    E. 雏鹅

8. 某羔羊群食欲减退，消瘦、贫血、腹泻，死前数日排水样血色便，并有脱落的黏膜。粪检见大量腰鼓形棕黄色虫卵，两端有卵塞，该病例最可能的致病病原是（   ）。

    A. 蛔虫　　　　　　B. 隐孢子虫　　　　C. 类圆线虫　　　　D. 毛首线虫

    E. 食道口线虫

9. 脑多头蚴的成虫寄生于（   ）。

    A. 人　　　　　　　B. 猪　　　　　　　C. 犬　　　　　　　D. 牛

    E. 羊

10. 某羊场饲养管理和卫生较差，羊群拥挤，病羊剧痒，头部、颈部、胸部皮肤擦破出血，脱毛结痂，皮肤肥厚龟裂，病羊无死亡，表现消瘦。下列检查中首先应该做的是（   ）。

    A. 血液常规检查　　B. 血液生化检　　C. 血液涂片检查　　D. 粪便检查

    E. 皮肤刮取物镜检

治疗该病首先选用的药物是（   ）。

    A. 吡喹酮　　　　　B. 左旋咪唑　　　　C. 贝尼尔　　　　　D. 伊维菌素

    E. 甲硝唑

11. 扩展莫尼茨绦虫和贝氏莫尼茨绦虫的主要区别在于（   ）的不同。

    A. 卵黄腺　　　　　B. 节间腺　　　　　C. 梨形器　　　　　D. 成熟节片

    E. 头节

12. 牛、羊莫尼茨绦虫的感染性阶段为（   ）。

    A. 尾蚴　　　　　　B. 似囊尾蚴　　　　C. 囊尾蚴　　　　　D. 囊蚴

    E. 虫卵

13. 胎生网尾线虫寄生于牛的（   ）。

    A. 小肠　　　　　　B. 大肠　　　　　　C. 直肠　　　　　　D. 胃

E. 肺脏

14. 牛、羊的结节虫是指（　　　）。

　　A. 捻转血矛线虫　　　　　　　　　　B. 食道口线虫

　　C. 仰口线虫　　　　　　　　　　　　D. 网尾线虫

　　E. 台湾鸟龙线虫

15. 双芽巴贝斯虫寄生于牛的（　　　）。

　　A. 白细胞　　　　　B. 红细胞　　　　　C. 有核细胞　　　　　D. 肝细胞

　　E. 肠上皮细胞

16. 广西贺州市某规模牛场的牛群中牛蜱呈现暴发态势，感染率达100％，牛只出现了高热、食欲废绝、反刍迟缓、精神沉郁、喜卧、结膜苍白等症状。曾用青霉素、链霉素等治疗，出现了体温的反复，疗效不佳。先后出现13头牛发病，治疗期间1头体弱病牛死亡，1头孕牛流产。病牛典型症状有高热，贫血，黄疸和血红蛋白尿。该病最有可能是（　　　）。

　　A. 食道口线虫病　　　　　　　　　　B. 巴贝斯虫病

　　C. 弓形虫病　　　　　　　　　　　　D. 锥虫病

　　E. 白冠病

17. 病牛逐渐消瘦，可视黏膜苍白，四肢水肿，皮肤皲裂，流出黄色或血色液体，结成痂皮而后脱落。眼睛充血潮红流泪，结膜外翻，内眼角有黄白色分泌物。耳、尾干枯。该病最可能的诊断是（　　　）。

　　A. 伊氏锥虫病　　　　　　　　　　　B. 口蹄疫

　　C. 双芽巴贝斯虫病　　　　　　　　　D. 隐孢子虫病

　　E. 环形泰勒虫病

18. 夏季常在低洼积水江边放牧的一头犊水牛，出现精神不佳，腹泻下痢，贫血，消瘦等症状。调查发现在江边仅有钉螺滋生。该病牛就诊时实验室诊断首先应该进行的是（　　　）。

　　A. 血液常规检查　　　　　　　　　　B. 血液生化检

　　C. 血液涂片检查　　　　　　　　　　D. 粪便毛蚴孵化检查

19. 一头放牧的黄牛出现体温升高，达40～41.5℃，稽留热。病牛精神沉郁，食欲下降，迅速消瘦。贫血，黄疸，出现血红蛋白尿。就诊时牛体表查见有硬蜱叮咬吸血。该病最可能的诊断是（　　　）。

　　A. 伊氏锥虫病　　　　　　　　　　　B. 口蹄疫

　　C. 双芽巴贝斯虫病　　　　　　　　　D. 隐孢子虫病

20. 在一腹泻犊牛群中，伴有体温升高现象，37～39℃。粪便直接涂片经抗酸染色后可见卵囊为玫瑰红色，圆形或椭圆形，大小4～5μm，背景为蓝绿色。卵囊着色深浅不一，染色深者内部可见4个月牙形的子孢子，多数卵囊外有一晕圈状结构。该病最有可能是（　　　）。

　　A. 隐孢子虫病　　　　　　　　　　　B. 球虫病

　　C. 小袋虫病　　　　　　　　　　　　D. 焦虫病

　　E. 肾虫病

(二) 多项选择题

1. 下列属于羊鼻蝇蛆病的临床症状的是（　　　）。

　　A. 流鼻液　　　　　　B. 腹泻　　　　　　C. 打喷嚏　　　　　　D. 神经症状

2. 下列寄生于羊的食道口线虫有（　　　）。

　　A. 粗纹食道口线虫　　　　　　　　　B. 哥伦比亚食道口线虫

　　C. 微管食道口线虫　　　　　　　　　D. 甘肃食道口线虫

3. 犊牛感染牛新蛔虫的途径是（　　　）。

　　A. 经皮肤感染　　　　　　　　　　　B. 经胎盘感染

　　C. 接触感染　　　　　　　　　　　　D. 自体感染

　　E. 经口感染

(三) 判断题

1. 羊莫尼茨绦虫没有消化器官。（　　　）

2. 羊线虫的发育一般都要经过五个幼虫期。（　　　）

3. 绵羊疥螨寄生于皮肤表面。（　　　）

4. 捻转胃虫主要寄生在反刍兽的小肠。（　　　）

5. "自愈现象" 是反刍动物消化道线虫寄生引起的过敏反应。（　　　）

6. 食道口线虫寄生于动物的食道和口腔。（　　　）

7. 巴贝斯虫病的传播媒介是蜱。（　　　）

8. 网尾属肺线虫是大型肺线虫。（　　　）

9. 泰勒虫的石榴体是裂殖体。（　　　）

10. 隐孢子虫卵囊无孢子囊，4 个子孢子直接处于卵囊内；泰泽属卵囊内亦无孢子囊，8 个子孢子直接处于卵囊内。（　　　）

11. 双芽巴贝斯虫病在临床上的一个重要特征是患畜体表淋巴结肿大，而环形泰勒原虫病在临床上的一个重要特征是患畜出现血红蛋白尿。（　　　）

12. 牛囊尾蚴的头节上有顶突和小钩。（　　　）

● 参考答案

(一) 单项选择题

1. A　2. C　3. B　4. A　5. B　6. D　7. C　8. D　9. C　10. E　11. B

12. B　13. E　14. B　15. B　16. B　17. A　18. D　19. C　20. A

(二) 多项选择题

1. ACD　2. ABCD　3. BE

(三) 判断题

1. √　2. ×　3. ×　4. ×　5. √　6. ×　7. √　8. √　9. √　10. √

11. ×　12. ×

家禽寄生虫病防治

【项目描述】

家禽寄生虫病防治项目是根据执业兽医、养禽场动物疫病防治人员和其他禽病检疫、检验人员的工作要求和典型工作任务而安排，主要介绍了球虫、蛔虫、前殖吸虫、赖利绦虫、螨虫等养禽场常见寄生虫病的病原体特征、生活史、流行、预防措施、诊断和治疗，目的是使学生具有对家禽寄生虫病诊断、治疗和制定防制措施的能力，从而为鸡、鸭、鹅等家禽的安全、健康、生态饲养提供技术支持。

【学习目标与思政目标】

完成本项目后，你应能够：认识常见的家禽寄生虫，如鸡球虫、禽蛔虫、前殖吸虫、赖利绦虫等，能阐述它们的生活史，会正确地诊断和防治这些常见的家禽寄生虫病。能够运用系统观念、辩证思维、创新思维对家禽寄生虫病典型病例进行综合分析；能为不同类型的养殖场科学地制定防治家禽寄生虫病的方案；并能注重乡村振兴和保护生态环境。

任务 5-1 家禽吸虫病与绦虫病防治

【案例导入】

某养殖户家散养 100 只蛋鸡，鸡群突然出现产无壳蛋和软壳蛋的现象。整个鸡群为初产的小母鸡，鸡只表现食欲减退，精神沉郁，消瘦，羽毛粗乱，腹围增大，步态失常，体温升高，泄殖腔突出，肛门边缘潮红，腹部及肛门周围羽毛脱落，有 2 只已经死亡。将 2 只死鸡解剖，发现输卵管发炎、黏膜增厚、充血、出血、腹膜发炎，输卵管和泄殖腔内发现大量虫体。虫体扁、呈梨形、前端较窄、后端钝圆且较宽。虫体长 3～6mm，宽 1～2mm。口吸盘椭圆形，位于虫体前端，腹吸盘位于虫体前 1/3 处，腹吸盘大于口吸盘。睾丸两个呈椭圆形，位于虫体后部。据了解，农户家的鸡是放到山上自行采食，且发现农户用蜻蜓喂食母鸡。同时蛋鸡到山上采食时，母鸡也会吃到一些蜻蜓。

问题： 案例中鸡群感染了何种寄生虫？诊断依据是什么，应如何治疗？请为该养殖户制定出综合性防治措施。

一、棘口吸虫病

本病是由棘口科的多种吸虫寄生于家禽和一些野生禽类的直肠、盲肠引起的疾病。有的也寄生于哺乳动物和人。主要特征为下痢，消瘦，幼禽生长发育受阻。

请扫描二维码获取该病的详细资料。

棘口吸虫病

二、后睾吸虫病

本病是由后睾科的多种吸虫寄生于禽类的肝脏胆管及胆囊引起疾病的总称。主要特征为肝脏胆管及胆囊肿大，下痢，消瘦，幼禽生长发育受阻。

请扫描二维码获取该病的详细资料。

后睾吸虫病

三、前殖吸虫病

本病是由前殖科前殖属的多种吸虫寄生于家禽及鸟类的输卵管、法氏囊、泄殖腔及直肠引起的疾病。主要特征为输卵管炎、产畸形蛋和继发腹膜炎。

（一）病原特征

1. 卵圆前殖吸虫（*Prosthogonimus. ovatus*） 体前狭后钝，体表有小刺。长3～6mm，宽 1～2mm。口吸盘小椭圆形，腹吸盘位于虫体前 1/3 处。睾丸椭圆形，并列于虫体中部。卵巢分叶，位于腹吸盘的背面。子宫盘曲于睾丸和腹吸盘前后。卵黄腺在虫体中部两侧。生殖孔开口于口吸盘的左前方。

虫卵棕褐色，椭圆形，一端有卵盖，另一端有小刺，内含卵黄细胞。虫卵大小为（22～24）μm×（13～16）μm。

2. 透明前殖吸虫（*P. pellucidus*） 呈梨形，前端稍尖，后端钝圆，体表前半部有小刺。长 6.5～8.2mm，宽2.5～4.2mm。口吸盘呈球形，腹吸盘呈圆形，位于虫体前1/3 处。睾丸卵圆形，并列于虫体中央两侧。卵巢多分叶，位于睾丸前缘与腹吸盘之间。子宫盘曲于腹吸盘和睾丸后，充满虫体大部。卵黄腺分布于腹吸盘后缘与睾丸后缘之间的虫体两侧。生殖孔开口于口吸盘的左前方（图 5-6）。虫卵与卵圆前殖吸虫卵基本相似。

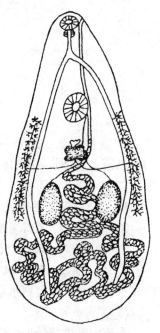

图 5-6 透明前殖吸虫

　　另外还有楔形前殖吸虫（*P. cuneatus*）、鲁氏前殖吸虫（*P. rudolphi*）和家鸭前殖吸虫（*P. anatinus*）。

　　（二）生活史

　　1. 中间宿主　淡水螺类，主要有豆螺、白旋螺等。蜻蜓及其稚虫为补充宿主。

　　2. 终末宿主　鸡、鸭、鹅、野鸭和鸟类。

　　3. 寄生部位　成虫寄生于家禽及鸟类的输卵管、法氏囊、泄殖腔及直肠。

　　4. 发育过程　成虫在终末宿主的寄生部位产卵，虫卵随终末宿主粪便和排泄物排出体外，被螺吞食（或遇水孵出毛蚴）发育为毛蚴、胞蚴、尾蚴。尾蚴成熟后逸出螺体游于水中，遇到补充宿主时进入肌肉形成囊蚴。家禽啄食含有囊蚴的蜻蜓或其稚虫而感染，在消化道内囊蚴壁被消化，童虫逸出经肠进入泄殖腔，再转入输卵管或法氏囊发育为成虫（图5-7）。

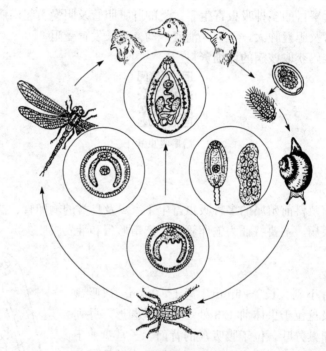

图 5-7　前殖吸虫生活史

　　5. 发育时间　侵入蜻蜓稚虫的尾蚴发育为囊蚴约需70d；进入鸡体内的囊蚴发育为成虫需1~2周，在鸭体内约需3周。成虫在鸡体内3~6周，在鸭体内18周。

　　（三）流行

　　1. 感染来源　患病或带虫的终末宿主，虫卵存在于粪便中。

　　2. 感染途径　终末宿主经口感染。

　　3. 地理分布　流行广泛，主要分布于南方。

　　4. 季节动态　流行季节与蜻蜓的出现季节相一致。每年5~6月份蜻蜓的稚虫聚集在水池岸旁，并爬到水草上变为成虫，此时易被家禽啄食而感染，故放牧禽易感。

　　（四）预防措施

　　在流行区进行计划性驱虫，驱出的虫体以及排出的粪应堆积发酵处理后再利用；避免在蜻蜓出现的早、晚和雨后或到其稚虫栖息的池塘岸边放牧；灭螺。

（五）诊断

1. 临床症状　本病主要危害鸡，特别是产蛋鸡，对鸭的致病性不强。初期症状不明显，有时产薄壳蛋且易破，随后产蛋率下降，产畸形蛋，有时仅排出卵黄或少量蛋白。随着病情发展，病鸡食欲减退，消瘦，羽毛蓬乱、脱落；产蛋停止，有时从泄殖腔排出卵壳的碎片或流出类似石灰水样的液体；腹部膨大、下垂、压痛，泄殖腔突出，肛门潮红。后期体温上升，严重者可致死。

2. 病理变化　主要病变是输卵管炎，黏膜充血，极度增厚，可在黏膜上见到虫体。腹膜炎时腹腔内有大量黄色混浊的液体，腹腔器官粘连。

3. 实验室诊断　粪便检查用沉淀法。根据蜻蜓活跃季节发病等流行病学资料、临床症状和粪便检查初步诊断，剖检发现虫体即可确诊。

（六）治疗

阿苯达唑，每千克体重 120mg，1 次口服。吡喹酮，每千克体重 60mg，1 次口服。

四、鸡绦虫病

鸡绦虫病是由戴文科赖利属的棘沟赖利绦虫、四角赖利绦虫、有轮赖利绦虫和戴文属的节片戴文绦虫等多种绦虫引起的鸡的一种寄生虫病。赖利属的 3 种绦虫寄生于鸡和火鸡的小肠中；节片戴文绦虫寄生于鸡、鸽、鹌鹑的十二指肠内。主要特征为小肠黏膜发炎，下痢，生长缓慢和产蛋率下降。

（一）病原特征

鸡绦虫的种类较多，主要由戴文科的赖利属的棘沟赖利绦虫、四角赖利绦虫、有轮赖利绦虫和戴文属的节片戴文绦虫等。在我国以前 3 种最常见。

1. 棘沟赖利绦虫和四角赖利绦虫　是鸡体内的大型绦虫，两者外形和大小很相似，白色、扁平带状，长 25cm，宽 1～4cm。棘沟赖利绦虫头节上的吸盘呈圆形，四角赖利绦虫，头节上的吸盘呈卵圆形，顶突和吸盘上都有钩（图 5-8）。孕节中每个卵囊内含虫卵 6～12 个，虫卵直径为 25～50μm。

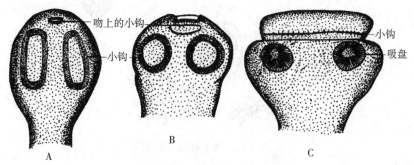

图 5-8　鸡赖利绦虫头节
A. 四角赖利绦虫　B. 棘沟赖利绦虫　C. 有轮赖利绦虫
（张西臣，李建华 . 2010. 动物寄生虫病学）

2. 有轮赖利绦虫　较短小，一般不超过 4cm，偶可达 15cm，头节上的吸盘呈圆形，无钩，顶突宽大肥厚，形似轮状，突出于虫体前端（图 5-8）。孕节中含有多个卵囊，每个卵囊内仅有一个虫卵。虫卵直径75～88μm。

3. 节片戴文绦虫 成虫短小，外形似舌状，0.5～3.0mm，4～9个节片，节片由前往后逐个增大（图5-9）。孕节中每个卵囊内仅有一个虫卵。虫卵直径为28～40μm。

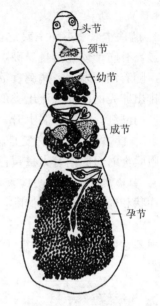

图 5-9 节片戴文绦虫
（张西臣，李建华．2010．动物寄生虫病学）

（二）生活史

1. 中间宿主 四角赖利绦虫的中间宿主是家蝇和蚂蚁；棘沟赖利绦虫为蚂蚁；有轮赖利绦虫为家蝇、金龟子、步行虫等昆虫；节片戴文绦虫为蛞蝓和陆地螺。

2. 终末宿主 主要是鸡，还有火鸡、孔雀、鸽子、鹌鹑、珍珠鸡、雉鸡等。

3. 寄生部位 寄生于鸡的小肠。

4. 发育过程 虫卵随粪便排至外界，被中间宿主吞食后发育为似囊尾蚴。含有似囊尾蚴的中间宿主被终末宿主吞食后，似囊尾蚴在小肠内发育为成虫（图5-10）。

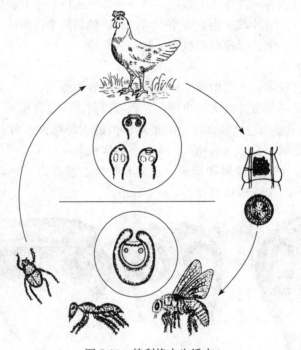

图 5-10 赖利绦虫生活史

5. 发育时间 进入中间宿主体内的虫卵发育为似囊尾蚴需14～21d；进入终末宿主体内的似囊尾蚴发育为成虫需12～20d。

（三）流行

1. 感染来源 患病或带虫的终末宿主，孕卵节片存在于粪便中。

2. 感染途径 终末宿主经口感染。

3. 年龄动态 不同年龄的禽类均可感染，但以幼禽为重，25～40日龄死亡率最高。常为几种绦虫混合感染。

4. 地理分布 分布广泛，与中间宿主的分布面广有关。

（四）预防措施

搞好鸡场防蝇、灭蝇；雏鸡应在 2 个月龄左右进行第 1 次驱虫，以后每隔 1.5～2 个月驱 1 次，转舍或上笼之前必须进行驱虫；及时清除鸡粪便并无害化处理；定期检查鸡群，治疗病鸡，以减少病原扩散。

（五）诊断

1. 临床症状 病鸡食欲下降，渴欲增强，行动迟缓，羽毛蓬乱，粪便稀且有黏液，贫血，消瘦。有时出现神经中毒症状。蛋鸡产蛋量下降或停止。雏鸡生长缓慢或停止，严重者可继发起它疾病而死亡。

2. 病理变化 肠黏膜增厚、出血，内容物中含有大量脱落的黏膜和虫体。赖利绦虫为大型虫体，大量感染时虫体积聚成团，导致肠阻塞，甚至肠破裂引起腹膜炎而死亡。

3. 实验室诊断 粪便检查用漂浮法。根据流行病学、临床症状、粪便检查见到虫卵或节片诊断，剖检发现虫体确诊。

（六）治疗

1. 吡喹酮 按每千克体重 10～20mg，1 次口服。

2. 氯硝柳胺 按每千克体重 80～100mg，均 1 次口服。

3. 阿苯达唑 按每千克体重 15～20mg，与面粉做成丸剂，一次投服。

五、水禽绦虫病

本病是由膜壳科的多种绦虫寄生于鹅、鸭等水禽小肠引起的疾病的总称。主要特征为引起小肠黏膜发炎，下痢，生长缓慢和产蛋率下降。

（一）病原特征

主要有以下 2 种：

1. 矛形剑带绦虫（*Drepanidotaenia lanceolata*） 剑带属，寄生于鹅、鸭和一些野生水禽小肠。虫体呈乳白色，前窄后宽，形似矛头，长达 13cm，由20～40 个节片组成。头节小，上有 4个吸盘，顶突上有 8 个小钩。颈短。睾丸 3 个，呈椭圆形，横列于节片中部偏生殖孔一侧。生殖孔位于节片上角的侧缘（图 5-11）。

水禽的绦虫病

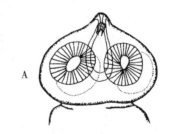

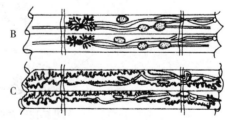

图 5-11　矛形剑带绦虫
A. 头节　B. 成熟节片　C. 孕卵节片

虫卵呈椭圆形，无色，4 层膜，2 个外层分离，第 3 层一端有突起，突起上有卵丝，卵内含六钩蚴。虫卵大小为（46～106）μm×（77～103）μm。

2. 冠状双盔带绦虫（*Dicyanotaenia coronula*） 双盔属，寄生于鸭及野生水禽小肠后段和盲肠。虫体长 12～19cm，宽 3mm。顶突上有 20～26 个小钩，排成 1 圈呈冠状。吸盘上无钩。睾丸 3 个排成等腰三角形（图 5-12）。

虫卵呈圆形，无色，4 层膜，内含六钩蚴。虫卵大小为 $30\sim70\mu m$。

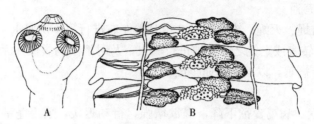

图 5-12　冠状双盔带绦虫
A. 头节　B. 成熟节片

（二）生活史

1. 中间宿主　矛形剑带绦虫的中间宿主为剑水蚤。冠状双盔带绦虫为小的甲壳类动物、蚯蚓及昆虫，螺可作为补充宿主。

2. 终末宿主　鸭、鹅和其他水禽。

3. 寄生部位　成虫寄生于鹅、鸭等水禽小肠。

4. 发育过程　孕节或虫卵随粪便排至体外，在水中被中间宿主吞食后发育为似囊尾蚴。中间宿主被终末宿主吞食后，似囊尾蚴在小肠内发育为成虫（图 5-13）。

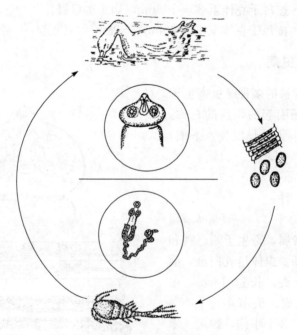

图 5-13　剑带绦虫生活史

5. 发育时间　矛形剑带绦虫卵在中间宿主体内发育为似囊尾蚴需 $20\sim30d$；进入终末宿主的似囊尾蚴发育为成虫约需 19d。

（三）流行

1. 感染来源　患病或带虫的终末宿主，孕卵节片存在于粪便中。

2. 感染途径　终末宿主经口感染。

3. 地理分布　多呈地方性流行，水禽的感染率均较高。

（四）预防措施

每年在春、秋两季进行计划性驱虫；禽舍和运动场上的粪便及时清理，堆积发酵以便杀死虫卵；幼禽与成禽分开饲养，放牧时尽量避开剑水蚤滋生地。

（五）诊断

患禽常表现下痢，排绿色粪便，有时带有白色米粒样的孕卵节片。食欲不振，消瘦，行动迟缓，生长发育受阻。当出现中毒症状时，运动发生障碍，机体失去平衡，常常突然倒地。若病势持续发展，最终死亡。根据流行病学、临床症状可初步诊断，剖检发现虫体或粪便检查见到虫卵或节片确诊。

（六）治疗

1. 吡喹酮　按每千克体重 10～20mg，1 次口服。

2. 氯硝柳胺　按每千克体重 80～100mg，1 次口服。

任务 5-2　禽线虫病与棘头虫病防治

【案例导入】

某养殖户散养 1 000 只鸡，突然发病，病鸡表现为腹泻，消瘦，羽毛松乱，精神萎靡，羽毛松乱，鸡冠苍白，排红色粪便，有些突然死亡，最初每天 10 只左右，以后每天死亡增多，鸡大小不均（0.5～1.3kg）。剖检发现病变部位主要发生在十二指肠，在整个肠管均有病变，肠黏膜发炎出血，肠壁上有颗粒状化脓灶或结节形成，小肠中发现有线虫寄生。在鸡发病时，该养殖户在市场上先后购买恩诺沙星溶液、球福（抗球药）治疗未见效果。

问题： 案例中鸡群感染了何种寄生虫？诊断依据是什么，应如何治疗？请为该养殖户制定出综合性防治措施。

一、禽蛔虫病

本病是由禽蛔科禽蛔属的鸡蛔虫寄生于鸡小肠引起的疾病。主要特征为小肠黏膜发炎，下痢，生长缓慢和产蛋率下降。

（一）病原特征

鸡蛔虫（*Ascaridia galli*）是鸡体内寄生的大型线虫，呈黄白色，头端有 3 个唇片。雄虫长 26～70mm，尾端有明显的尾翼和尾乳突，有 1 个圆形或椭圆形的肛前吸盘，交合刺近于等长。雌虫长 65～110mm，生殖孔开口于虫体中部（图 5-14）。

鸡蛔虫

虫卵椭圆形，壳厚而光滑，深灰色，内含单个胚细胞。虫卵大小为（70～90）μm×（47～51）μm。

（二）生活史

1. 寄生部位　成虫寄生于鸡小肠。

2. 发育过程　成虫排出的虫卵随鸡粪便排至外界发育为感染性虫卵，被鸡吞食而感染，幼虫在肌胃和腺胃逸出，钻进小肠黏膜发育一段时期后，重返肠腔发育为成虫。

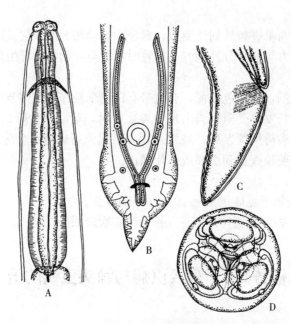

图 5-14　鸡蛔虫
A. 成虫前部　B. 雄虫后部　C. 雌虫尾部　D. 成虫头端顶面观

3. 发育时间　虫卵在外界发育为感染性虫卵约为 10d；进入鸡体内的感染性虫卵发育为成虫需 5～8 周。成虫寿命 9～14 个月。

（三）流行

1. 感染来源　患病或带虫的鸡，虫卵存在于粪便中。

2. 感染途径　经口感染。

3. 感染原因　鸡的粪便污染饲料、饮水、场地，鸡食入感染性虫卵而感染。饲养管理条件与感染鸡蛔虫有极大关系，饲料中缺乏蛋白质、维生素 A 和维生素 B 族时易感。

4. 年龄动态　3～4 月龄的雏鸡易感性强，1 岁以上多为带虫者。

5. 抵抗力　虫卵对外界环境因素和消毒剂有较强的抵抗力，在阴暗潮湿的环境中可长期生存，但对于干燥和高温敏感，特别是阳光直射、沸水处理和粪便堆沤时可迅速死亡。

6. 贮藏宿主　蚯蚓可作为贮藏宿主，虫卵在蚯蚓体内可长期保持生命力和感染力，并可避免干燥和直射日光的影响。

（四）预防措施

在蛔虫病流行的鸡场，每年进行 2～3 次定期驱虫，雏鸡在 2 月龄左右进行第 1 次驱虫，第 2 次在冬季；成年鸡第 1 次在 10～11 份，第 2 次在春季产蛋前 1 个月进行；每日清除鸡舍和运动场上的粪便，集中发酵处理；加强饲养管理，成鸡、雏鸡应分群饲养，给予富含蛋白质、维生素 A 和维生素 B 族的饲料，增强雏鸡抵抗力；饲槽和用具定期消毒。

（五）诊断

1. 临床症状　对雏鸡和幼鸡危害严重，由于虫体机械性刺激和毒素作用并夺取大量营养物质，表现为生长发育不良，精神萎靡，行动迟缓，常呆立不动，翅膀下垂，羽毛松乱，鸡冠苍白，黏膜贫血，消化机能障碍，便秘与下痢交替，有时血便。重者衰弱死亡。成虫寄生数量多时常引起肠阻塞甚至破裂。成鸡症状不明显。蛋鸡产蛋率明显下降。

2. 病理变化　幼虫破坏肠黏膜、肠绒毛和肠腺，造成出血和发炎，并易导致病原菌继发感染，此时在肠壁上常见颗粒状化脓灶或结节。

3. 实验室诊断　用漂浮法粪便检查发现大量虫卵及剖检发现虫体可确诊。

（六）治疗

1. 阿苯达唑　按每千克体重 10～20mg 拌入少量饲料内一次口服。

2. 甲苯达唑　按每千克体重 30mg，一次口服。

3. 枸橼酸哌嗪（驱蛔灵）　按每千克体重 0.15～0.3g 拌入饲料或配成 1% 的水溶液让鸡自由饮水。

4. 中药方剂　槟榔子 125g，南瓜子 75g，石榴皮 75g，共研为末，按 2% 的比例拌于饲料中，空腹喂给，每日 2 次，连用 2～3d。效果较好。

另外，也可用左旋咪唑、甲苯达唑、芬苯咪唑等药物治疗，以上所述药物也可用于预防性驱虫。在服药驱虫后，经过 12h 后清除粪便，将清除的粪便在合适的地点堆积发酵进行生物安全处理。

二、异刺线虫病

本病是由异刺科异刺属的鸡异刺线虫寄生于鸡的盲肠引起的疾病，又称盲肠虫病。主要特征为引起盲肠黏膜发炎，下痢，生长缓慢和产蛋率下降。

（一）病原特征

鸡异刺线虫（*Heterakis gallinarum*）呈白色，细小丝状。头端略向背面弯曲，有侧翼，向后延伸的距离较长；食道球发达。雄虫长 7～13mm，尾直，末端尖细，交合刺 2 根，不等长，有一个圆形的泄殖腔前吸盘。雌虫长 10～15mm，尾细长，生殖孔位于虫体中央稍后方（图 5-15）。

卵呈灰褐色，椭圆形，壳厚，内含单个胚细胞。虫卵大小为（65～80）μm×（35～46）μm。

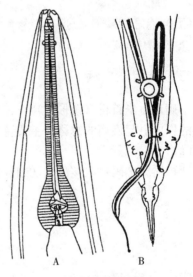

图 5-15　鸡异刺线虫
A. 头部　B. 雄虫尾部

（二）生活史

1. 终末宿主　鸡。

2. 寄生部位　成虫寄生于鸡的盲肠。

3. 发育过程　成虫排出的虫卵随鸡粪便排至外界，在适宜的温度和湿度条件下，发育为感染性虫卵，鸡吞食后在小肠内孵化出幼虫，幼虫钻进肠黏膜发育一段时期后，重返肠腔发育为成虫。

4. 发育时间　虫卵在外界发育为感染性虫卵需 2 周；进入鸡体的感染性虫卵发

育为成虫需 24~30d。成虫寿命约 1 年。

（三）流行

1. 感染来源 患病或带虫的鸡，虫卵存在于粪便中。

2. 贮藏宿主 蚯蚓可作为贮藏宿主。

3. 年龄动态 各种年龄均有易感性，但营养不良和饲料中缺乏矿物质（尤其是磷和钙）的幼鸡最易感。

4. 抵抗力 虫卵对外界因素抵抗力很强，如在低湿处可存活 9 个月之久，能耐干燥 16~18d。

5. 传播疾病 鸡异刺线虫还是火鸡组织滴虫的传播者。火鸡组织滴虫寄生于鸡的盲肠和肝脏，可侵入异刺线虫卵内，使鸡同时感染。

（四）诊断

1. 临床症状 感染初期幼虫侵入盲肠黏膜时，黏膜肿胀，引起盲肠炎和下痢。成虫期时患鸡消化机能障碍，食欲不振。雏鸡发育停滞，消瘦，严重时造成死亡。成年鸡产蛋量下降。

鸡如果感染火鸡组织滴虫，可因血液循环障碍，使鸡冠、肉髯发绀，称为"黑头病"；对盲肠和肝脏造成炎症，故称"盲肠肝炎"。

2. 病理变化 病鸡尸体消瘦，盲肠肿大，肠壁发炎和增厚。

3. 实验室诊断 通过粪便检查发现虫卵和剖检发现虫体确诊。粪便检查用漂浮法。

（五）治疗和预防措施

参照鸡蛔虫病。

三、禽胃线虫病

本病是由华首科（锐形科）华首属（锐形属）和四棱科四棱属的多种线虫寄生于禽类的胃内引起疾病的总称。主要特征为引起胃肠黏膜发炎，下痢，生长缓慢和产蛋率下降。

请扫描二维码获取该病的详细资料。

禽胃线虫病

四、禽毛细线虫病

本病是由毛细科毛细属的多种线虫寄生于禽类食道、嗉囊、肠道引起的寄生虫病。主要特征为引起胃肠黏膜发炎，下痢，生长缓慢和产蛋率下降。

请扫描二维码获取该病的详细资料。

禽毛细线虫病

五、鸭鸟蛇线虫病

本病是由龙线科鸟蛇属的台湾鸟蛇线虫寄生于鸭的皮下组织引起的疾病。主要特征为侵害雏鸭，在寄生部位形成结节。

请扫描二维码获取该病的详细资料。

鸭鸟蛇线虫病

六、鸭棘头虫病

本病是由多形科多形属和细颈科细颈属的虫体寄生于鸭的小肠引起的疾病。主要特征为肠炎、血便。

请扫描二维码获取该病的详细资料。

鸭棘头虫病

任务 5-3　禽蜱螨与昆虫病防治

【案例导入】

　　某养殖户饲养 100 日龄麻鸡 1 000 羽，野外放养，近日发现腿部和胸部皮肤出现大量小红点，鸡精神和活动均无异常，未见明显呼吸道和腹泻症状，鸡冠和肉囊颜色鲜艳，未见黑色或红色斑点，无患鸡死亡。但仔细检查体表，在每羽鸡的大腿内侧、胸肌两侧以及翅膀内侧皮肤上均发现凸起的红色痘状病灶，少则 3~4 个，多则 20 余个，痘点中央为黄白色，周围为红色。此外，还发现鸡群经常有精神不安、啄羽或在地上打滚的现象。剖检患鸡发现，除了皮肤有红色痘点外，其他内脏器官均无明显病变。用小镊子取出腹下痘状病灶中央的黄白色组织置载玻片上，滴加 1 滴生理盐水，盖上盖玻片，在低倍显微镜下观察。结果在视野内可见黄色幼虫，大小为 0.4mm×0.3mm，有 3 对足，背部盾板呈梯形，盾板上有 5 根刚毛，其中前侧与后侧各 2 根，前面中部 1 根。同时观察到幼虫的肢体仍可活动。

　　问题：案例中鸡群感染了何种寄生虫？诊断依据是什么？应如何治疗？请为该养殖户制定出综合性防治措施。

一、鸡螨病

本病是由皮刺螨科皮刺螨属和禽刺螨属、恙螨科新棒螨属的多种螨寄生于鸡体及其他鸟类引起的疾病。主要特征为鸡日渐消瘦，贫血，产蛋量下降。

（一）病原特征

皮刺螨科的螨背腹扁平，体长为0.5～1.5mm。头盖骨呈前端尖的长舌状，螯肢长呈鞭状。主要为皮刺螨属的鸡皮刺螨（*Dermanyssus gallinae*）（图5-16），禽刺螨属的林禽刺螨（*Ornithonyssus sylviarum*）、囊禽刺螨（*O. bursa*）。

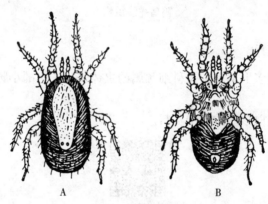

图5-16 鸡皮刺螨

A. 背面 B. 腹面

恙螨科螨类以幼虫形态为鉴定依据。主要有新棒螨属的鸡新棒恙螨（*Neoschongastia gallinarum*），其幼虫很小，0.4mm×0.3mm，饱食后呈橘黄色。有3对短足。背面盾板呈梯形，其上有5根刚毛，中央有感觉毛1对。盾板是鉴定属和种的重要特征。

（二）生活史

均为不完全变态，发育过程包括卵、幼虫、若虫、成虫4个阶段。

1. 鸡皮刺螨 雌螨侵袭鸡体吸饱血后，离开鸡体返回栖息地，12～24h后产卵，每次产10多个，一生可产40～50个。在20～25℃条件下，渐次孵化出幼螨、第1期若螨、第2期若螨和成虫。全部过程需7d。

2. 林禽刺螨 在鸡体上完成全部发育过程。

3. 囊禽刺螨 也能在鸡体上完成其发育过程，但大部分卵产于鸡舍内。

4. 鸡新棒恙螨 幼虫营寄生生活，若虫和成虫营自由生活。成虫在地上产卵，发育为幼虫后侵袭鸡只吸血，然后离开鸡体发育为若虫、成虫。全部过程需1～3个月。

（三）流行

鸡皮刺螨栖息在鸡舍的缝隙、物品及粪块下面等阴暗处，夜间吸血时才侵袭鸡体，吸饱血后离开鸡体返回栖息地，但如鸡白天留居舍内或母鸡孵卵时亦可遭受侵袭。成虫耐饥能力较强，4～5个月不吸血仍能生存。成螨适应高湿环境，故一般多出现于春、夏雨季，干燥环境最容易死亡。

林禽刺螨和囊禽刺螨能连续在鸡体上发育繁殖，故白天和夜间均存在于鸡体上。

有时可侵袭人吸血。多出现于冬季。

鸡新棒恙螨的幼虫寄生于宿主的翅内侧、胸两侧和腿内侧的皮肤上。雏鸡最易受侵害。

（四）预防措施

应治疗鸡体和处理鸡舍同时进行，处理鸡舍时应将鸡撤出。认真检查进出场人员、车辆等，防止携带虫体；不同鸡舍之间应禁止人员和器具的流动；防止鸟类进入鸡舍；经常更换垫草并烧毁；避免在潮湿的草地上放鸡。

（五）主要危害

皮刺螨吸食鸡体血液，引起不安，日渐消瘦，贫血，产蛋量下降。鸡皮刺螨可传播禽霍乱和螺旋体病。

鸡新棒恙螨幼螨叮咬鸡体，患部奇痒，呈现周围隆起、中间凹陷的痘脐形的病灶，中央可见一小红点，用小镊子取出镜检，可见恙螨幼虫。大量虫体寄生时，腹部和翼下布满此种病灶。病鸡贫血，消瘦，垂头，不食，如不及时治疗，可能死亡。

（六）治疗

可用拟除虫菊酯类药喷洒鸡体、垫料、鸡舍、槽架等，如溴氰菊酯或杀灭菊酯（戊酸氰醚酯、速灭杀丁）。治疗鸡群林禽刺螨需间隔 5～7d 连续 2 次，要确保药物喷至皮肤。

在鸡体患部涂擦 70%酒精、碘酊或 5%硫黄软膏，效果良好。涂擦 1 次即可杀死虫体，病灶逐渐消失，数日后痊愈。

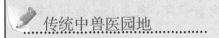 传统中兽医园地

我国传统医学经典名著节选

治癣方：猪脂油四两、朝牛二两、川椒二两、硫黄一两、黄连三钱。

先将猪脂油炼出，将蜗牛入油内熬黄色，次下川椒同熬，去渣。次将黄连、硫黄为极细末，候油冷定，再入油内调成膏，用刷子刷去白屑，见血津为度，然后将药膏搽之，二三次即愈。

——清·《鸡谱》

选自于船，张克家主编《中华兽医精典》

二、软蜱

软蜱是指软蜱科的蜱，与动物医学有关的有锐缘蜱属和钝缘蜱属。

（一）病原特征

虫体扁平，卵圆形或长卵圆形，前端狭窄。雌雄形态相似，与硬蜱的主要区别是背面无盾板，呈皮革样，上面有乳头状或颗粒状结构，腹面无腹板。假头在前部腹面头窝内，从背面不易见到，无孔区；须肢为圆柱状；口下板不发达，其上的齿较小；躯体体表为革质表皮并有皱襞；大多数无眼；足基节无距。雌蜱与雄蜱的主要区别在生殖孔，前者呈横沟状，后者呈半月状。幼蜱和若蜱的形态与成蜱相似，但未形成生殖孔。幼蜱有 3 对足（图 5-17）。

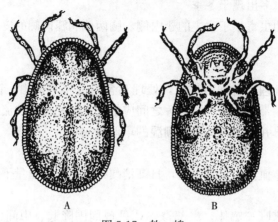

图 5-17　软　蜱
A. 背面　B. 腹面

（二）生活史

1. 发育过程　生活史包括卵、幼蜱、若蜱和成蜱四个阶段。多数软蜱属于多宿主蜱。卵孵化出幼蜱，吸血后蜕皮变为若蜱，若蜱阶段有 1～8 期，由最后若蜱期变为成蜱。

2. 发育时间　整个发育过程需要 1～2 个月。寿命 5～7 年，甚至可达 15～25 年。

3. 繁殖力　软蜱一生多次产卵，每次产 50～300 个，一生可产 1 000 余个。

4. 寿命　软蜱具有极强的耐饥饿能力，如拉合尔钝缘蜱的 3 期若蜱和成蜱可耐饥 5～10 年。软蜱具有很长的存活期，一般寿命为 5～7 年，甚至 15～25 年。软蜱对干燥环境有较强的适应能力。

5. 发育特性　若蜱变态期的次数和各期发育时间，主要取决于宿主的种类、吸血时间和饱血程度。幼蜱和若蜱各期必须吸食足够量的血液后才能蜕皮，然后进行下一次变态。成蜱必须吸血后才能产卵。

6. 侵袭特性　软蜱吸血时间较短，只在吸血时才到动物体上。吸血多在夜间，白天隐伏在圈舍隐蔽处。

7. 季节动态　软蜱在温暖季节活动和产卵。寒冷季节雌蜱卵巢内的卵细胞不能成熟。

（三）主要危害

软蜱吸血后可使宿主消瘦，贫血，生产能力下降，甚至死亡，对鸡的危害最大。波斯锐缘蜱是鸡埃及立克次体和鸡螺旋体的传播媒介，也可传播羊泰勒虫病、无浆体病、马脑脊髓炎、布鲁菌病和野兔热等。

（四）防治措施

参见硬蜱防治。

国外将苏云金杆菌的制剂——内晶菌灵，涂洒于体表，能使波斯锐缘蜱死亡率达 70%～90%。

三、禽羽虱

寄生于家禽体表的羽虱分别属于长角羽虱科和短角羽虱科的虫体。主要特征为禽体瘙痒，羽毛脱落，食欲下降，生产力降低。

请扫描二维码获取该病的详细资料。

禽羽虱

任务 5-4　禽原虫病防治

【案例导入】

某肉鸡养殖场存栏肉鸡 8 000 多羽，当地连续阴雨，气候潮湿，鸡群采取地面饲养模式，饲养密度较大。3d 前鸡群开始出现采食量减少、精神委顿、羽毛蓬松、闭眼呆立、缩头等症状，并有零星死亡。观察发现病鸡精神委顿，食欲减退，饮水量增多，羽毛无光泽、粗乱，翅膀下垂，闭眼嗜睡，头蜷、缩颈、呆立，不爱运动，贫血，可视黏膜和鸡冠苍白，常见腹泻，病初排咖啡色粪便，逐渐变为血粪，个别患鸡消瘦，部分头部发紫发黑。经对急性死亡病例进行剖检，病变部位主要在盲肠，可见盲肠膨大数倍，外观呈暗红色，肠壁肥厚，盲肠腔内有暗红色血液或血凝块，黏膜可见针尖状红色斑点，肠内容物中含有血样坏死物。

问题： 案例中鸡群感染了何种寄生虫？诊断依据是什么，应如何治疗？

发展养殖业是助力乡村振兴路径之一，作为兽医工作者应如何运用所学知识为科学健康养殖保驾护航？请为该养殖户制定出综合性防治措施。

一、鸡球虫病

本病是由孢子虫纲艾美耳科艾美耳属的球虫寄生于鸡的肠道引起的疾病，是集约化鸡生产中最多发、经济损失最大且防治困难的疾病之一。主要特征为雏鸡多发，表现为出血性肠炎，发病率和死亡率均高。

（一）病原特征

病原为艾美耳科艾美耳属的多种球虫。

1. 未孢子化球虫卵囊　卵囊外形呈椭圆形、圆形等不同形状，多数卵囊无色或灰白色，个别种呈黄色、棕色。卵囊一般为内、外两层囊壁，卵囊中含有一圆形的原生质团块（图 5-19）。

鸡球虫

2. 孢子化卵囊　卵囊内有富有折光性的极粒、1 个颗粒状团块的卵囊残体和 4 个孢子囊。每个孢子囊内含有 2 个呈香蕉样子孢子，中央有核，在一端可见强折光性的球状体，即折光体（图 5-20）。

3. 鸡球虫虫种　各国已经记载的鸡球虫种类共有 13 种之多，我国已发现 9 个种。目前世界公认的有 7 种不同种的球虫，它们在鸡肠道内寄生部位不一样，其致病

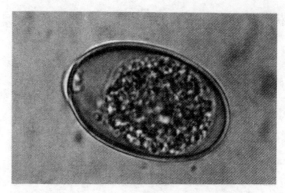

图 5-19　艾美耳球虫未孢子化卵囊

力也不相同。

（1）柔嫩艾美耳球虫（*Eimeria tenella*）。柔嫩艾美耳球虫主要寄生于盲肠，致病力最强。常在感染后第 5 及第 6 天引起盲肠严重出血和高度肿胀，在后期出现硬固的干酪样肠心，故称为盲肠球虫或血痢型球虫。卵囊多为宽卵圆形，少数为椭圆形；卵囊壁为淡绿黄色，原生质呈淡褐色；大小为（19.5～26）μm×（16.5～22.8）μm。卵囊指数（即卵囊的长宽比）为 1.16。孢子化时间为 18～30.5h。最短潜在期为 115h。

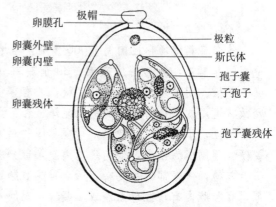

图 5-20　艾美耳球虫孢子化卵囊构造示意

（2）毒害艾美耳球虫（*E. necatriic*）。毒害艾美耳球虫主要寄生在小肠的中 1/3 段，尤以卵黄蒂的前后最为常见，严重时可扩展到整个小肠，是小肠球虫中致病性最强的一种，其致病性仅次于盲肠球虫。卵囊为中等大小，卵圆形；卵囊壁光滑、无色；大小为（13.2～22.7）μm×（11.3～18.3）μm。卵囊指数为 1.19。最短孢子化时间为 18h。最短潜隐期为 138h。

（3）巨型艾美耳球虫（*E. maxima*）。巨型艾美耳球虫寄生于小肠，以中段为主，具有中等程度的致病力。卵囊大，是所有鸡球虫中最大的。卵圆形，一端圆钝，一端较窄；卵囊黄褐色，囊壁浅黄色；大小为（21.75～40.5）μm×（17.5～33.0）μm。卵囊指数为 1.47。最短孢子化时间为 30h。最短潜隐期为 121h。

（4）堆形艾美耳球虫（*E. acervulina*）。堆形艾美耳球虫主要寄生于十二指肠和空肠，偶尔延及小肠后段，有较强的致病性。卵囊卵圆形；卵囊壁淡黄绿色；大小为（17.7～20.2）μm×（13.7～16.3）μm。最短孢子化时间为 17h。最短潜隐期为 97h。

（5）布氏艾美耳球虫（*E. brunetti*）。布氏艾美耳球虫寄生于小肠后部、盲肠近端和直肠，具有较强的致病性。卵囊较大，仅次于巨型艾美耳球虫，呈卵圆形；卵囊大小为（20.7～30.3）μm×（18.1～24.2）μm。卵囊指数为 1.31。最短孢子化时间为 18h。最短潜隐期为 120h。

（6）和缓艾美耳球虫（*E. mitis*）。和缓艾美耳球虫寄生于小肠前半段，有较轻的致病性。卵囊近球形；卵囊壁呈淡绿黄色，初排出时的卵囊，原生质团呈球形，无色，几乎充满卵囊；大小为（11.7～18.7）μm×（11.0～18.0）μm。卵囊指数为1.09。最短孢子化时间是15h。最短潜隐期是93h。

（7）早熟艾美耳球虫（*E. praecox*）。早熟艾美耳球虫寄生于小肠前1/3部位，致病力低，一般无肉眼可见的病变。卵囊呈卵圆形或椭圆形；原生质无色，囊壁呈淡绿色；大小为（19.8～24.7）μm×（15.7～19.8）μm。卵囊指数为1.24。最短孢子化时间为12h。最短潜隐期为84h。

这7种球虫按照致病力强弱相比较而言，柔嫩＞毒害＞布氏＞巨型＞堆型＞和缓＞早熟；对养鸡业的危害大小排序为：柔嫩＞堆型＞巨型＞毒害＞布氏＞和缓＞早熟。

（二）生活史

1. 终末宿主 鸡。

2. 寄生部位 主要寄生在肠道。

3. 发育过程 鸡球虫的宿主特异性和寄生部位特异性都很强，鸡是唯一的宿主。整个发育过程分2个阶段，3种繁殖方式：在鸡体内进行裂殖生殖和配子生殖；在外界环境中进行孢子生殖。

卵囊随鸡粪便排到体外，在适宜的条件下，很快发育为孢子化卵囊，鸡吞食后感染。孢子化卵囊在鸡胃肠道内释放出子孢子，子孢子侵入肠上皮细胞进行裂殖生殖，产生第1代裂殖子，裂殖子再侵入上皮细胞进行裂殖生殖，产生第2代裂殖子。第2代裂殖子侵入上皮细胞后，其中一部分不再进行裂殖生殖，而进入配子生殖阶段，即形成大配子体和小配子体，继而分别发育为大、小配子，结合成为合子。合子周围形成厚壁即变为卵囊，卵囊一经产生即随粪便排出体外。完成1个发育周期约需7d（图5-21）。

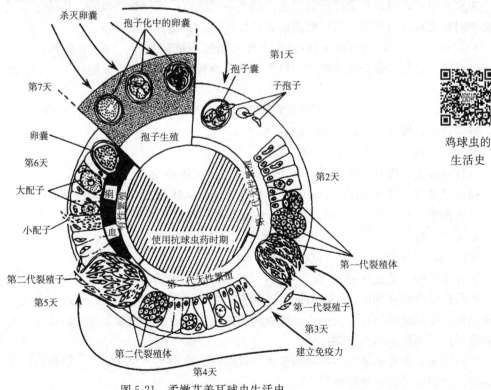

鸡球虫的
生活史

图5-21 柔嫩艾美耳球虫生活史

（张西臣，李建华 . 2010. 动物寄生虫病学）

（三）流行

1. 感染来源 患病或带虫鸡，卵囊存在于粪便中。

2. 感染途径 经口感染。

3. 传播媒介 其他畜禽、昆虫、野鸟和尘埃以及饲养管理人员都可成为鸡球虫病的机械性传播者。

4. 年龄动态 所有日龄和品种的鸡均易感。球虫病一般暴发于3～6周龄雏鸡，很少见于2周龄以内的鸡群。柔嫩艾美耳球虫、堆型艾美耳球虫和巨型艾美耳球虫的感染常发生于21～50日龄的鸡，而毒害艾美耳球虫常见于8～18周龄的鸡。

5. 抵抗力 卵囊对外界环境和消毒剂具有很强的抵抗力。在土壤中可以存活4～9个月，在有树荫的运动场上可存活15～18个月。温暖潮湿的环境有利于卵囊的发育，当气温在22～30℃时，一般只需18～36h就可发育为孢子化卵囊，但低温、高温和干燥均会延迟卵囊的孢子化过程，有时会杀死卵囊，55℃或冰冻能很快杀死卵囊。

6. 季节动态 发病和流行与气候和雨量关系密切，故多发生于温暖潮湿的季节。在南方可全年流行。在北方4～9月份为流行期，以7～8月份最为严重。舍饲的鸡场全年均可发病。

7. 发病诱因 饲养管理条件不良和营养缺乏均能促使本病的发生。拥挤、潮湿或卫生条件恶劣的鸡舍最易发病。

（四）预防措施

实践证明，依靠搞好环境卫生、消毒等措施尚不能有效地控制球虫病的发生，但网上或笼养方式，可以显著降低其发生。鸡场一旦流行本病则很难根除。集约化养鸡场必须对球虫病进行预防，其主要措施是药物预防，其次是免疫预防。

鸡球虫病
的防治

1. 药物预防 即从雏鸡出壳后第1天即开始使用抗球虫药。对于有休药期规定的抗球虫药，必须严格按要求使用，以免产生药物残留而影响禽产品的质量。预防药物主要有：

氨丙啉，按0.012 5%（即每吨饲料用药125g）混入饲料，鸡整个生长期均可用。

尼卡巴嗪，按0.012 5%混入饲料，休药5d。

氯苯胍，按0.000 3%混入饲料，休药5d。

马杜拉霉素，按0.005%～0.007%混入饲料，无休药期。

拉沙里菌素，按0.007 5%～0.012 5%混入饲料，休药3d。

莫能菌素，按0.000 1%混入饲料，无休药期。

盐霉素，按0.005%～0.006%混入饲料，无休药期。

常山酮，按0.000 3%混入饲料，休药5d。

氯氰苯乙嗪（地克珠利），按0.000 1%混入饲料，无休药期。

各种抗球虫药连续使用一定时间后，都会产生不同程度的耐药性。通过合理使用抗球虫药，可以减缓耐药性的产生、延长药物的使用寿命，并可以提高防治效果。对肉鸡常采用下列两种用药方案：

穿梭用药，即开始使用一种药物至鸡生长期时，换用另一种药物。一般是将化学药品和离子载体类药物穿梭应用。

轮换用药，即合理地变换使用抗球虫药，可按季节或鸡的不同批次变换药物。

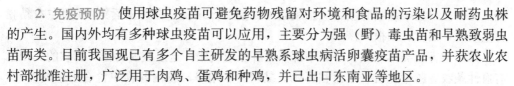

2. 免疫预防 使用球虫疫苗可避免药物残留对环境和食品的污染以及耐药虫株的产生。国内外均有多种球虫疫苗可以应用，主要分为强（野）毒虫苗和早熟致弱虫苗两类。目前我国现已有多个自主研发的早熟系球虫病活卵囊疫苗产品，并获农业农村部批准注册，广泛用于肉鸡、蛋鸡和种鸡，并已出口东南亚等地区。

免疫预防的方法有以下几种：

(1) 将疫苗与一定量饮水（最好加入卵囊悬浮剂）混匀由雏鸡自由饮用。

(2) 将虫苗卵囊与可食性凝胶混匀制成有颜色的饼块，任雏鸡自由啄食。

(3) 喷雾于饲料表面，拌匀后让鸡随饲料食入。

(4) 通过喷雾的方法将卵囊喷于鸡羽毛由鸡整羽时摄食。一般应在 1～5 日龄进行免疫接种，喷雾免疫需在出雏后立即进行。

免疫成功的关键是确保循环感染，即必须保证免疫接种后有足够量的卵囊排出并能完成孢子化和被雏鸡再次摄入，即"二免""三免"。目前存在最大的问题是免疫剂量不易控制均匀，不论是活毒苗、弱毒苗还是混合苗，使用超量都会致病。即便是使用正常剂量，循环感染时的剂量也难以准确控制，尤其是使用未经过致弱的强毒型疫苗，可能在经第 2 次循环时，即在接种疫苗后 12d 左右导致球虫病暴发。因此，一方面为保证循环感染，免疫接种后应禁用各种抗球虫药物；另一方面，在使用强毒型疫苗时，需储备一些治疗用抗球虫药，以防意外暴发球虫病。此外，接种强毒型球虫病疫苗可能会增加鸡群对产气荚膜梭菌和鹌鹑梭菌的易感性，因此在以免疫接种法预防鸡球虫病时，尤其要注意对梭菌性肠炎的预防。但也有报道认为接种弱毒球虫病疫苗可增强免疫鸡群对梭菌感染的抵抗力。

（五）诊断

1. 临床症状 鸡球虫病的发生，不仅取决于感染球虫种类，而且与感染强度有很大关系，其暴发或流行往往是在短期内遭到强烈感染所致。即使是强致病虫种，轻度感染时往往也无明显的症状，亦可能自行恢复。

亚临床球虫病只影响生产性能，而不表现临床症状。表现为饲料转化率低，增重缓慢，产蛋不均，产蛋率下降。因此，本病常被认为是饲料或饲养方面的原因而引起误诊。

共同表现为病初饮多食少，严重者后期表现饮多食多。严重腹泻，常有血便。由于便血过多而导致贫血，表现皮肤、鸡冠、口腔和泄殖腔黏膜、结膜等处苍白。由于腹泻而严重脱水，腿部及其他部位皮肤干燥皱缩。

柔嫩艾美耳球虫对 3～6 周龄的雏鸡致病性最强。血便时不易凝固。病鸡战栗，拥挤成堆，体温下降，食欲废绝。最终由于肠道炎症、肠细胞崩解等原因造成有毒物质被吸收，导致自体中毒死亡。严重感染时死亡率高达 80%。

毒害艾美耳球虫病通常发生于 2 月龄以上的中雏鸡。稀软的粪便上有血性条纹。感染后第 5 天出现死亡，第 7 天达高峰，死亡率仅次于盲肠球虫。病程可延续到第 12 天。

2. 病理变化

(1) 柔嫩艾美耳球虫。病变主要在盲肠。严重感染病例，感染后第 5 天，盲肠高度肿大，肠腔中充满血凝块和脱落的黏膜碎片；第 6、第 7 天血凝块和黏膜碎片逐渐变硬，形成红色或红白相间的肠芯；感染后第 8 天从黏膜上脱落。轻度感染时病变较轻，无明显出血，黏膜肿胀，从浆膜面可见脑回样结构，在感染后第 10 天左右黏膜再生恢复，而重者则很难恢复。

（2）毒害艾美耳球虫。小肠中部高度肿胀或气胀，这是重要特征。稀软的粪便上有血性条纹。肠壁充血、出血和坏死，黏膜肿胀增厚，肠内容物中含有多量的血液、血凝块和坏死脱落的上皮组织。

3. 诊断要点　由于鸡带虫现象非常普遍，所以不能将检出卵囊作为确诊的唯一依据。必须根据流行病学、临床症状、病理变化、粪便检查等综合诊断。粪便检查用漂浮法或直接涂片法；亦可刮取肠黏膜做涂片检查。多数情况下为两种以上球虫混合感染。

鸡球虫病的
实验室诊断

（六）治疗

抗球虫药对球虫生活史早期作用明显，而一旦出现症状和组织损伤，再用药往往收效甚微，因此，应注意平时监测。常用的治疗药如下：

磺胺二甲基嘧啶（SM2），0.1％饮水，连用 2d；或按 0.05％饮水，连用 4d。休药 10d。

磺胺喹恶啉（SQ），按 0.1％混入饲料，用 3d，停 3d 后用 0.05％混入饲料，用 2d 后停药 3d，再给药 2d。

磺胺氯吡嗪，0.03％混入饮水，连用 3d。

氨丙啉，0.012％～0.024％混入饮水，连用 3d。

百球清（Baycox），2.5％溶液，按 0.002 5％混入饮水，连用 3d。

二、鸭球虫病

本病主要由艾美耳科泰泽属和温扬属的球虫寄生于鸭的小肠上皮细胞引起的疾病。主要特征为出血性肠炎。

请扫描二维码获取该病的详细资料。

鸭球虫病

三、鹅球虫病

本病主要由艾美耳科艾美耳属球虫寄生于肾脏和肠道上皮细胞引起的疾病。主要特征为腹泻，血便。

请扫描二维码获取该病的详细资料。

鹅球虫病

四、组织滴虫病

本病是由单毛滴虫科组织滴虫属的火鸡组织滴虫寄生于鸡等禽类盲肠和肝脏引起的疾病，又称盲肠肝炎或黑头病。主要特征为鸡冠、肉髯发绀，呈暗黑色；盲肠炎和肝炎。

（一）病原特征

火鸡组织滴虫（*Histomonas meleagridis*）是多形性虫体，随寄生部位和发育阶段的不同，形态变化很大。非阿米巴阶段的虫体近似球形，直径为 3～16μm，在组织细胞中单个或成堆存在，有动基体，但无鞭毛。阿米巴阶段虫体高度多样性，常伸出 1 个或数个伪足，有 1 根粗壮的鞭毛，细胞核呈球形、椭圆形。肠腔中的阿米巴形虫体细胞外质透明，内质呈颗粒状并含有吞噬细胞、淀粉颗粒等的空泡（图 5-22）。

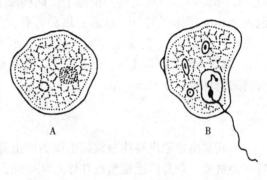

图 5-22　火鸡组织滴虫
A. 肝脏病灶内虫体　B. 盲肠病灶内虫体

（二）生活史

1. 发育过程　以二分裂法繁殖。寄生于盲肠内的组织滴虫，在鸡异刺线虫的卵巢中繁殖，并进入其卵内，虫卵排到外界后，组织滴虫因有虫卵的保护，故能在外界环境中生存很长时间，从而成为重要的感染源。随火鸡和鸡粪便排出的组织滴虫则非常脆弱，数分钟即死亡，因此，这种方式感染一般不易发生。

2. 超寄生宿主　鸡异刺线虫。

3. 转运宿主　火鸡组织滴虫可随同鸡异刺线虫卵被蚯蚓食入体内，当鸡吃入蚯蚓时，同时感染鸡异刺线虫和组织滴虫。带有组织滴虫的异刺线虫卵被蚱蜢、土鳖虫及蟋蟀等节肢动物食入，它们亦能充当传播媒介，当鸡采食这些节肢动物时也能感染本病。

（三）流行

1. 感染来源　患病或带虫鸡，病原体存在于鸡异刺线虫卵中。

2. 感染途径　经口感染。

3. 年龄动态　鸡在 4～6 周龄易感性最强，火鸡 3～12 周龄时易感性最强，死亡率也最高。

（四）预防措施

由于鸡异刺线虫在传播组织滴虫中起重要作用，因此驱除异刺线虫是最有效的预防措施，成鸡应定期驱虫；成鸡和幼鸡单独饲养；搞好饲养卫生。

（五）诊断

1. 临床症状　食欲缺乏，呆立，翅下垂，步态蹒跚，眼半闭，头下垂，畏寒，下痢，排淡黄色或淡绿色粪便，严重者粪中带血，甚至排出大量血液。疾病末期，鸡冠、肉髯发绀，呈暗黑色，故称"黑头病"。病愈鸡的体内仍有组织滴虫，带虫者可持续向外排虫长达数周或数月。成年鸡多为隐性感染。

2. 病理变化　盲肠肿胀，肠壁肥厚，内腔充满浆液性或出血性渗出物，常形成干酪状的盲肠肠芯，间或盲肠穿孔，引起腹膜炎。肝脏肿大，呈紫褐色，表面出现圆形、黄绿色、边缘隆起中央下陷的坏死灶，直径可达 1cm，单独存在或融合成片。

3. 实验室诊断　根据特异性病理变化和临床症状可作出诊断。采集新鲜盲肠内容物，用加温至 40℃的生理盐水稀释后，制成悬滴标本镜检，即可见到能活动的火鸡组织滴虫。

（六）治疗

1. 甲硝唑（灭滴灵）　按每千克饲料混入 250mg，连用 5d；预防按每千克饲料混入 200mg，休药期 5d。注意：该药所有食品动物禁用。

2. 中药配方　白头翁 20g、苦参 12g、秦皮 10g、黄连 10g、白芍 15g、乌梅 20g、双花 12g、甘草 15g、郁金 15g，煮水加糖诱饮，供 100 只雏鸡 1d 用量，中、大鸡酌情加量，连用 3~5d。

五、住白细胞虫病

本病是由疟原虫科住白细胞虫属的原虫寄生于鸡引起的疾病，又称白冠病。主要特征为贫血，全身广泛性出血并伴有坏死灶。

（一）病原特征

不同发育阶段的住白细胞虫形态各异，在鸡体内发育的最终状态是成熟的配子体。主要有 2 种。

1. 沙氏住白细胞虫（*Leucocytozoon sabrazesi*）　配子体见于白细胞内。大配子体呈长圆形，大小为 $22\mu m \times 6.5\mu m$，细胞质深蓝色，核较小。小配子体为 $20\mu m \times 6\mu m$，细胞质浅蓝色，核较大。宿主细胞呈纺锤形，细胞核被挤压呈狭长带状，围绕于虫体一侧。

2. 卡氏住白细胞虫（*L. caulleryi*）

配子体可见于白细胞和红细胞内。大配子体近于圆形，大小为 $12 \sim 13\mu m$，细胞质较多，呈深蓝色，核呈红色，居中较透明。小配子体呈不规则圆形，大小为 $9 \sim 11\mu m$，细胞质少，呈浅蓝色，核呈浅红色，占虫体大部分。被寄生的宿主细胞膨大为圆形，细胞核被挤压成狭带状围绕虫体，有时消失（图 5-23）。

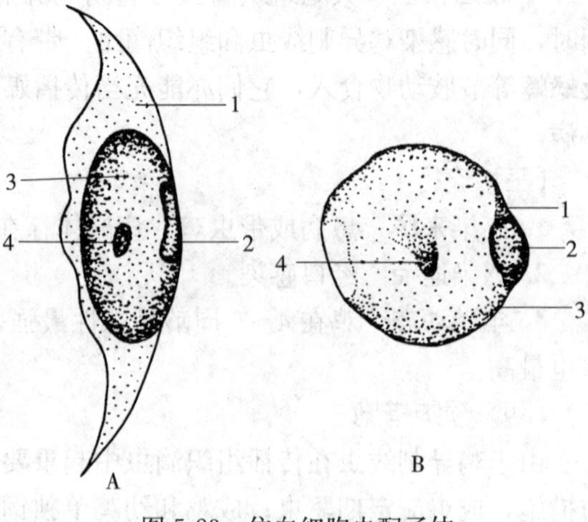

图 5-23　住白细胞虫配子体
A. 沙氏住白细胞虫　B. 卡氏住白细胞虫
1. 宿主细胞质　2. 宿主细胞核　3. 配子体　4. 核

（二）生活史

发育过程包括无性繁殖和有性繁殖，无性繁殖在鸡体内进行，有性繁殖在吸血昆虫体内进行。

当吸血昆虫在病鸡体上吸血时，将含有配子体的血细胞吸进胃内，虫体在其体内进行配子生殖和孢子生殖，产生许多子孢子并进入唾液腺。当吸血昆虫再次到鸡体上吸血时，将子孢子注入鸡体内，经血液循环到达肝脏，侵入肝实质细胞进行裂殖生殖。其裂殖子一部分重新侵入肝细胞，另一部分随血液循环到各种器官的组织细胞，再进行裂殖生殖。经数代裂殖增殖后，裂殖子侵入白细胞，尤其是单核细胞，发育为大配子体和小配子体。

卡氏住白细胞虫到达肝脏之前，可在血管内皮细胞内裂殖增殖，也可在红细胞内形成配子体。

（三）流行

1. 感染来源　患病或带虫鸡，病原体存在于血液中。

2. 传播媒介　沙氏住白细胞虫的传播媒介是蚋。卡氏住白细胞虫的传播媒介为库蠓。

3. 季节动态　本病发生的季节性与传播媒介的活动季节相一致。当气温在 20℃以上时，库蠓和蚋繁殖快、活力强。一般发生于 4～10 月。沙氏住白细胞虫多发生于南方；卡氏住白细胞虫多发生于中部地区。

4. 年龄动态　一般 2～7 月龄的鸡感染率和发病率都较高。随鸡年龄的增加而感染率增高，但发病率降低，8 月龄以上的鸡感染后，大多数为带虫者。

（四）预防措施

1. 杀灭库蠓和蚋　防止库蠓和蚋进入鸡舍。鸡舍环境用 0.1％敌杀死、0.05％辛硫磷或 0.01％速灭杀丁定期喷雾，每隔 3～5d 喷 1 次。

2. 淘汰病鸡　住白细胞虫的裂殖体阶段可随鸡越冬，故在冬季对当年患病鸡群彻底淘汰，以免翌年再次发病及扩散病原。

3. 药物预防　在流行季节到来之前进行药物预防。泰灭净，按 0.002 5％～0.007 5％混入饲料，连用 5d 停 2d 为 1 个疗程。磺胺二甲氧嘧啶（SDM），按 0.002 5％～0.007 5％混入饲料或饮水。乙胺嘧啶，按 0.000 1％混入饲料。痢特灵，按 0.01％混入饲料。

4. 免疫预防　国外有人取感染卡氏住白细胞虫 7～13d 的鸡脾脏，制成匀浆后给鸡接种，可获得一定的抵抗力。

（五）诊断

1. 临床症状　自然感染的潜隐期为 6～10d。急性病例的雏鸡，在感染 12～14d后，突然咯血、呼吸困难，很快死亡。轻症病例，体温升高，卧地不动，下痢，1～2d 内死亡或康复。特征性症状是死前口流鲜血，呼吸高度困难，严重贫血。中鸡死亡率较低，发育受阻。成鸡病情较轻，产蛋率下降。

2. 病理变化　尸体消瘦，鸡冠、肉髯苍白。全身性出血，尤其是胸肌、腿肌、心肌有大小不等的出血点。肾脏、肺脏等各内脏器官肿大、出血。胸肌、腿肌、心肌及肝脏、脾脏等器官上有灰白色或稍带黄色的、针尖至粟粒大与周围组织有明显分界的小结节。

3. 诊断要点　根据流行病学、临床症状和病理变化初步诊断。采取鸡外周血液或脏器涂片，经吉姆萨染色法染色后镜检，发现虫体即可确诊。挑出内脏器官上的小结节制成压片，染色后可见到有许多裂殖子。

（六）治疗

1. 泰灭净（磺胺间甲氧嘧啶）　按 0.01％拌料连用 2 周或按 0.5％连用 3d，再按 0.05％连用 2 周。

2. 磺胺二甲氧嘧啶（SDM）　又名制菌磺，按 0.05％饮水 2d，然后再用

0.03%饮水2d。

3. 乙胺嘧啶　按0.000 4%，配合磺胺二甲氧嘧啶0.004%，混于饲料连续服用1周。

4. 克球粉　按0.025%混入饲料，连续服用1周。

岗位操作任务8

动物球虫病诊断和防治方案的制定

【任务描述】

动物球虫病的诊断防治任务是根据养殖场疫病防治人员的工作要求和执业兽医的工作任务的需要安排而来的，通过本任务的学习，为动物的安全、健康、生态养殖提供技术支持。

【任务目标和要求】

完成本任务后，你应当能够：

（1）认识常见的球虫虫种。

（2）能对动物球虫病进行调查和诊断。

（3）能根据鸡场的具体情况制定出科学的防制鸡球虫病措施。

（4）能根据鸡场工作环境的变化，制订工作计划并解决问题。

（5）能说出鸡球虫病对养殖业危害。

【任务】

第一步　资讯

（1）查找《动物球虫病诊断技术》（GB/T 18647—2020）、《一、二、三类动物疫病病种名录》、《中华人民共和国兽药典》及相关的国家标准、行业标准、行业企业网站和视频资源，获取完成工作任务所需要的信息。

（2）查找常用的抗鸡球虫病药物及其用途、用法、用量及注意事项等。

（3）驱虫技术（参照本项目任务5-4）。

第二步　任务情境

某养殖户养殖情况案例或某规模化养鸡场。

> **任务情境描述示例**
>
> 泰州市海陵区某养殖户饲养2 000只25日龄雏鸡，饲养方式为地面平养。某年7月，由于连续多天、多次强降雨，鸡舍漏雨，舍内阴暗潮湿，饲养卫生条件较差。部分鸡开始表现为精神不振，羽毛松乱，双翅下垂，眼半闭，缩颈呆立，食欲减退而饮水增加，嗉囊内充满液体。随着病情的发展，病鸡翅膀轻瘫，食欲废绝，排糊状粪便并带血，严重者排血便，病鸡消瘦，可视黏膜、鸡冠苍白。后期出现神经症状如痉挛、昏迷，最后衰竭死亡。至25日，已死亡139只。剖检病死鸡可见小肠，特别是盲肠显著肿大、上皮增厚并有坏死灶，肠黏膜有溢血点，肠内有红色或暗红色的血凝块。
>
> 请你诊断该养殖户饲养的鸡可能感染何种寄生虫？请根据鸡场具体情况，制定防治措施。

第三步　材料准备

显微镜、天平、手术刀、剪刀、镊子、载玻片、盖玻片、牙签、平皿、试管、试管架、烧杯、纱布、粪筛、污物桶、数码相机、手提电脑、多媒体投影仪等仪器设备，以及饱和食盐水、20％的重铬酸钠溶液、驱鸡球虫药等试剂和药品。

第四步　实施步骤

（1）流行病学调查。在老师的指导下，学生分组对本鸡场基本情况（包括规模、品种、年龄、饲养目的等）、本鸡场和本地区球虫病的流行情况进行调查。

（2）临床检查。首先对鸡场鸡的营养状况、精神状态情况等进行群体观察，发现异常鸡只进行个体检查，必要时进行剖检。

（3）剖检病死鸡，取小肠、盲肠肿胀出血部黏膜刮取物涂片镜检。

（4）随机采取10只鸡的带血粪便少许，采用饱和盐水漂浮法，镜检卵囊（具体方法参见病原学诊断——定性检查二维码视频）。

（5）对阳性粪便进行定量检查，具体操作步骤可参考动物球虫病的病原学诊断（扫描病原学诊断——定量检查二维码获取相关视频）。

（6）根据以上调查和检查结果，确诊该鸡群所患寄生虫病，选择高效的驱虫药并做好记录。

（7）根据本鸡场的具体情况，经小组讨论，制定防治措施，并组织实施。

动物球虫病
的病原学诊
断——定量
检查

动物球虫病
的病原学诊
断——定性
检查

案例鸡场的防制措施（标明关键措施、难点）

第五步　评价

1. 教师点评　根据上述学习情况（包括过程和结果）进行检查，做好观察记录，并进行点评。

2. 学生相互评价和自评　每个同学根据评分要求和学习的情况，对小组内其他成员和自己进行评分。

通过互评、自评和教师（包括养殖场指导教师）评价来完成对每个同学的学习效果评价。评价成绩均采用100分制，考核评价表如表5-1所示。

表5-1　考核评价表

班级_____ 学号_____ 学生姓名_____ 总分_____

	评价维度	考核指标解释及分值	教师（技师）评价 40％	学生自评 30％	小组互评 30％	得分	备注
1	任务目标达成度	达到预定的学习目标。（10分）					

（续）

	评价维度	考核指标解释及分值	教师（技师）评价 40%	学生自评 30%	小组互评 30%	得分	备注
2	任务完成度	完成老师布置的任务。（10分）					
3	知识掌握精确度	（1）能对鸡场球虫病进行调查和诊断。（20分） （2）能根据鸡场的具体情况制定出科学的防制措施。（20分）					
4	技术操作精准度	（1）能正确识别出鸡球虫。（10分） （2）能在教师、技师或同学帮助下，准确评价自己及他人任务完成程度。（10分）					
5	岗位需求适应度	（1）能主动参与小组活动，积极与他人沟通和交流，团队协作。（10分） （2）能根据工作环境的变化，制订工作计划并解决问题。（10分）					
	得分						
	最终得分						

知识拓展

艾美耳科原虫的形态特征

项目小结

病名	病原	宿主	寄生部位	感染途径	诊断要点	防治方法
棘口吸虫病	棘口科的多种吸虫	中间宿主：多种淡水螺 终末宿主：鸡、鸭、鹅和野生禽类等	直肠、盲肠	口	1.临诊：主要危害雏禽。食欲不振，消化不良，下痢，粪便中混有黏液，贫血，消瘦，生长发育受阻，可因衰竭而死亡 2.实验室诊断：沉淀法检查粪便中虫卵，剖检发现虫体可确诊	1.定期驱虫，可用氯硝柳胺、阿苯达唑 2.消灭中间宿主淡水螺

（续）

病名	病原	宿主	寄生部位	感染途径	诊断要点	防治方法
后睾吸虫病	后睾科的多种吸虫	中间宿主：淡水螺类的纹沼螺，补充宿主有淡水鱼　　终末宿主：鸡、鸭、鹅和野禽	胆管或胆囊内	口	1. 临诊：食欲下降，逐渐消瘦，缩颈闭眼，精神沉郁，羽毛松乱，食欲废绝，眼结膜发绀，呼吸困难，贫血，下痢，粪便呈草绿色或灰白色，并引起死亡　　2. 实验室诊断：剖检可见肝脏肿大，脂肪变性或坏死，胆管增生变粗，肝结缔组织增生，细胞变性萎缩，肝硬化。胆囊肿大，胆汁变质或消失，囊壁增厚。粪便检查用沉淀法	1. 定期驱虫：吡喹酮，阿苯达唑　　2. 消灭中间宿主纹沼螺
前殖吸虫病	前殖科前殖属的多种吸虫	中间宿主：淡水螺类，主要有豆螺、白旋螺等。蜻蜓及其稚虫为补充宿主　　终末宿主：鸡、鸭、鹅、野鸭和其他鸟类	输卵管、法氏囊、泄殖腔及直肠	口	1. 临诊：主要危害鸡，特别是产蛋鸡，病鸡食欲减退，消瘦，羽毛蓬乱、脱落，产蛋率下降，产畸形蛋，产蛋停止，有时从泄殖腔排出卵壳的碎片或流出类似石灰水样的液体　　2. 实验室诊断：剖检可见输卵管炎，黏膜充血，极度增厚，可在黏膜上见到虫体。腹膜炎时腹腔内有大量黄色混浊的液体，腹腔器官粘连。粪便检查用沉淀法	1. 定期驱虫：阿苯达唑，吡喹酮，氯硝柳胺　　2. 消灭中间宿主豆螺、白旋螺等
鸡绦虫病	戴文科赖利属和戴文属的多种绦虫	中间宿主：家蝇、蚂蚁、步行虫、蛞蝓和陆地螺等　　终末宿主：鸡，火鸡，孔雀，鸽子，鹌鹑，珍珠鸡，雉鸡等	小肠	口	1. 临诊：病鸡食欲下降，渴欲增强，行动迟缓，羽毛蓬乱，粪便稀且有黏液，贫血，消瘦。有时出现神经中毒症状。蛋鸡产蛋量下降或停止。雏鸡生长缓慢或停止，严重者可继发其他疾病而死亡　　2. 实验室诊断：剖检可见肠黏膜增厚、出血，内容物中含有大量脱落的黏膜和虫体。粪便检查用漂浮法	1. 定期驱虫：硫咪唑，吡喹酮，氯硝柳胺　　2. 消灭中间宿主陆地螺、家蝇等
水禽绦虫病	膜壳科的多种绦虫	中间宿主：剑水蚤、甲壳类动物、蚯蚓及昆虫　　终末宿主：鸭、鹅和其他水禽	小肠	口	1. 临诊：患禽常表现下痢，排绿色粪便，有时带有白色米粒样的孕卵节片。食欲不振，消瘦，行动迟缓，生长发育受阻。当出现中毒症状时，运动发生障碍，机体失去平衡，常常突然倒地。若病势持续发展，最终死亡　　2. 实验室诊断：粪便检查见到虫卵或节片初步诊断，剖检发现虫体确诊	1. 定期驱虫：阿苯达唑，吡喹酮，氯硝柳胺　　2. 消灭中间宿主剑水蚤等

（续）

病名	病原	宿主	寄生部位	感染途径	诊断要点	防治方法
禽蛔虫病	蛔虫	不需要中间宿主，终末宿主：鸡	小肠	口	1. 临诊：生长发育不良，精神萎靡，行动迟缓，贫血，消化机能障碍，便秘与下痢交替，有时血便。成虫寄生数量多时常引起肠阻塞甚至破裂 2. 实验室诊断：剖检可见肠道出血和发炎，肠壁上常见颗粒状化脓灶或结节。粪便检查发现大量虫卵及剖检发现虫体可确诊。粪便检查用漂浮法	定期驱虫：丙氧咪唑，哌哔嗪，阿苯达唑，甲苯达唑
异刺线虫病	鸡异刺线虫	不需要中间宿主，终末宿主：鸡	盲肠	口	1. 临诊：黏膜肿胀、盲肠炎、下痢。雏鸡发育停滞，消瘦，严重时造成死亡。成年鸡产蛋量下降 2. 实验室诊断：剖检可见病鸡尸体消瘦，盲肠肿大，肠壁发炎和增厚。通过粪便检查发现虫卵和剖检发现虫体确诊。粪便检查用漂浮法	定期驱虫：丙氧咪唑，哌哔嗪，阿苯达唑，甲苯达唑
禽胃线虫病	四棱科四棱属的多种线虫	中间宿主：不同线虫均不一样，小钩锐形线虫为蚱蜢、拟谷盗虫、象鼻虫等 终末宿主：鸡、火鸡、鸽子等家禽	胃	口	1. 临诊：患禽消化不良，食欲下降，出现消瘦和贫血等症状，严重者可引起死亡 2. 实验室诊断：根据粪便检查发现虫卵和剖检发现虫体确诊。粪便检查可采用直接涂片法或漂浮法	1. 定期驱虫：甲苯咪唑，阿苯达唑 2. 消灭中间宿主拟谷盗虫等
禽毛细线虫病	毛细科毛细属的多种线虫	中间宿主：有轮毛细线虫和膨尾毛细线虫为蚯蚓 终末宿主：鸡、鹅、鸽子等禽类	食道、嗉囊、肠道等	口	1. 临诊：轻度感染时，嗉囊和食道壁局部出现轻微炎症和增厚。感染严重时，炎症加剧，并出现黏液或脓性分泌物，局部黏膜溶解、坏死或脱落。患禽食欲不振，下痢，贫血，消瘦。雏鸡和成年鸡均可发生死亡 2. 实验室诊断：根据粪便检查发现虫卵和剖检发现虫体确诊	定期驱虫：甲苯达唑，左旋咪唑

（续）

病名	病原	宿主	寄生部位	感染途径	诊断要点	防治方法
鸭鸟蛇线虫病	台湾鸟蛇线虫	中间宿主：剑水蚤 终末宿主：鸭	皮下组织	口	1. 临诊：主要侵害3～8周龄的雏鸭，患鸭采食逐渐减少，消瘦，患部皮肤紧张，结节外壁菲薄，有时可在患部看到虫体断片。严重时引起呼吸和吞咽困难。寄生于腿部时，引起运动障碍 2. 实验室诊断：切开患部流出凝固不全的稀薄血液和白色液体，镜检可发现大量幼虫	定期驱虫：1%精制敌百虫、0.5%高锰酸钾、1%碘、2%氯化钠溶液，在结节部注射1～3mL，即可杀死虫体。结节可在10d内逐渐消失
鸭棘头虫病	多形科多形属、细颈科细颈属的线虫	中间宿主：湖沼钩虾、蚤形钩虾、河虾和罗氏钩虾等 终末宿主：鸭	小肠	口	1. 临诊：下痢、消瘦、生长发育受阻。雏鸭表现明显，严重感染者可引起死亡 2. 实验室诊断：剖检肠壁浆膜面上可看到肉芽组织增生的结节，黏膜面上可见有虫体和不同程度的创伤，粪便检查发现虫卵或剖检发现虫体确诊	定期驱虫：阿苯达唑、左旋咪唑
鸡螨病	皮刺螨科、恙螨科的螨虫	终末宿主：鸡	皮肤	接触	1. 临诊：病鸡不安，日渐消瘦，贫血，产蛋量下降。患部奇痒，呈现周围隆起、中间凹陷的痘脐形的病灶，如不及时治疗，可能死亡 2. 实验室诊断：在病灶中央可见一小红点，用小镊子取出镜检，可见恙螨幼虫	定期驱虫：拟除虫菊酯类药、杀灭菊酯（戊酸氰醚酯、速灭杀丁）、70%酒精、碘酊或5%硫黄软膏
软蜱病	软蜱	鸡	皮肤	接触	宿主消瘦、贫血、生产能力下降，甚至死亡，对鸡的危害最大	参见硬蜱防治。国外将苏云金杆菌的制剂——内晶菌灵，涂撒于体表，能使波斯锐缘蜱死亡率达70%～90%
禽羽虱	长角羽虱科和短角羽虱科的虫体	终末宿主：鸡	皮肤	接触	1. 临诊：禽体瘙痒，表现不安，食欲下降，消瘦，生产力降低。严重者可造成雏鸡生长发育停滞，体质日衰，导致死亡 2. 实验室诊断：在病鸡体表可见羽虱	定期驱虫：拟除虫菊酯类药、杀灭菊酯（戊酸氰醚酯、速灭杀丁）、70%酒精、碘酊或5%硫黄软膏

（续）

病名	病原	宿主	寄生部位	感染途径	诊断要点	防治方法
鸡球虫病	孢子虫纲艾美耳科艾美耳属的球虫	终末宿主：鸡	肠道	口	1. 临诊：病初饮多食少，严重者以后表现饮多食多。严重腹泻，常有血便。贫血。由于腹泻而严重脱水，腿部及其他部位皮肤干燥皱缩。 2. 实验室诊断：剖检可见盲肠出血，肠内容物中含有多量的血液、血凝块和坏死脱落的上皮组织	定期驱虫：磺胺二甲基嘧啶（SM2），磺胺喹噁啉（SQ），磺胺氯吡嗪，氨丙啉，百球清
鸭球虫病	艾美耳科泰泽属和温扬属的球虫	终末宿主：鸭	小肠	口	1. 临诊：雏鸭精神委顿，缩脖，食欲下降，渴欲增加，腹泻，随后排血便，粪便呈暗红色，腥臭。耐过病鸭生长发育受阻 2. 实验室诊断：剖检可见小肠泛发性出血性肠炎，有的黏膜上覆盖着一层款糠样或奶酪样黏液，或者是红色胶冻样黏液，但不形成肠芯。急性死亡病例可根据病理变化和镜检肠黏膜涂片或粪便涂片作出诊断。粪便检查用漂浮法	定期驱虫：磺胺六甲氧嘧啶（SMM），磺胺甲基异噁唑（SMZ），复方磺胺六甲氧嘧啶
鹅球虫病	艾美耳科艾美耳属球虫	终末宿主：鹅	肾脏和肠道上	口	1. 临诊：幼鹅表现为精神不振，食欲下降，腹泻，粪便白色，血便，消瘦，衰弱，严重者死亡，死亡率高达87%。成鹅主要是消化紊乱，食欲下降、腹泻 2. 实验室诊断：剖检幼鹅可见肾脏体积肿大，呈灰黑色或红色，上有出血斑或灰白色条纹；病灶内含尿酸盐沉积物和大量卵囊。剖检成鹅可见小肠充满稀薄的红褐色液体，小肠中段和下段卡他性出血性炎症最严重，也可能出现白色结节或纤维素性类白喉坏死性肠炎。粪便检查用漂浮法	定期驱虫：磺胺间甲氧嘧啶、磺胺喹噁啉、氨丙啉、克球粉、尼卡巴嗪、盐霉素等

（续）

病名	病原	宿主	寄生部位	感染途径	诊断要点	防治方法
组织滴虫病	火鸡组织滴虫	终末宿主：鸡等禽类	盲肠和肝脏	口	1. 临诊：食欲缺乏，呆立，翅下垂，步态蹒跚，眼半闭，头下垂，畏寒，下痢，排淡黄色或淡绿色粪便，严重者粪中带血，甚至排出大量血液。疾病末期，鸡冠、肉髯发绀，呈暗黑色，故称"黑头病" 2. 实验室诊断：剖检可见盲肠肿胀，肠壁肥厚，内腔充满浆液性或出血性渗出物，常形成干酪状的盲肠肠芯，间或盲肠穿孔，引起腹膜炎。肝脏肿大，呈紫褐色，表面出现圆形、黄绿色、边缘隆起中央下陷的坏死灶，直径可达1cm，单独存在或融合成片。采集新鲜盲肠内容物，用加温至40℃的生理盐水稀释后，制成悬滴标本镜检，即可见到能活动的火鸡组织滴虫	定期驱虫：痢特灵，按0.04%混入饲料，连用7d；预防按0.011%～0.022%混入饲料，休药期5d 甲硝唑（所有食品动物禁用），按每千克饲料混入250mg，连用5d；预防按每千克饲料混入200mg，休药期5d
住白细胞虫病	沙氏住白细胞虫、卡氏住白细胞虫	终末宿主：鸡	血液	口	1. 临诊：急性病例的雏鸡，突然咯血、呼吸困难，很快死亡。死前口流鲜血，呼吸困难，严重贫血 2. 实验室诊断：剖检可见尸体消瘦，鸡冠、肉髯苍白。全身性出血，尤其是胸肌、腿肌、心肌有大小不等的出血点。肾、肺等各内脏器官肿大、出血。胸肌、腿肌、心肌及肝、脾等器官上有灰白色或稍带黄色的、针尖至粟粒大与周围组织有明显分界的小结节。采取鸡外周血液或脏器涂片，吉姆萨氏染色镜检，发现虫体即可确诊	定期驱虫：泰灭净，磺胺二甲氧嘧啶（SDM），乙胺嘧啶

 职业能力和职业资格测试

（一）单项选择题

1. 下列哪个不是棘口吸虫的中间宿主？（　　）
   A. 淡水螺　　　B. 蛙类　　　C. 蝌蚪　　　D. 蜻蜓
2. 下列哪个是前殖吸虫的补充宿主？（　　）
   A. 淡水螺　　　B. 蜻蜓　　　C. 蝌蚪　　　D. 蛙类

3. 前殖吸虫病有明显的季节性，一般在哪个季节多发？（　　）

    A. 冬季　　　　　B. 冬春季　　　　　C. 秋季　　　　　D. 夏季

4. 鸡蛔虫寄生于鸡的（　　）。

    A. 盲肠　　　　　B. 小肠　　　　　C. 肌胃　　　　　D. 皮下

5. 下列哪一个是鸡蛔虫的贮藏宿主？（　　）

    A. 淡水螺　　　　B. 蛙类　　　　　C. 蚯蚓　　　　　D. 蜻蜓

6. 某鸡群发病，病鸡表现为生长发育不良，鸡冠苍白，消化机能障碍，便秘与下痢交替，有时血便。解剖发现肠道有大型线虫，个别死鸡肠阻塞甚至破裂。据此，你认为是什么病？（　　）

    A. 鸡球虫病　　　B. 鸡蛔虫病　　　C. 异刺线虫病　　　D. 禽胃线虫病

7. 下列哪种寄生虫病不是经口传播的？（　　）

    A. 鸡球虫病　　　B. 鸡蛔虫病　　　C. 异刺线虫病　　　D. 鸡螨病

8. 下列哪个药物不是禽绦虫病的防治药物？（　　）

    A. 阿苯达唑　　　B. 吡喹酮　　　C. 氯硝柳胺　　　D. 磺胺喹噁啉（SQ）

9. 下列哪一个不是禽毛细线虫的寄生部位？（　　）

    A. 食道　　　　　B. 嗉囊　　　　　C. 肠道　　　　　D. 肌肉

10. 关于鸡的异刺线虫，下列说明哪个是错误的？（　　）

    A. 其终末宿主是鸡。　　　　　　　B. 成虫寄生于鸡的盲肠。

    C. 发育过程需要中间宿主。　　　　D. 发育过程不需要中间宿主。

（二）多项选择题

1. 棘口吸虫主要寄生于（　　）。

    A. 直肠　　　　　B. 盲肠　　　　　C. 肝脏　　　　　D. 皮肤

2. 下列哪几种寄生虫寄生于鸡的盲肠？（　　）

    A. 异刺线虫　　　B. 蛔虫　　　　　C. 球虫　　　　　D. 禽胃线虫

3. 下列对鸡螨虫病的描述，哪些是正确的？（　　）

    A. 皮刺螨吸食鸡体血液，引起不安，日渐消瘦，贫血，产蛋量下降。

    B. 鸡皮刺螨可传播禽霍乱和螺旋体病。

    C. 鸡新棒恙螨幼螨叮咬鸡体，患部奇痒，呈现周围隆起、中间凹陷的痘脐形的病灶。

    D. 鸡患螨虫病时，病鸡贫血，消瘦，垂头，不食，如不及时治疗，可能死亡。

4. 下列对鸡球虫的描述，哪些是正确的？（　　）

    A. 饲养管理条件不良和营养缺乏均能促使本病的发生。

    B. 球虫卵囊对外界环境抵抗力较差。

    C. 温暖潮湿的环境有利于卵囊的发育。

    D. 药物预防时，常用穿梭用药和轮换用药，达到最好的预防效果。

5. 下列哪些药物是治疗鸡球虫的常用药物？（　　）

    A. 磺胺二甲基嘧啶（SM2）　　　　B. 磺胺喹噁啉（SQ）

    C. 磺胺氯吡嗪　　　　　　　　　　D. 丙硫苯咪唑

（三）判断题

1. 鸡绦虫的发育不需要中间宿主。（　　）

2. 水禽绦虫病是由膜壳科的多种绦虫寄生于鹅、鸭等水禽小肠引起的疾病的总称，主要特征为引起小肠黏膜发炎、下痢、生长缓慢和产蛋率下降。（　　）

3. 鸡蛔虫的发育不需要中间宿主，成虫寄生于鸡小肠。（　　）

4. 鸡螨虫发育过程为不完全变态，包括卵、幼虫、若虫、成虫4个阶段。（　　）

5. 组织滴虫病是由单毛滴虫科组织滴虫属的火鸡组织滴虫寄生于鸡等禽类盲肠和肝脏引起的疾病，又称"盲肠肝炎"或"黑头病"。（　　）

6. 住白细胞虫病的主要特征为贫血，全身广泛性出血并伴有坏死灶。（　　）

7. 鸡蛔虫主要特征为胃黏膜发炎，下痢，生长缓慢和产蛋率下降。（　　）

8. 台湾鸟蛇线虫的中间宿主是淡水螺。（　　）

9. 禽胃线虫主要特征为引起胃肠黏膜发炎，下痢，生长缓慢和产蛋率下降。（　　）

10. 禽毛细线虫病是由毛细科毛细属的多种线虫寄生于禽类食道、嗉囊、肠道引起的寄生虫病。（　　）

参考答案

（一）单项选择题

1. D　2. B　3. D　4. B　5. C　6. B　7. D　8. D　9. D　10. C

（二）多项选择题

1. AB.　2. AC　3. ABCD　4. ACD　5. ABC

（三）判断题

1. ×　2. √　3. √　4. √　5. √　6. √　7. ×　8. ×　9. √　10. √

犬、猫寄生虫病的防治

【项目描述】

　　犬、猫寄生虫病防治项目是根据宠物医师、宠物健康护理员等工作岗位要求和宠物医院执业兽医的典型工作岗位的需要而安排，主要介绍了并殖吸虫病、绦虫病、蛔虫病、钩虫病、肾膨结线虫病、蜱螨病、蚤病、虱病、球虫病、巴贝斯虫病等犬、猫常见寄生虫病的病原特征、生活史、流行特点、预防措施、诊断、治疗的知识和技能，目的是使学生具有对犬、猫寄生虫病诊断、治疗和制定防治措施的能力，从而为人和犬、猫等宠物的安全、健康提供技术支持。

【学习目标与思政目标】

　　完成本项目后，你应能够：认识常见的犬、猫寄生虫，如复孔绦虫、弓首蛔虫、钩虫、螨、蚤、虱等，能阐述它们的生活史，会正确地诊断和防治这些常见的犬、猫寄生虫病。能够运用系统观念、辩证思维、创新思维和现代化的诊疗技术对犬、猫寄生虫病典型病例进行综合分析和诊疗；会正确使用常用宠物用药治疗和预防犬、猫寄生虫病，能为畜主制定合理、有效、个性化的防控犬、猫寄生虫病的措施；具有服务公众健康和人民美好生活的意识。

任务6-1　犬、猫吸虫病和绦虫病防治

【案例导入】

　　某兽医院接收了2月龄雄性萨摩耶犬的病例。患犬体重1.9kg，平常饲喂犬粮，发病已经1周。该犬精神状态一直欠佳，发育一般，瘦弱，被毛无光泽、粗乱，精神萎靡，食欲差，眼结膜及牙龈苍白，轻微腹泻。体温39.7℃。肺部听诊呼吸音增强，局部啰音。用犬瘟热病毒和犬细小病毒抗原检测试纸进行抗原检测，结果均为阴性。经X射线检查可见肺部有大片云絮状阴影，纹理增粗，按肺炎治疗4日后，病情未见好转。于第5天再次进行粪检，发现椭圆形、金黄色的虫卵，具卵盖且大而明显，卵壳厚薄不均，卵内含有一个卵细胞和许多卵黄细胞。

　　问题：案例中的犬感染了何种寄生虫？诊断依据是什么，应如何治疗？请为该犬主制定出防治措施。

一、犬、猫并殖吸虫病

本病是由并殖科并殖属的并殖吸虫寄生于犬等动物和人的肺引起的疾病，又称卫氏并殖吸虫病。本病的特征为引起肺炎和囊肿，痰液中含有虫卵，异位寄生时引起相应的症状，是重要的人兽共患病。

（一）病原特征

并殖吸虫种类很多，主要是卫氏并殖吸虫。

卫氏并殖吸虫（*Paragonimns westermani*），虫体肥厚，腹面扁平，背面隆起，体表被有小棘，活体呈红褐色。长 7.5～16mm，宽 4～6mm。口腹吸盘大小相近，腹吸盘位于体中横线之前。肠支呈波浪状弯曲，终于体末端。卵巢分 5～6 个叶，形如指状，位于腹吸盘的左后侧。子宫内充满虫卵，与卵巢左右相对，其后是并列的分支状睾丸。卵黄腺由密集的卵黄滤泡组成，分布于虫体两侧（图 6-1）。

卫氏并殖吸虫

虫卵呈金黄色，椭圆形，卵壳薄厚不均，卵内有十余个卵黄细胞，大多有卵盖。虫卵大小为（75～118）μm×（48～67）μm。

图 6-1　卫氏并殖吸虫

（二）生活史

1. 中间宿主　淡水螺类的短沟蜷和瘤拟黑螺。

2. 补充宿主　溪蟹类和蝲蛄。

3. 终末宿主　主要为犬、猫、猪、人；还见于野生的犬科和猫科动物中，如狐狸、狼、貉、猞猁、狮、虎、豹等。

4. 发育过程　成虫在终末宿主肺脏产卵，虫卵经支气管和气管进入口腔，被咽下进入肠道随粪便排出体外。落于水中的虫卵孵出毛蚴，毛蚴侵入螺体内发育为胞蚴、母雷蚴、子雷蚴及尾蚴。尾蚴离开螺体在水中游动，遇到补充宿主即侵入其体内变成囊蚴。终末宿主吞入含囊蚴的补充宿主后，幼虫在十二指肠破囊而出，穿过肠壁进入腹腔，在脏器间移行窜扰后穿过膈肌进入胸腔，钻过肺膜进入肺脏发育为成虫。成虫常成对被包围在肺组织形成的包囊内，包囊以微小管道与气管相通，虫卵则由此管道进入小支气管（图 6-2）。

5. 发育时间　在外界的虫卵孵出毛蚴需 2～3 周；从毛蚴进入中间宿主至补充宿主体内出现囊蚴约需 3 个月；进入终末宿主的囊蚴经移行到达肺脏需 5～23d，到达肺脏的囊蚴发育为成虫需 2～3 个月。

6. 成虫寿命　成虫寿命 5～6 年，甚至 20 年。

（三）流行特点

1. 感染来源　患病或带虫的终末宿主，虫卵存在于粪便中。

2. 感染途径　终末宿主经口感染。

3. 地理分布　螺多滋生于山间小溪及河底布满卵石或岩石的河流中。补充宿主溪蟹类主要分布于小溪河流旁的洞穴及石块下；蝲蛄多居于水质清澈河流的岩石缝内。本病的发生和流行与螺的分布一致。

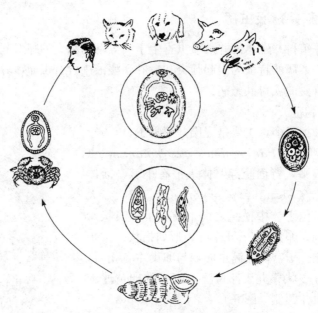

图 6-2　并殖吸虫生活史

4. 自然疫源性　由于中间宿主和补充宿主的分布特点，加之卫氏并殖吸虫的终末宿主范围又较广泛，因此，本病具有自然疫源性。

5. 抵抗力　囊蚴抵抗力强，经盐、酒腌浸大部分不能杀死，被浸在酱油、10％～20％盐水或醋中，部分囊蚴可存活 24h 以上，但加热到 70℃ 3min 时可全部死亡。

（四）预防措施

在流行区防止易感犬、猫等动物及人食用生的或半生的溪蟹和蝲蛄，是预防本病的关键措施；管理好人和动物的粪便，进行无害化处理，防止粪便入水污染水源；销毁患病脏器；灭螺。

（五）诊断

1. 致病作用　童虫和成虫在动物体内移行和寄生期间可造成机械损伤，引起组织损伤和出血，形成内含血液的结节性病灶，并有炎性渗出。虫体的代谢产物等抗原物质可导致免疫病理反应，由于变态反应，使病灶周围逐渐形成肉芽组织薄膜，其内大量细胞浸润、集聚、死亡，形成脓肿。脓肿内容物液化，肉芽组织增生形成囊壁而变为囊肿。虫体转移或死亡后形成空囊，内容物被排出或吸收，纤维组织增生形成疤痕。

2. 临床症状　精神不佳，食欲不振，消瘦，咳嗽，气喘，胸痛，血痰，湿性啰音。因并殖吸虫在体内有到处窜扰的习性，有时出现异位寄生。寄生于脑部时，表现头痛、癫痫、瘫痪等；寄生于脊髓时，出现运动障碍、下肢瘫痪等；寄生于腹部时，可致腹痛、腹泻、便血、肝脏肿大等；寄生于皮肤时，皮下出现游走性结节，有痒感和痛感。

3. 病理变化　主要是虫体形成囊肿，以肺脏最为常见，还可见于全身各内脏器官中。肺脏中的囊肿，多位于肺脏的浅层，有豌豆大，稍凸出于肺脏表面，呈暗红色或灰白色，单个散在或积聚成团，切开时可见黏稠褐色液体，有的可见虫体，有的有脓汁或纤维素，有的成空囊。有时可见纤维素性胸膜炎、腹膜炎并与脏器粘连。

4. 实验室诊断　检查痰液及粪便中虫卵确诊。痰液用10％氢氧化钠溶液处理后，离心沉淀检查。粪便检查采用沉淀法。也可用X射线检查和血清学方法诊断，如间接血凝试验及酶联免疫吸附试验等。

（六）治疗

目前常用的药物如下，各地可根据药源和具体情况加以选用。

1. 阿苯达唑　每千克体重50～100mg，连服14～21d。

2. 吡喹酮　每千克体重50mg，1次口服。

二、犬、猫绦虫病

本病是由多种绦虫寄生于犬、猫的小肠引起疾病的总称。主要特征为消化不良、腹泻，多为慢性经过。

（一）病原特征

寄生于肉食动物的绦虫种类很多，其幼虫期（中绦期）多以家畜或人为中间宿主。

1. 带科 Taeniidae　为大、中、小型虫体。吸盘上无小钩，头节上有顶突，上有2圈小钩（牛带吻绦虫无）。每个成熟节片有1组生殖器官，生殖孔不规则地交替开口于节片侧缘。睾丸数目多。卵巢呈双叶状。子宫为管状。孕卵节片内子宫有主干和众多分支。幼虫为囊尾蚴型。

虫卵呈圆形或近圆形，壳厚，有辐射状条纹，黄褐色，内含六钩蚴。

（1）带属（*Taenia*）。

①泡状带绦虫（*T. hydatigena*），长可达5m。顶突上有26～46个小钩。孕卵节片内子宫侧支5～16对。寄生于犬、猫小肠。幼虫期为细颈囊尾蚴，寄生于猪、羊、牛、鹿的大网膜、肠系膜、肝脏、横膈膜等。

②羊带绦虫（*T. ovis*），长45～100cm。顶突上有24～36个小钩。孕卵节片子宫侧枝20～25对。寄生于犬科动物小肠。幼虫期为羊囊尾蚴，寄生于绵羊、山羊和骆驼的横纹肌。

③豆状带绦虫（*T. pisiformis*），长60～200cm，顶突上有36～48个小钩。体节边缘呈锯齿状，故又称锯齿带绦虫。孕卵节片子宫侧枝8～14对。寄生于犬小肠，偶见于猫。幼虫期为豆状囊尾蚴，寄生于兔肝脏和肠系膜等，呈葡萄状。

④带状带绦虫（*T. taeniaeformis*），又称带状泡尾带绦虫。长15～60cm。头节粗壮，顶突肥大有小钩，4个吸盘向外侧突出。孕卵节片子宫侧枝16～18对。寄生于猫小肠。幼虫期为链状囊尾蚴（链尾蚴、叶状囊尾蚴），寄生于鼠类肝脏。

（2）多头属（*Multiceps*）。

①多头带绦虫（*T. multiceps*），或称多头多头绦虫。长40～100cm，200～250个节片，最宽为5mm。顶突上有22～32个小钩。孕卵节片子宫侧枝14～26对（图6-3）。寄生于犬科动物小肠。幼虫期为脑多头蚴（脑共尾蚴、脑包虫），寄生于羊、牛等反刍动物大脑内，人偶尔感染。

②连续多头绦虫（*M. serialis*），长10～70cm。顶突上有26～32个小钩。孕卵节片子宫侧枝20～25对。寄生于犬科动物小肠。幼虫期为连续多头蚴（连续共尾

蚴），寄生于兔等啮齿动物的皮下、肌肉、腹腔脏器、肺脏等。

③斯氏多头绦虫（*M. skrjabini*），长 20cm。顶突上有 32 个小钩。孕卵节片子宫侧枝 20～30 对。寄生于犬科动物小肠。幼虫期为斯氏多头蚴（斯氏共尾蚴），与脑多头蚴同物异名，只是寄生部位不同。寄生于羊和骆驼的肌肉、皮下、胸腔和食道等。

（3）棘球属（*Echinococcus*）。

①细粒棘球绦虫（*E. granulosus*），为小型虫体，长 2～7mm，由头节和 3～4 个节片组成。

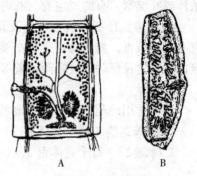

图 6-3　多头带绦虫
A. 成熟节片　B. 孕卵节片

顶突上有 36～40 个小钩。成熟节片内有睾丸 35～55 个。生殖孔位于节片侧缘后半部。孕卵节片的长度为宽度的若干倍，约占虫体全长的 1/2。孕卵节片子宫侧枝 12～15 对。寄生于犬科动物小肠。幼虫期为细粒棘球蚴，寄生于羊、牛、猪、骆驼、马及多种野生动物和人的肝脏、肺脏及其他器官。

②多房棘球绦虫（*E. multilocularis*），长 1.2～4.5mm。顶突上有 14～34 个小钩。睾丸 14～35 个，生殖孔位于节片侧缘的前半部。孕卵节片内子宫呈袋状，无侧枝。寄生于犬科动物小肠。幼虫期为多房棘球蚴，寄生于啮齿类肝脏。

2. 双壳科 Dileoididae　中、小型虫体，吸盘上有或无小钩，多数有顶突，上有 1～2 圈小钩。每节有 1 组或 2 组生殖器官，睾丸数目多。孕卵节片子宫为横的袋状或分叶，或为副子宫器或卵袋所替代。

常见虫种为复孔属（*Dipylidium*）的犬复孔绦虫（*Dipylidium caninum*），活体为淡红色，固定后为乳白色。长 10～50cm，约由 200 个节片组成。头节有吸盘、顶突和小钩。体节呈黄瓜籽状。每个成熟节片有 2 组生殖器官，生殖孔位于两侧。睾丸 100～200 个，位于纵排泄管内侧。孕卵节片内子宫分为许多卵袋，每个卵袋内含有数个至 30 个以上虫卵。寄生于犬、猫小肠（图 6-4）。幼虫期为似囊尾蚴，寄生于犬、猫蚤和犬毛虱。

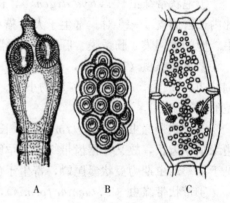

图 6-4　犬复孔绦虫
A. 头节　B. 孕节中的卵袋　C. 成熟节片

犬复孔绦虫
生活史

3. 中绦科 Mesocestoididae　中、小型虫体，头节上有 4 个突出的吸盘，无顶突。生殖孔位于腹面中线上。

常见虫种为中绦属（*Mesocestoides*）的中线绦虫（*M. lineatus*），长 30～250cm，最宽处 3mm。有 4 个长圆形吸盘。颈节很短。成节近似方形，每节有 1 组生殖器官。子宫位于节片中央。孕卵节片似桶状，内有子宫和 1 个卵圆形的副子宫器（图 6-5）。寄生于犬、猫小肠。幼虫期为似囊尾蚴和四盘蚴。中间宿主地螨，补充宿主为啮齿类、禽类、爬行类和两栖类。

虫卵呈椭圆形，2 层薄膜，内含六钩蚴。虫卵大小为（40～60）μm×（35～

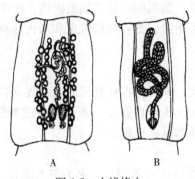

图 6-5　中线绦虫
A. 成熟节片　B. 孕卵节片

43）μm。

4. 双叶槽科 Diphyllobothriidae　大、中型虫体，头节上有吸槽，分节明显。生殖孔和子宫孔同在腹面。卵巢位于体后部的髓质区。卵黄腺呈泡状，位于皮质区。子宫为螺旋管状，在阴道孔后向外开口。

（1）双叶槽属（*Diphyllobothriium*）。

宽节双叶槽绦虫（*D. latum*），长 2～12m，2 个吸槽狭而深。成熟节片和孕卵节片均呈方形。睾丸与卵黄腺散在于节片两侧。卵巢分 2 叶，位于体中央后部，子宫呈玫瑰花样。寄生于犬、猫、猪、人及其他哺乳动物的小肠。幼虫期为裂头蚴，长约 5mm，头节有吸槽，中间宿主为剑水蚤，补充宿主为鱼。

（2）迭宫属（*Spirometra*）。

曼氏迭宫绦虫（*S. mansoni*），长 40～60cm，头节指状，背、腹各有一纵行的吸槽。体节的宽度大于长度。子宫有 3～5 个盘旋（图 6-6）。寄生于犬、猫和一些肉食动物小肠。幼虫期为曼氏裂头蚴。中间宿主为剑水蚤，补充宿主为蛙类、蛇类和鸟类。

虫卵呈卵圆形，两端稍尖，呈浅灰褐色，卵壳薄，有卵盖，内有胚细胞和卵黄细胞。虫卵大小为（52～68）$\mu m \times$（32～43）μm。

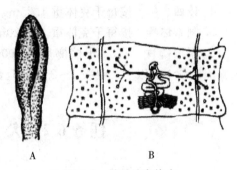

图 6-6　曼氏迭宫绦虫
A. 头节　B. 成熟节片

（二）生活史

犬、猫绦虫病的终末宿主主要为犬、猫等动物，有的只需要一个中间宿主，有的需要二个或三个中间宿主，中间宿主可以为蚤、虱、地螨、剑水蚤等节肢动物；也可以为猪、羊、牛、鹿、兔、鱼、蛙类和人等动物；犬、猫的绦虫成虫均寄生在犬、猫的小肠中，终末孕卵节片或虫卵随粪便排出，进入中间宿主（有的还需进入补充宿主）体内发育为幼虫，被终末宿主吃入后，在其小肠发育为成虫。

（三）流行特点

犬之间可以相互感染，而且当人们玩逗犬时，即可能感染绦虫蚴。用感染绦虫蚴的家畜脏器、鱼类喂犬后，常造成犬绦虫病的流行。绦虫成虫对终末宿主的致病性不强，但中绦期幼虫对中间宿主的危害很大，这是由于幼虫多寄生于中间宿主的脏器内，如心、肝、肺、肾、脾、肠系膜，甚至脑组织内，给中间宿主带来致命危险。此外，犬复孔绦虫、阔节裂头绦虫、细粒棘球绦虫和孟氏迭宫绦虫的成虫或中绦期幼虫尚可感染人。

（四）预防措施

严格肉品卫生检验制度，未经无害化处理的肉类废弃物不得喂犬、猫及其他肉食兽；对犬、猫应每年进行 4 次预防性驱虫，粪便深埋或焚烧；避免犬、猫吃入生鱼、虾；杀灭动物体和舍内的蚤和虱；灭鼠。

（五）诊断

1. 临床症状 轻度感染时症状不明显，多为营养不良。严重感染时，食欲不振，消化不良，呕吐，慢性肠卡他，下痢，异嗜，逐渐消瘦，贫血，有时腹痛。虫体成团时可致肠阻塞、肠扭转甚至肠破裂，个别病例出现剧烈兴奋，有的发生痉挛和四肢麻痹。多呈慢性经过，很少死亡。

2. 实验室诊断 采用漂浮法检查粪便发现虫卵可初步诊断，粪便中见有孕卵节片可确诊。

（六）治疗

治疗可选用下列药物：

1. 吡喹酮 按每千克体重 5～10mg，1 次内服、皮下或肌内注射。

2. 氯硝柳胺（灭绦灵） 按每千克体重 100～150mg，1 次内服，对细粒棘球绦虫无效。

3. 盐酸丁奈脒 按每千克体重 25～50mg，1 次内服。

4. 依西太尔 按每千克体重 1.25mg（猫）和 5.5mg（犬），1 次内服。

5. 阿苯达唑 按每千克体重 10～20mg，每天口服 1 次，连用 3～4d。

6. 干槟榔片 150g 干槟榔片用 500mL 水煎至 200mL，按每只犬 50mL 灌服，灌服前禁食 12h 以上；喂服 1～2 次，但要以见到虫体头节排出为准。

任务 6-2　犬、猫线虫病防治

【案例导入】

某市区 1 只 4 月龄的博美犬前来就诊，该犬减食约半月，体重 1.3kg，晚上狂吠不安，体形愈发消瘦，眼结膜苍白，体温 38.9℃，心率 235 次/min。前几日呕吐物中偶见有白色虫体，腹胀并伴有腹泻现象，有腹痛症状，腹围膨大，被毛粗乱无光，皮肤松弛，生长发育停滞。

问题：案例中的犬感染了何种寄生虫？诊断依据是什么，应如何治疗？请为该犬主制定出防治措施。

一、犬、猫蛔虫病

本病是由弓首科弓首属、蛔科弓蛔属的蛔虫寄生于犬、猫小肠引起的疾病。主要特征为幼犬和幼猫发育不良、生长缓慢。

（一）病原特征

1. 犬弓首蛔虫（*Toxocara canis*）　弓首属。头端有 3 片唇，虫体前端两侧有向后延展的颈翼膜，颈翼膜上有横纹。食道通过小胃与肠管相连。雄虫长 5～11cm，尾端弯曲，有 1 小锥突，有尾翼。雌虫长 9～18cm，尾端直，阴门开口于虫体前半部。

犬蛔虫

虫卵呈亚球形或椭圆形，卵壳厚，表面有许多点状凹陷。虫卵大小为（68～85）μm×（64～72）μm（图 6-7）。

2. 猫弓首蛔虫（*T. cati*）　弓首属。外形与犬弓首蛔虫近似，颈翼前窄后宽。雄虫长 3～6cm，尾部有指状突起。雌虫长 4～10cm。

虫卵与犬弓首蛔虫卵相似，大小为 65μm×70μm。

3. 狮弓蛔虫（*Toxascaris leonina*）　弓蛔属。头端向背侧弯曲，虫体头端两侧有狭长而对称的颈翼膜，中间宽，两端窄，使头端呈矛尖形，无小胃（图 6-8）。雄虫长 3～7cm，无尾翼膜，有两根等长的交合刺，雌虫长 3～10cm，阴门开口于虫体前 1/3 处。

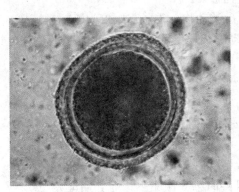

图 6-7　犬弓首蛔虫虫卵

（朱兴全．2006．小动物寄生虫病学）

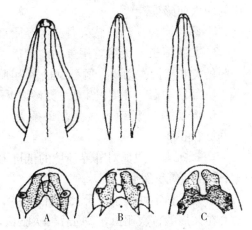

图 6-8　肉食动物蛔虫前部及头部

A. 猫弓首蛔虫　B. 犬弓首蛔虫　C. 狮弓蛔虫

虫卵呈钝椭圆形，壳厚且光滑。虫卵大小为（74～86）μm×（49～61）μm，卵壳厚，表面光滑，无凹陷（图 6-9）。

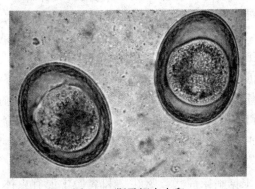

图 6-9　狮弓蛔虫虫卵

(二)生活史

1. 贮藏宿主 犬弓首蛔虫的贮藏宿主为啮齿类动物。猫弓首蛔虫为蚯蚓、蟑螂、一些鸟类和啮齿类动物。狮弓蛔虫多为啮齿类动物、食虫目动物和小的肉食兽。

2. 发育过程 犬弓首蛔虫、猫弓首蛔虫的虫卵随犬的粪便排出体外，在适宜的条件下发育为感染性虫卵，幼犬吞食后在肠内孵出幼虫，进入血液循环经肝脏、肺脏移行，到达咽后重返小肠发育为成虫。成年犬感染后，幼虫随血流到达各器官组织中形成包囊，但不进一步发育。而感染的成年母犬怀孕后，幼虫经胎盘感染胎儿或产后经母乳感染幼犬，犬崽出生后23～40d小肠中已有成虫。感染性虫卵如被贮藏宿主吞入，在其体内形成含有第3期幼虫的包囊，犬摄入贮藏宿主后感染。

狮弓蛔虫生活史简单。犬吞食了感染性虫卵后，逸出的幼虫钻入肠壁内发育，其后返回肠腔，经3～4周发育为成虫。

(三)流行特点

1. 感染来源 患病或带虫的终末宿主，虫卵存在于粪便中。怀孕母犬器官组织中的幼虫，可抵抗驱虫药物的作用，而成为幼犬的重要感染来源。幼猫多因摄入乳汁中的幼虫而感染。

2. 感染途径 经口感染，亦可经胎盘或母乳感染。

3. 贮藏宿主 犬弓首蛔虫的贮藏宿主为啮齿类动物。猫弓首蛔虫为蚯蚓、蟑螂、一些鸟类和啮齿类动物。狮弓蛔虫多为啮齿类动物、食虫目动物和小的肉食兽。

4. 年龄动态 主要发生于6月龄以下幼犬、猫，感染率为5%～80%，成年犬则很少。

5. 繁殖力 繁殖力极强，每条犬弓首蛔虫雌虫每天随每克粪便可排出700～15 000个虫卵。

6. 抵抗力 虫卵对外界环境的抵抗力非常强，在土壤中可存活数年。

(四)预防措施

对犬、猫定期驱虫，母犬在怀孕后第40天至产后14d驱虫，以减少围生期感染；幼犬在2周龄首次驱虫，2周后再次驱虫，2月龄时第3次驱虫；哺乳期母犬与幼犬同时驱虫；避免犬、猫吃入贮藏宿主。犬、猫粪便无害化处理，防止污染水源。

(五)诊断

1. 临床症状 幼虫在肺脏移行时出现咳嗽，呼吸加快，泡沫状鼻漏，重者死亡。成虫寄生时表现胃肠功能紊乱，呕吐，腹泻或与便秘交替出现，有时在呕吐物和粪便中有虫体，贫血，有神经症状，生长缓慢，被毛粗乱。虫体大量寄生时可引起肠阻塞，亦可导致肠破裂、腹膜炎而死亡。当宿主发热、怀孕、饥饿、饲料成分改变或应激反应时，虫体可能窜入胃、胆管或胰管。

2. 病理变化 轻度及中度感染时，移行幼虫对组织器官不造成明显的损害，成虫在小肠中也不引起任何明显的反应。但感染严重时，幼虫在肺部移行引起肺炎，有时伴发肺水肿；成虫可引起黏膜卡他性肠炎、出血或溃疡。可能部分或完全阻塞肠道（图6-10）。少数情况时，还出现肠穿孔、腹膜炎或胆管阻塞、胆管化脓、破裂、肝脏黄染、变硬。

3. 实验室诊断 根据临床症状、呕吐物和粪便中混有虫体，结合粪便检查可确诊。2周龄幼犬出现肺炎症状，用抗生素无效时，可考虑幼虫移行所致。确诊需在粪便中发现特征性的虫卵或虫体；尸检时在小肠或胆道发现虫体。

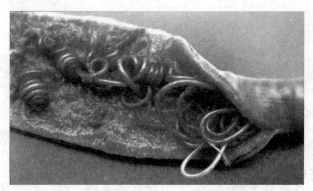

图 6-10 犬小肠中的犬弓首蛔虫成虫

(Fisher. 2005. Power Over Parasites: A Reference Manual for
Samll Animal Veterinary Surgeons)

由于蛔虫的产卵量很高，可不用漂浮法等集卵法检查，只需用少量粪便涂片，加上 50％甘油生理盐水（一滴清水或生理盐水也可代替），即可镜检出虫卵。

（六）治疗

1. 伊维菌素 按每千克体重 0.2～0.3mg，皮下注射或口服。有柯利犬血统的犬禁用。

2. 美贝霉素 按每千克体重 2mg（猫）和 0.5mg（犬），口服，每月 1 次，对弓首蛔虫有效。

3. 赛拉菌素 按每千克体重 6mg，每月 1 次，局部用药。

4. 芬苯哒唑 按每千克体重 50mg，每天 1 次，连喂 3d。少数病例可能有呕吐。

5. 甲苯达唑 按每千克体重 25～50mg，分 3d 内服。常引起呕吐、腹泻或软便。休药期不少于 7d。

6. 左旋咪唑 按每千克体重 10mg，一次内服。

7. 噻吩嘧啶 按每千克体重 10～20mg（猫）和 5mg（犬），口服。

8. 哌嗪盐 按每千克体重 40～65mg（指含哌嗪的量），口服。

二、犬、猫钩虫病

本病是由钩口科钩口属和弯口属的线虫寄生于犬、猫等动物小肠引起的疾病。以十二指肠为多。主要特征为贫血，黑色油状粪便，肠炎和低蛋白血症。

（一）病原特征

主要有以下 3 种：

1. 犬钩口线虫（*Ancylostoma caninum*） 钩口属。寄生于犬、猫、狐狸，偶尔寄生于人。虫体呈淡红色，长 10～16mm。前端向背面弯曲，口囊大，腹侧口缘上有 3 对大齿，深部有 2 对背齿和 1 对侧腹齿（图 6-11）。

虫卵呈椭圆形，无色，壳薄而光滑，随粪便排出的卵，内含 8 个卵细胞（桑葚期）。虫卵大小为 $60\mu m \times 40\mu m$（图 6-12）。

2. 巴西钩口线虫（*A. braziliense*） 钩口属。寄生于犬、猫、狐狸。虫体头端腹侧口缘上有 1 对大齿和 1 对小齿。虫体长 6～10mm。

3. 狭首弯口线虫（*Uncinaria stenocephala*） 弯口属。寄生于犬、猫等肉食兽。

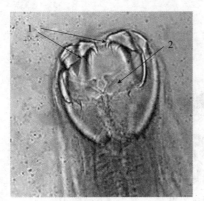

图 6-11　犬钩口线虫口囊
1. 有齿切板　2. 口囊
（Fisher. 2005. Power Over Parasites：
A Reference Manual for Samll Animal
Veterinary Surgeons）

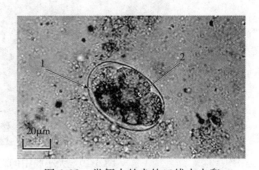

图 6-12　粪便中的犬钩口线虫虫卵
1. 卵壳　2. 分裂球
（Fisher. 2005. Power Over Parasites：A Reference Manual for
Samll Animal Veterinary Surgeons）

犬钩虫虫卵
（400 倍）

虫体呈淡黄色，两端稍细，头端向背面弯曲，口囊发达，其腹面前缘有 1 对半月形切板，底部有 1 对亚腹侧齿（图 6-13）。雄虫长 6 ～ 11mm。雌虫长 7～12mm。

（二）生活史

虫卵随宿主粪便排出体外，在适宜温度和湿度下 1 周内发育为感染性幼虫，经皮肤侵入后进入血液循环，经心脏、肺脏、呼吸道转入咽部，咽下后进入小肠发育为成虫。经口感染时，幼虫侵入食道黏膜进入血液循环。狭首弯口线虫移行时一般不经过肺脏。

（三）流行特点

1. 感染来源　患病或带虫的犬、猫，虫卵存在于粪便中。母犬乳汁是幼犬感染的重要来源。

2. 感染途径　最常见的是经皮肤感染，幼虫进

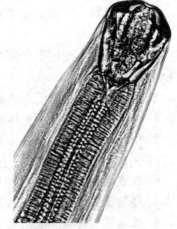

图 6-13　狭首弯口线虫口囊
（Urquhart 等 . 1996. Veterinary
Parasitology）

入血液循环，经心脏、肺脏、呼吸道转入咽部，咽下后进入小肠；其次是经口感染，幼虫侵入食道等处黏膜而进入血液循环，尤其是哺乳幼犬吮乳感染；经胎盘感染少见。狭首弯口线虫主要经口感染。

3. 年龄动态　多危害 1 岁以内的幼犬和幼猫，成年动物由于年龄免疫而不发病。

4. 发病诱因　圈舍阴暗、潮湿等不良因素有利于本病的流行。

（四）预防措施

定期驱虫；粪便生物热处理；保持圈舍和活动处的清洁、干燥，用干燥或加热的方法杀死幼虫；保护怀孕和哺乳动物。

（五）诊断

1. 临床症状　幼虫钻入皮肤时引起瘙痒、皮肤炎症，也可继发细菌感染，多发生在被毛较少处。一般无症状，大量幼虫移行至肺脏时引起肺炎。

成虫在小肠黏膜上吸血时不断变换部位，造成大量失血，表现贫血，呼吸困难，

倦怠，哺乳期幼犬尤为严重。常伴有血性或黏液性腹泻，粪便呈黑色油状。血液稀薄，白细胞总数增多，嗜酸性粒细胞比例增大，血红蛋白下降。小肠黏膜肿胀并有出血点，肠内容物混有血液。重者死亡。

2. 病理变化 黏膜苍白，血液稀薄，小肠黏膜肿胀，有出血点，肠内容物混有血液，可见虫体。

3. 实验室诊断 根据流行病学、临床症状和粪便检查综合诊断。粪便检查用漂浮法。可在圈舍土壤或垫草内分离幼虫。

（六）治疗

常用驱线虫药均有效。参照犬、猫蛔虫病。

三、犬、猫肾膨结线虫病

本病是由膨结科膨结属的肾膨结线虫寄生于哺乳动物及人引起的疾病，又称肾虫病。主要寄生于肾盂中，少数在泌尿系统的其他器官，个别在肝脏和胸、腹腔。主要特征为排尿困难、末段尿带血。

请扫描二维码获取该病的详细资料。

肾膨结线虫病

任务6-3 犬、猫蜱螨病和昆虫病防治

【案例导入】

在某警犬基地内发现一只史宾格犬（公，2岁，黑白花色）背部、四肢末端、腹下部出现红斑、小块痂皮、鳞屑，皮肤变黑，被毛大量脱落；全身剧烈瘙痒，烦躁不安，皮肤发红、剧痒，不时用四肢挠抓红斑和小块痂皮处，并在墙壁摩擦掉毛处。开始时病灶主要分布在头部、前胸、腹下、腋窝、大腿内侧和尾根，然后蔓延至全身。病初皮肤上出现红斑，接着产生疹状小结，表面有大量黄色的麸皮样脱屑；进而皮肤增厚，特别是面颈和胸部的皮肤形成皱褶；被毛脱落，表面覆有痂皮，除去痂皮时皮肤鲜红且湿润，伴有出血。刮取病变皮肤皮屑进行镜检，看见龟形虫体。

问题：案例中的犬感染了何种寄生虫？诊断依据是什么，应如何治疗？请为该犬主制定出防治措施。

一、犬、猫螨病

本病是一种犬、猫的皮肤寄生虫病，在临床上主要的疾病为：犬疥螨病、犬耳痒

螨病、犬蠕形螨病及猫背肛螨病。这些疾病广泛分布在世界各地，多发生于夏季，卫生条件差的犬、猫多发。

（一）病原特征

1. 犬疥螨（*Sarcoptec scabiei*）　犬疥螨似猪疥螨。呈宽的卵圆形，雌虫大小为 $380\mu m \times 270\mu m$，体表覆以相互平行的细毛。雄虫大小为 $220\mu m \times 170\mu m$（图 6-14）。虫卵呈椭圆形，壳薄，平均大小为 $150\mu m \times 100\mu m$。

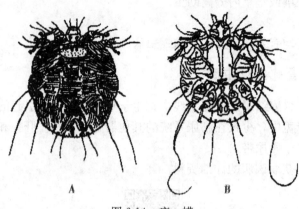

图 6-14　疥　螨
A. 背面　B. 腹面

2. 犬耳痒螨（*Otodectes cynotis*）　虫体呈椭圆形，雌螨体长 $0.345 \sim 0.451mm$，雄螨体长 $0.274 \sim 0.362mm$。口器为短的圆锥形。足 4 对，在雄螨的每对足末端和雌螨的第 1、2 对足末端均有带柄的吸盘，柄短，不分节；雌螨第 4 对足不发达，不能伸出体边缘。雄螨体后端的结节很不发达，每个结节有两长两短 4 根刚毛，结节前方有 2 个不明显的肛吸盘（图 6-15）。虫卵为白色，卵圆形，一边较平直，长度为 $166 \sim 206\mu m$。

3. 犬蠕形螨（*Demodex*）　呈半透明乳白色，体长 $0.25 \sim 0.3mm$，宽约 $0.04mm$，身体细长，外形上可分为头、胸、腹 3 个部分。胸部有 4 对很短的足；腹部长，有横纹；口器由 1 对须肢、1 对螯肢和 1 个口下板组成（图 6-16）。

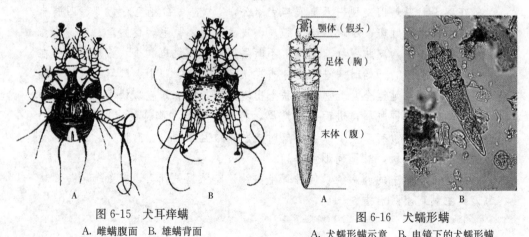

图 6-15　犬耳痒螨
A. 雌螨腹面　B. 雄螨背面

图 6-16　犬蠕形螨
A. 犬蠕形螨示意　B. 电镜下的犬蠕形螨

4. 猫背肛螨（*Notoedres cati*）　形态与犬疥螨形态相似，区别点为肛门在背面，而不在体后缘（图 6-17）。

（二）生活史

发育过程都为不完全变态发育，包括卵、幼虫、若虫、成虫4个阶段。

犬疥螨雄螨有一个若虫期，雌螨有两个幼虫期，发育为成虫后，雌螨与雄螨交配后，雌螨在宿主表皮内挖掘隧道，以角质层组织和渗出的淋巴液为食，并在此发育和繁殖。隧道每隔一段距离，即有小孔与外界相通，以进入空气和成为幼虫出入的通道。雌虫一生可产卵40～50个，卵孵化出幼虫，幼虫蜕皮变为若虫，再蜕皮变成成虫。完成一代发育需8～22d，平均15d。

图6-17 猫背肛螨

犬耳痒螨的发育过程与犬疥螨相似。雌螨采食1～2d后开始产卵，一生约产卵40个。条件适宜时，整个发育需10～12d。条件不利时可转入5～6个月的休眠期，以增强对外界的抵抗力。寿命约为42d。

犬蠕形螨发育的4个阶段全部在宿主体上进行。雌虫产卵于宿主的毛囊和皮脂腺内，卵无色半透明，呈蘑菇状，长0.07～0.09mm。虫卵经2～3d孵化为幼虫，幼虫经1～2d蜕皮变为第1期若虫，再经3～4d蜕皮为第2期若虫，再经2～3d蜕皮变为成虫。整个发育期为14～15d。

猫背肛螨的发育过程与犬疥螨相似。

（三）流行特点

犬疥螨病是一种高度接触性传染病，主要通过患病动物或带虫动物与健康犬、猫直接接触而传播。也可通过污染的被褥、用具、栏舍的墙壁等感染。从初期感染到犬群出现临床症状，往往只需要1～2周时间。疥螨病多发于家养的舍饲小动物，尤其是卫生条件差的情况下，以冬季和春季寒冷季节多发。

耳痒螨病是犬、猫的一种常见的外寄生虫病，呈世界性分布。动物之间主要是通过直接接触传播，特别是哺乳期，幼年犬、猫与母犬和母猫频繁接触很容易发生感染，犬、猫也可相互传播。

犬、猫的蠕形螨病呈世界性分布，正常犬、猫的皮肤常带有少量的蠕形螨，但不表现出临床症状。动物营养状况差、使用激素、应激、其他外寄生虫或免疫抑制性疾病感染、肿瘤、衰竭性疾病等，均可诱发蠕形螨病发生。感染蠕形螨的动物是本病的传染源，动物之间通过直接或间接接触而相互传播。刚出生的幼犬在哺乳期间与感染蠕形螨母犬因皮肤接触而获得感染，这种感染发生在出生后几天内，是犬感染的主要方式。

（四）预防措施

（1）加强犬、猫的饲养管理和栏舍清洁卫生工作，保持动物栏舍宽敞、干燥和通风，避免潮湿和拥挤，以减少动物相互感染的机会。

（2）用杀螨剂定期喷洒栏舍及用具，以消灭犬、猫生活环境中的螨虫。

（3）新进的犬、猫要注意观察，无螨者方可合群饲养。对患病和带螨的犬、猫要及时隔离治疗，防止病原蔓延。

（4）做好平时预防工作，避免与带虫动物或有脱毛和瘙痒症状的动物接触。

（5）给犬、猫戴除虫颈圈可减少犬、猫感染螨的机会。

（五）诊断

1. 临床症状 犬疥螨病多起始于口、鼻梁、颊部、耳根及腋间等处，后遍及全身。病初皮肤发红，出现丘疹，进而形成水疱，破溃后流出黏稠黄色油状渗出物，干燥后形成鱼鳞状黄痂。患部皮肤可出现增厚、变硬、皲裂等。病犬奇痒，常搔抓、啃咬或在地面及各种物体上摩擦患部，引起严重的脱毛。随着病情的发展，病犬出现体重减轻和厌食等症状。

犬感染耳痒螨时，通常是双侧性的，在耳道内有灰白色的沉积物。猫轻度感染会引起耳道内出现褐色蜡样渗出物，随后形成痂皮，覆盖在贴附皮肤采食的螨虫表面。随着刺激的加剧，痒觉越来越明显，动物因痒感而不断摇头、抓耳、在器物上摩擦耳部，引起耳部血肿和耳道溃疡。有的犬可能会出现痉挛或转圈运动。当发生细菌的继发感染时，可引起化脓性外耳炎。

幼龄犬的蠕形螨以 3～15 月龄的犬多发，常表现为局部型，初发病部位往往在眼上部、头部、前肢和躯干部，出现局灶性脱毛、红斑、脱屑，但不表现瘙痒。这种局部型的蠕形螨病具有自限性，不需治疗常可自行消退。脓疱型蠕形螨病常伴随有化脓性葡萄球菌感染，表现出皮肤脱毛、红斑，形成脓疱和结痂，不同程度的瘙痒，有些病例会出现淋巴结病。成年犬蠕形螨病多见于 5 岁以上犬，常伴随免疫抑制性疾病，表现为皮肤脱毛，出现鳞屑和结痂。其发病可能是局部型，也可能是全身型，但局部型多发生在头部和腿部，在一些慢性病例常表现出局部皮肤色素过度沉着。

猫背肛螨的主要临床表现为耳部、面部、眼睑、颈部、肘部、会阴部和脚部皮肤出现剧烈瘙痒，形成丘疹、黄痂、脱毛，并产生革样硬结、增厚、皲裂。仔猫症状严重，常可以引起死亡。

2. 病理变化 患疥螨的犬皮肤出现丘疹、皮肤角质化细胞受损和炎症，导致被毛脱落，皮肤表面出现大量渗出物和出血，渗出液干燥后形成黄色痂皮，剧痒可导致皮肤受损，若继发细菌感染，导致皮肤出现脓疱。

猫背肛螨的雌螨在挖掘隧道时可损害皮肤的角质化细胞，引起皮炎。

耳痒螨可导致寄生部位的皮炎或变态反应，引起上皮细胞过度角质化和增生，感染部位的炎性细胞，尤其是肥大细胞和巨噬细胞增多，皮下静脉血管扩张。

3. 鉴别诊断 犬蠕形螨感染时应与疥螨感染相区别，该病毛根处皮肤肿起，皮表不红肿，皮下组织不增厚，脱毛不严重，银白色皮屑具黏性，痒不严重。疥螨病时，毛根处皮肤不肿起，脱毛严重，皮表红而有疹状突起，但皮下组织不增厚，无白鳞皮屑，但有小黄痂，奇痒。

4. 实验室诊断 根据犬出现瘙痒和上述皮肤病变可作出初步诊断，同时要注意同其他皮肤病区别。确诊需要进行病原检查。

对怀疑感染疥螨的犬，实验室诊断方法同猪疥螨病。

犬、猫出现外耳炎，耳内有大量的耳垢和发痒时可怀疑为耳痒螨病，确诊可通过耳镜检查发现运动的螨虫；取可疑病例的耳垢或病变部位的刮取物在显微镜下发现螨虫或虫卵。

对蠕形螨病，可采用与疥螨相似的方法，刮取皮屑在显微镜下检查有无蠕形螨；亦可用消毒针尖或刀尖，将脓疱、丘疹等损害处划破，挤出脓液直接涂片检查；还可拔取病变部位的毛发，在载玻片上加入 1 滴甘油，把毛根部置于甘油内，在显微镜下检查毛根部的蠕形螨。

(六) 治疗

治疗疥螨病、耳痒螨病或蠕形螨病时均需先用温肥皂水刷洗患部，除去污垢和痂皮，再用杀螨剂按推荐剂量和使用方法进行局部涂擦、喷洒、口服或注射等。

1. 大环内酯类杀虫剂　如用伊维菌素、多拉菌素、塞拉菌素等，剂量为每千克体重 0.2～0.4mg，连用 3 次，每次间隔 14d。在大环内酯类药物中，有注射液、口服或局部涂擦的剂型，按推荐方法进行使用可获得很好的杀螨效果。

2. 甲脒类杀虫剂　如双甲脒具有广谱、高效、低毒的特点，对小动物及各种家畜的疥螨、痒螨、蜱等外寄生虫具有杀灭和驱避效果。使用时将 12.5％双甲脒用温水稀释 250～500 倍，进行药浴或涂擦，7d 后再重复一次。

3. 有机磷类杀虫剂　如精制敌百虫、辛硫磷、巴胺磷、地亚农等，广泛用于小动物和家畜外寄生虫病的防治。如精制敌百虫用温水稀释至 0.2％～0.5％浓度进行药浴，或用 0.1％～0.5％的浓度进行涂擦或喷洒环境。

4. 拟除虫菊酯类杀虫剂　这类药物中的溴氰菊酯、戊酸氰菊酯、氯菊酯等已在动物上广泛使用。如临床上将 5％溴氰菊酯（倍特）用温水配成 15～50mg/L 浓度药浴，7～10d 再重复一次；或用棉籽油将溴氰菊酯稀释成 1∶（1 000～1 500）倍，进行头部、耳部、眼周、尾根和趾部涂擦。

5. 昆虫生长调节剂　如鲁芬奴隆、双氟苯隆、烯虫酯等，在临床上将这类药物单独使用或与其他类型的杀虫剂联合使用，能有效防治小动物及各种家畜的疥螨、蜱和跳蚤等外寄生虫病。

由于许多杀螨剂对虫卵的杀灭作用差，故 5～7d 后重复用药 1～2 次是十分必要的。治疗时为防止犬、猫中毒，可采用必要的防护措施，如戴上嘴笼，眼睛四周涂以凡士林，药浴后及时吹干被毛等。

药浴

🖊 **传统中兽医园地**
....

我国传统医学经典名著节选

狗遍身癞癣：用百部浓煎汁涂之。　　　　　　　　　　　　　　——《便民图纂》

（犬）身上发癣、生蝇：百部汁涂，即除去。　　　　　　　　——《串雅外编》

治犬生癣方：硫黄研末，拌饭喂之，每次用二三钱。　　　　——《奇方类编》

治犬癣神方：犬生此病，则毛脱而恶臭。可用大蜈蚣一条，拌饭中令食，不久即愈。或以硫黄内猪肠中，与食，尤效。　　　　　　　　　　　　　——《华佗神医秘传》

治犬、猫风癣方：桃树叶捣烂，遍擦其毛皮，少时洗去，一二次即辟除。

　　　　　　　　　　　　　　　　　　　　　　　　　　　　——《行厨集》

治猫生癣方：用柏子油涂之，二三次即愈。　　　　　　　——《古今医统大全》

猫生癣：以百部煎汤，遍涂患处，极效。或如治犬法施之亦极效。

　　　　　　　　　　　　　　　　　　　　　　　　　　——《华佗神医秘传》

（猫）生癣：以蜈蚣焙干研末，拌饭饲之愈。　　　　　　　——《农学录》

犬患皮瘴：多由食胡椒所致，或有虫患而瘴。二证俱可合治，外常以便计除之。

又方：青螺汁、芭蕉油，合广灰，入醋涂之。

洗药方：贯众、皂角、槟榔、青果、雄黄、硫黄、黄荆子、寒水石，共煎极浓，洗之。

又服药方：雄黄、甘草、白芷、血余，为末，人粥饲之。

又方：仙人掌、仙茅，合粥与食。

又方：生地、玄参、甘草，煮粥与食。

——《活兽慈舟》

选自于船，张克家主编《中华兽医精典》

二、犬、猫蜱病

蜱是犬、猫常见的体外寄生虫，由于虫体的叮咬，引发犬、猫不安，导致局部皮炎、水肿。此外，蜱分泌的毒素还能引起神经麻痹，称为"蜱瘫痪症"。

(一)病原特征

寄生在犬皮肤的蜱为硬蜱，硬蜱分布广泛，种类繁多，重要的有硬蜱属、璃眼蜱属、血蜱属、扇头蜱属、革蜱属、牛蜱属、花蜱属等。病原特征可参照硬蜱病。

(二)生活史

参照硬蜱病。

(三)流行特点

参照硬蜱病。

(四)预防措施

1. 做好犬的卫生管理 对宠物犬可经常用含有杀虫剂的洗浴药品进行药浴，或佩戴除虫项圈；尽可能避免动物在蜱滋生地活动或采食，工作犬在进入树林草丛等蜱易滋生地区活动时，可进行有针对性的药浴或喷涂杀虫剂。

2. 自然界灭蜱 改变有利于蜱生长的自然环境，如翻耕牧地、清除杂草、灌木丛，在严格监督下烧荒等，有条件时还可对蜱滋生场所进行超低容量喷雾，如50%马拉硫磷乳油 $0.4\sim0.75\text{mL/m}^2$。

(五)诊断

1. 临床症状 蜱可以寄生于多种动物，亦可侵袭人。直接危害是吸食血液，并且吸食量很大，雌虫饱食后体重可增加 $50\sim250$ 倍。少数蜱的叮咬，犬往往不表现任何临床症状，但若寄生于趾间，可引起跛行，当体表蜱寄生的数量增多时，犬会表现出痛痒、烦躁不安等症状，经常以摩擦、抓和舔咬等方式试图摆脱害虫，从而导致皮肤的局部出血、水肿、发炎和角质增生，引起嗜酸性粒细胞参与的炎性反应。当被叮咬的伤口受到细菌感染后，会引起局部皮肤脓肿。当大量寄生时，可导致犬贫血、消瘦、生长发育不良。有些种类的硬蜱在叮咬犬时，虫体分泌的毒素可引起犬出现"蜱瘫痪症"：犬一般在蜱侵袭后 $5\sim7\text{d}$ 出现症状，开始表现为无食欲、运动失调；随后出现上行肌无力、流涎和不对称性瞳孔散大；后期出现四肢麻痹和呼吸困难，治疗不及时会导致死亡。

2. 危害 主要危害是蜱作为生物媒介传播疾病，可以传播百余种病原微生物和30余种原虫。其中许多是人兽共患病，如森林脑炎、莱姆热、出血热、Q热、蜱传斑疹伤寒、鼠疫、野兔热、布鲁菌病、牛羊梨形虫病等。对动物危害严重的巴贝斯虫病和泰勒虫必须依赖硬蜱传播。

(六)治疗

1. 用手摘除 动物体上有少量蜱寄生时，尤其是对怀疑患"蜱瘫痪症"的犬、

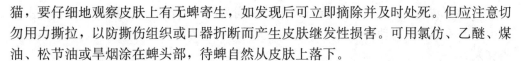

猫，要仔细地观察皮肤上有无蜱寄生，如发现后可立即摘除并及时处死。但应注意切勿用力撕拉，以防撕伤组织或口器折断而产生皮肤继发性损害。可用氯仿、乙醚、煤油、松节油或旱烟涂在蜱头部，待蜱自然从皮肤上落下。

2. 化学药物灭蜱

（1）局部用药。用天然除虫菊酯进行局部涂擦或喷洒用药。安万克滴剂（其成分为：西拉菌素＋氟普尼尔＋氯芬奴隆）对犬、猫蜱和其他多种外寄生虫有显著的疗效。除虫项圈中一般含有双甲脒、地亚农、二溴磷或其他杀虫剂，宠物佩戴除虫项圈可有效驱杀寄生于体表的硬蜱。另外，吡虫啉、氟虫氰及其复方制剂也在临床上局部用于驱蜱虫。

（2）全身用药。伊维菌素、阿维菌素、多拉菌素、西拉菌素等大环内酯类皮下注射或肌内注射，对蜱等外寄生虫均有很强的杀灭作用。

另外，对"蜱瘫痪症"的治疗应摘除体表的蜱，中和血液中的循环毒素并采取必要的支持疗法，按每千克体重 30mg 静脉注射氢化可的松可有效地缓解症状。

三、犬、猫蚤病

犬、猫蚤病是由蚤目中多种蚤类寄生在犬、猫的皮肤上引起的一类常见寄生虫病。因蚤有跳跃功能，故又称跳蚤。

（一）病原特征

常见的虫体为蚤科栉首蚤中的犬、猫栉首蚤。

蚤细小，无翅，两侧扁平，侧扁的体形是蚤类独有的特征。呈棕黄色，刺吸式口器，披有坚韧的外骨骼以及发达程度不同的鬃和刺等衍生物。体壁硬而光滑，足发达，善跳，长 1~3mm。寄生犬的蚤主要有犬栉首蚤（图 6-18）、猫栉首蚤（图 6-19）和东洋栉首蚤。

1. 犬栉首蚤　寄生于犬科动物，以及犬科以外少数食肉类动物。

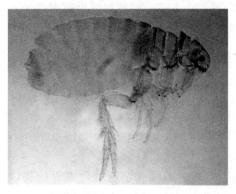

图 6-18　犬栉首蚤成虫

（Krämer，Mencke. 2001. Flea Biology and Control：the Biology of the Cat Flea，Control and Prevention with Imidacloprid in Small Animals）

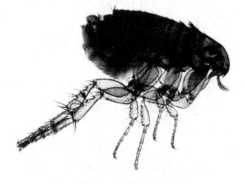

图 6-19　猫栉首蚤成虫

（Bowman 等 . 2002. Feline Clinical Parasitology）

2. 猫栉首蚤　该种具广宿主性，主要宿主有猫、犬、兔和人，亦见于多种野生食肉动物及鼠类。

3. 东洋栉首蚤　东洋栉首蚤与犬栉首蚤同为短头型，但比犬栉首蚤略长。主要寄生于犬等小型食肉动物，还可寄生于一些啮齿类、有蹄类（山羊）以及灵长目的猴类和人。

（二）生活史

跳蚤的发育史为完全变态，可分为卵、幼虫、蛹、成虫4个阶段。成虫寄生于动物体表，其他3个阶段均在犬、猫窝或地面生活。

（三）流行特点

由于蚤的活动性强，对宿主的选择性比较广泛，因此便成为某些自然疫源性疾病和传染病的媒介及病原体的储存宿主，如腺鼠疫、地方性斑疹伤寒、土拉菌病（野兔热）等。它们也是某些绦虫的中间宿主，如犬复孔绦虫、缩小膜壳绦虫和微小膜壳绦虫等。

（四）预防措施

要做好犬、猫的环境卫生，平常应保持犬、猫舍的清洁干燥和动物体卫生，做好定期消毒工作；定期使用体外驱虫药进行喷洒和外浴；此外，也可让动物佩戴杀蚤项圈。当兽医工作者进行犬、猫防疫注射和诊疗工作时，应当在鞋子、裤子外面及袖口等处撒布鱼藤酮粉以保护不受跳蚤的侵袭。

（五）诊断

根据临床表现以及病理变化，结合实验室检查，对该病进行诊断。

1. 临床症状和病理变化　蚤通过叮咬和分泌具有毒性及变态性产物的唾液，刺激犬、猫引起强烈瘙痒，病犬、猫变得不安，通过啃咬搔抓以减轻刺激。一般在耳郭下、肩胛、臀部或腿部附近产生一种急性散在性皮炎斑；在后背部或阴部产生慢性非特异性皮炎。患犬、猫出现脱毛、落屑，形成痂皮，皮肤增厚及形成有色素沉着的皱襞，严重者出现贫血，在犬、猫背中线的皮肤及被毛根部附着煤焦样颗粒。

2. 实验室诊断　确诊本病需在动物体上发现蚤或进行蚤抗原皮内反应试验。对动物进行仔细检查，可在被毛间发现蚤或蚤的碎屑，在头部、臀部和尾尖部附近的蚤往往最多。将蚤抗原用灭菌生理盐水10倍稀释，取0.1mL腹侧注射，5~20min内产生硬节和红斑，证明动物有感染。

（六）治疗

1. 美贝霉素　犬每千克体重0.5mg，每月1次，口服。

2. 塞拉菌素　犬、猫每千克体重6mg，每月1次，局部用药。

3. 氯芬奴隆　犬：每千克体重10mg，每月1次，口服。猫：每千克体重10mg，每6个月1次，皮下注射；或每千克体重30mg，每月1次，口服。

本病的治疗还可用鱼藤酮、双甲脒、辛硫磷、溴氰菊酯、精制敌百虫等药物体表喷洒，但要注意要使用药物的浓度，浴后需用清水漂洗一遍。由于犬栉首蚤也会传播给人，所以饲养者也要做好防蚤措施。对圈舍、垫料也要用以上药物进行喷洒杀虫。

四、犬虱病

犬虱病是由虱目的虱和食毛目的虱寄生于犬体表所引起的外寄生虫病，前者以血液、淋巴为食，后者不吸血，以毛、皮屑等为食。一年四季皆可发病，以寒冷的冬季

跳蚤
（40倍）

发病最多。临床上以皮肤瘙痒、脱毛、皮肤发炎为特征。此外，犬的毛虱还可作为犬复孔绦虫的中间宿主。

请扫描二维码获取该病的详细资料。

犬虱病

任务 6-4 犬、猫原虫病防治

【案例导入】

一只 3 个月的贵宾犬，雌性，体重约 0.6kg，未驱虫，未接种疫苗。因发现犬精神不振，食欲差，不愿运动，粪便稀烂带血丝前来就诊。检查发现，体温 39.7℃，按压腹部有疼痛反应，精神状态不好，眼结膜苍白，消瘦。粪便虫卵检查可见孢子化卵囊。

问题： 案例中的犬感染了何种寄生虫？诊断依据是什么？应如何治疗？请为该犬主制定出防治措施。

一、犬、猫球虫病

本病是由艾美耳科等孢属的球虫寄生于犬、猫小肠（有时在盲肠和结肠）黏膜上皮细胞引起的疾病。主要特征为轻度感染时不显症状，严重感染时表现消化道症状。

（一）病原特征

等孢球虫的孢子化卵囊内含有 2 个孢子囊，每个孢子囊内含 4 个子孢子（图 6-22）。寄生于犬的主要有犬等孢球虫（*Isospora canis*）、二联等孢球虫（*I.bignmina*）。寄生于猫的主要有芮氏等孢球虫（*I.rivolta*）、猫等孢球虫（*I.felis*）。

（二）生活史

球虫卵囊随粪便排出体外，在外界适宜条件下，形成具有感染性的孢子化卵囊（卵囊内含有 2 个孢子囊，每个孢子囊内含有 4 个子孢子）。犬吞食后即被感染，子孢子在肠中逸出，钻入肠黏膜上皮细胞内进行裂殖生殖，形成裂殖体（内含 8～12 个裂殖子）。裂殖体破裂，裂殖子逸出，侵入肠的上皮细胞内，重复裂

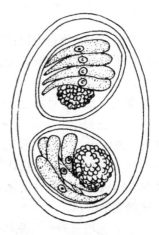

图 6-22 等孢球虫卵囊

殖生殖。经过若干世代裂殖生殖之后，进入配子发育阶段，一部分裂殖子发育为大配子体，形成许多大配子；另一部分裂殖子发育为小配子体，形成许多小配子。

大、小配子结合成为合子，合子周围迅速形成两层卵壁，成为卵囊，随粪便排出体外。

（三）流行特点

在温暖、潮湿的季节多发，尤其是圈舍卫生条件不良时更易发生。球虫卵囊对消毒药具有较强的抵抗力。但于干燥的空气中几天之内很快死亡。在55℃温度下经15min被杀死；在水温80℃时10s被杀死，100℃时5s被杀死。

本病广泛传播于犬、猫群中。幼犬和幼猫对球虫病特别易感。在环境卫生不良和饲养密度较大的养殖场常可发生严重流行。病犬、猫和带虫的成年犬、猫是传播本病的重要来源，其粪便可以污染食物、饮水、食槽以及周围环境。

传染途径是消化道。吞饮被污染的食物和水，或吞吃带球虫卵囊的苍蝇、鼠类均可发病。

（四）预防措施

用氨丙啉进行药物预防；搞好犬、猫舍及饮食用具的卫生；及时清理圈舍粪便，进行无害化处理。定期进行粪便虫卵的检查，严格执行驱虫制度，消灭鼠类、蝇类及其他昆虫。

（五）诊断

1. 临床症状　轻度感染时不显症状。严重感染时，幼龄犬、猫腹泻，排水样、黏液性或血性粪便，食欲减退，消化不良，消瘦，贫血，脱水。常继发细菌或病毒感染，如无继发感染，可自行康复。

2. 实验室诊断　可用直接涂片法和饱和盐水漂浮集卵法检查粪便中有无卵囊。

（六）治疗

1. 氨丙啉　按每千克体重110～220mg，混入食物，连用7～12d。

2. 磺胺二甲氧嗪　按每千克体重55mg，1次口服，或剂量减半，用至症状消失。因本病易继发其他细菌或病毒感染，故对症治疗尤为重要。

二、犬巴贝斯虫病

犬巴贝斯虫病是由巴贝斯虫寄生于犬红细胞内引起的一种犬的血液原虫病。临床特征是严重的贫血和血红蛋白缺乏。

（一）病原特征

寄生在犬的巴贝斯虫种为犬巴贝斯虫和吉氏巴贝斯虫。

1. 犬巴贝斯虫　是一种大型虫体，虫体长度大于红细胞半径，其形态有梨籽型、圆形、椭圆形、不规则形等。典型的形状是成双的梨籽形，尖端以锐角相连，每个虫体内有一团染色质块。虫体经吉姆萨染色后，细胞质呈淡蓝色，染色质呈紫红色。虫体形态随病的发展而有变化，虫体开始出现是以单个虫体为主，随后双梨籽形虫体所占比例逐渐增多。

2. 吉氏巴贝斯虫　虫体很小，多位于红细胞的边缘或偏中央，多呈环形、椭圆形、圆点形、小杆形等，偶尔可见十字形的四分裂虫体和成对的小梨籽形虫体。在感染的初期，虫体均呈圆点状，细胞核几乎充满整个细胞，以后细胞质开始增多，核逐渐移向边缘，着色较深，而虫体的大部分着色较浅；部分虫体转化为小杆形，即两端着色较深，中央着色较浅，呈巴氏杆菌样（图6-23）。在一个红细胞内可寄生1～13

个虫体，以寄生1～2个虫体者多见。

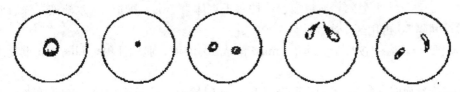

图6-23　吉氏巴贝斯虫

（二）生活史

1. 终末宿主　终末宿主是蜱。吉氏巴贝斯虫的终末宿主为长角血蜱、镰形扇头蜱和血红扇头蜱，犬巴贝斯虫的终末宿主主要为血红扇头蜱以及其他一些蜱。

2. 发育过程　蜱在吸动物血时，将巴贝斯虫的子孢子注入动物体内，子孢子进入红细胞内，以二分裂或出芽生殖进行裂殖生殖，形成裂殖体和裂殖子，红细胞破裂后，虫体又侵入新的红细胞，反复几代后形成大、小配子体。蜱再次吸血的时候，配子体进入蜱的肠管进行配子生殖，即在上皮细胞内形成配子，而后结合形成合子。合子可以运动，进入各种器官反复分裂形成更多的动合子。动合子侵入蜱的卵母细胞，在子代蜱发育成熟和采食时，进入子代蜱的唾液腺，进行孢子生殖，形成形态不同于动合子的子孢子。在子代蜱吸血时，将巴贝斯虫的子孢子传给犬。

（三）流行特点

蜱既是巴贝斯虫的终末宿主也是传播者，所以该病的分布和发病季节往往与传播者——蜱的分布和活动季节有密切的关系。一般而言，蜱多在春季开始出现，冬季消失。

犬巴贝斯虫流行范围广。我国多个省份均有此病的发生，本病多为地方流行，对犬，特别是军犬、警犬危害严重。幼犬和成年犬对巴贝斯虫一样敏感。

（四）预防措施

灭蜱，根据蜱的活动规律有计划地进行灭蜱工作，消灭犬体、犬舍和运动场上的蜱。加强检疫，对从外地引进的犬要进行检疫隔离观察，患病或带虫者应进行隔离和治疗；在发病季节，可用药物进行预防。

（五）诊断

1. 临床症状　临床症状常见急性型和慢性型。

（1）急性型。病犬体温升高，常为39～40℃，有的在40℃以上，且持续数天不退。可视黏膜先呈淡红色，随之发绀或黄染。常见化脓性结膜炎。从口鼻流出具有不良气味的液体。呼吸、心跳加快，呼吸困难。食欲减退或废绝，饮水增加，有时出现腹泻，明显消瘦。四肢无力，行走困难，喜卧。尿呈黄色或暗褐色。

（2）慢性型。病初体温升高，持续3～5d后，有5～10d的体温正常期，呈不规则的间歇热型。高度贫血，口色苍白，轻度黄疸。逐渐出现精神沉郁，食欲减退。脾脏肿大，触诊敏感。重者明显消瘦，站立不稳。尿液呈黄褐色，常死于衰竭。

2. 实验室诊断　采病犬末梢血作涂片，吉姆萨染色后镜检，发现红细胞内的虫体即可确诊。

（六）治疗

本病应及时诊断和治疗，辅以退热、强心、补液、健胃等对症、支持疗法。可选用下列药物。

1. **三氮脒（贝尼尔，血虫净）** 按每千克体重7mg，配成1‰水溶液，深层肌内注射，间隔5d再用药1次。

2. **咪唑苯脲** 按每千克体重5mg，配成1‰溶液，肌内注射，间隔24h重复用药1次。

高度贫血时，按每千克体重5~10mL及时输血。体质虚弱时，还可适当补液以及口服生脉饮等药物。

岗位操作任务9

犬螨病的诊断

【任务描述】

本任务是根据执业兽医、宠物医生和犬场动物疫病防治人员的工作要求和工作任务分析而安排，通过对本任务的学习，能为犬常见寄生虫病——螨病的正确诊断和防治提供技术支持，保障犬的健康生长。

【任务目标和要求】

完成本学习任务后，你应当能够：

（1）正确采集螨病实验室诊断时所需病料。

（2）能用透明皮屑法、加热法、皮屑溶解法等正确诊断螨病。

（3）能根据病例的具体情况进行正确的治疗，并能制定出科学的防制措施。

（4）能在教师、技师或同学帮助下，主动参与评价自己及他人任务完成程度。

（5）能主动参与小组活动，积极与他人沟通和交流，具备团队协作能力。

【学习过程】

第一步 资讯

查找犬螨病诊断相关的国家标准、行业标准、行业企业网站和视频资源，获取完成工作任务所需要的信息。

第二步 任务情境

利用动物医院或宠物医院门诊病例或养犬场病例进行实习实训。

第三步 材料准备

（1）标本。疥螨、痒螨和蠕形螨装片标准。

（2）器材。多媒体投影仪、显微镜、实体显微镜、手持放大镜、平皿、试管、试管夹、手术刀、镊子、载片、盖片、温度计、胶头滴管、离心机、恒温箱、酒精灯、污物缸、纱布和病历本等。

（3）药品。5%氢氧化钠溶液、10%氢氧化钠溶液、煤油、50%甘油水溶液、60%亚硫酸钠溶液等。

第四步 实施步骤

1. **临诊检查** 进行患螨病犬的临诊检查，观察皮肤变化及全身状态。

2. **病料采集** 应选择患部皮肤与健康皮肤交界处，按照项目一任务1-5中螨病的诊断方法进行病料采集。

3. 实验室诊断 病料采取后，教师演示螨病的各种诊断方法，然后让学生分组进行检查操作，可参照项目一任务 1-5 视频中的方法和操作步骤。

（1）透明皮屑法。

（2）平皿加热法。

（3）虫体浓集法。

（4）挤压集虫法。采集蠕形螨可用力挤压病变部位，挤压脓液或干酪样物，涂于载玻片上镜检。

4. 根据以上检查结果，确定螨虫的种类，做出正确的诊断。

第五步 评价

1. 教师点评 根据上述学习情况（包括过程和结果）进行检查，做好观察记录，并进行点评。

2. 学生互评和自评 每个同学根据评分要求和学习的情况，对小组内其他成员和自己进行评分。

通过互评、自评和教师（包括养殖场指导教师）评价来完成对每个同学的学习效果评价。评价成绩均采用 100 分制，考核评价如表 6-1 所示。

表 6-1 考核评价表

班级＿＿＿＿＿＿＿＿＿＿　学号＿＿＿＿＿＿＿＿＿＿　学生姓名＿＿＿＿＿＿＿＿＿＿　总分＿＿＿＿＿＿＿＿＿＿

	评价维度	考核指标解释及分值	教师（技师）评价 40%	学生自评 30%	小组互评 30%	得分	备注
1	任务目标达成度	达到预定的学习目标。（10分）					
2	任务完成度	完成教师布置的任务。（10分）					
3	知识掌握精确度	（1）能准确描述螨病的诊断方法。（10分） （2）能正确阐述几种螨虫的结构特点和区别。（10分）					
4	技术操作精准度	（1）能通过各种途径正确查找螨病诊断和防治所需信息。（10分） （2）能够正确采集螨病实验室诊断时所需病料。（10分） （3）能正确地诊断螨病。（10分）					
5	岗位需求适应度	（1）能根据犬螨病的具体情况进行正确的治疗并能制定出防制措施。（10分） （2）具备根据工作环境的变化，制订工作计划并解决问题的能力。（10分） （3）能在教师、技师或同学帮助下，主动参与评价自己及他人任务完成程度。（10分）					
	最终得分						

知识拓展

犬消化道寄生虫病的防治

项目小结

病名	病原	宿主	寄生部位	感染途径	诊断要点	防治方法
并殖吸虫病	卫氏并殖吸虫	中间宿主：淡水螺；补充宿主：溪蟹类和蝲蛄 终末宿主：犬、猫、猪、人等	肺脏及其他脏器中	口	1. 临诊：咳嗽，气喘，胸痛，血痰，头痛，癫痫，瘫痪，运动障碍，下肢瘫痪等；剖检可见虫体形成囊肿，以肺脏最为常见，还可见于全身各内脏器官中 2. 实验室诊断：沉淀法检查粪便中虫卵，也可用 X 射线检查和血清学方法诊断	1. 定期驱虫，可用阿苯达唑 2. 消灭中间宿主螺 3. 防止易感犬、猫等动物及人食用生的或半生的溪蟹和蝲蛄 4. 粪便无害化处理，防止污染水源
华支睾吸虫病	华支睾吸虫	中间宿主：淡水螺；补充宿主：淡水鱼和淡水虾 终末宿主：犬、猫、猪、人等	肝脏胆管及胆囊胆管	口	1. 临诊：多数动物为隐性感染，症状不明显。严重感染时表现消化不良，食欲减退、下痢和腹水等症状，逐渐贫血、消瘦，肝区叩诊有痛感。剖检可见胆囊肿大，胆管变粗，胆汁浓稠，呈草绿色。胆管和胆囊内有许多虫体和虫卵 2. 实验室诊断：可用漂浮法进行粪便检查	1. 定期对犬和猫进行检查和驱虫，可用吡喹酮、阿苯达唑 2. 消灭中间宿主淡水螺 3. 人和动物禁食生的或未煮熟的鱼、虾 4. 加强粪便管理，防止粪便污染水塘
犬猫绦虫病	带科、双壳科、中绦科、双叶槽科的多种绦虫	中间宿主：可以为蚤、虱、地螨、剑水蚤、猪、羊、牛、鹿、兔、鱼、蛙类和人等动物 终末宿主：主要为犬、猫等动物	成虫寄生在肠道，蚴虫寄生在肌肉、心、肝、肺、肾、脾、肠系膜、脑	口	1. 临诊：轻度感染时症状不明显，多为营养不良。严重感染时下痢，异嗜，消瘦，贫血，有时腹痛。可致肠阻塞、肠扭转甚至肠破裂，很少死亡 2. 实验室诊断：用漂浮法检查粪便发现虫卵可初步诊断，粪便中见有孕卵节片可确诊	1. 对犬、猫应每年进行 4 次预防性驱虫 2. 杀灭动物体和舍内的蚤和虱，灭鼠 3. 未经无害化处理的肉类废弃物不得喂犬、猫及其他肉食兽 4. 粪便深埋或焚烧

（续）

病名	病原	宿主	寄生部位	感染途径	诊断要点	防治方法
犬、猫蛔虫病	犬弓首蛔虫、猫弓首蛔虫、狮弓蛔虫	宿主：犬、猫	小肠	口、垂直传播	1. 临诊：咳嗽，呼吸加快，泡沫状鼻漏，重者死亡。呕吐，腹泻或与便秘交替出现，贫血，神经症状，生长缓慢，被毛粗乱。剖检可见腹膜炎、败血症、肝炎和肺炎 2. 实验室诊断：漂浮法检查粪便中虫卵	1. 对犬、猫定期驱虫，可用左旋咪唑、芬苯哒唑 2. 避免犬猫吃入贮藏宿主 3. 粪便无害化处理，防止污染水源
犬、猫钩虫病	犬钩口线虫、巴西钩口线虫、狭首弯口线虫	终末宿主：犬、猫	小肠，主要在十二指肠	口	1. 临诊：表现贫血，呼吸困难，倦怠，常伴有血性或黏液性腹泻，粪便呈黑色油状。血液稀薄，重者死亡。剖检可见黏膜苍白，血液稀薄，小肠黏膜肿胀，有出血点，肠内容物混有血液，可见虫体 2. 实验室诊断：可用漂浮法进行粪便检查。可在圈舍土壤或垫草内分离幼虫	1. 定期对犬和猫进行检查和驱虫 2. 保持圈舍干燥卫生，粪便集中生物热处理 3. 保护怀孕和哺乳犬、猫
肾膨结线虫病	肾膨结线虫	中间宿主：蚯蚓等环节动物 补充宿主：鱼或蛙类 终末宿主：犬、水貂、狐狸、猪、马、牛等动物及人	肾盂	口	1. 临诊：轻度感染时症状不明显，多为营养不良。严重感染时下痢，异嗜，消瘦，贫血，有时腹痛。可致肠阻塞、肠扭转甚至肠破裂，很少死亡 2. 实验室诊断：用漂浮法检查粪便发现虫卵可初步诊断，粪便中见有孕卵节片可确诊	1. 在本病流行地区要禁止易感动物吞食生鱼或其他水生动物 2. 患病动物的粪尿应无害化处理，防止病原扩散。 3. 患病动物可实施肾脏切除术
犬、猫螨病	犬疥螨、犬痒螨、猫背肛螨、犬蠕形螨	宿主：犬、猫	皮肤	直接或间接接触	1. 临诊：犬疥螨病皮肤发红，出现丘疹，形成水疱，破溃后流出黏稠黄色油状渗出物，干燥后形成鱼鳞状黄痂。皮肤出现增厚、变硬、龟裂等，病犬奇痒，脱毛。犬耳痒螨，耳道内出现渗出物，随后形成痂皮，痒觉明显，动物不断摇头、抓耳、在器物上摩擦耳部，引起耳部血肿和耳道溃疡。蠕形螨在眼上部、头部、前肢和躯干部出现局灶性脱毛、红斑、脱屑，但不表现瘙痒。猫背肛螨	1. 保持动物栏舍宽敞、干燥和通风 2. 消灭犬、猫生活环境中的螨虫 3. 新进的犬、猫要注意观察，无螨者方可合群饲养。对患病和带螨的犬、猫要及时隔离治疗，防止病原蔓延 4. 避免与带虫动物或有脱毛和瘙痒症状的动物接触 5. 给犬、猫戴除虫颈圈可减少犬、猫染螨的机会

（续）

病名	病原	宿主	寄生部位	感染途径	诊断要点	防治方法
					在耳部、面部、眼睑、颈部、肘部、会阴部和脚部皮肤出现剧烈瘙痒，形成丘疹、黄痂、脱毛并产生革样硬结、增厚、皲裂 2. 实验室诊断：皮肤刮取物检查虫体	
犬、猫蜱病	硬蜱	哺乳动物、鸟类、爬行类、两栖类。	皮肤	直接或间接接触	1. 临诊：多数动物为隐性感染，症状不明显。严重感染时表现消化不良，食欲减退、下痢和腹水等症状，逐渐贫血、消瘦，肝区叩诊有痛感。剖检可见胆囊肿大，胆管变粗，胆汁浓稠，呈草绿色。胆管和胆囊内有许多虫体和虫卵 2. 实验室诊断：可用漂浮法进行粪便检查	1. 定期对犬和猫进行检查和驱虫，可用吡喹酮、阿苯达唑 2. 消灭中间宿主淡水螺 3. 人和动物禁食生的或未煮熟的鱼、虾 4. 加强粪便管理，防止粪便污染水塘
蚤病	犬、猫栉首蚤	主要为犬、猫等动物。	皮肤	直接或间接接触	1. 临诊：跳蚤主要会导致犬、猫皮肤瘙痒，严重还会导致贫血、消瘦等症状。主要病变是导致皮肤炎症发红 2. 虫体鉴定：抓到犬、猫身上的蚤后需对其形态结构进行鉴定，确定蚤的种类	1. 做好犬、猫舍的环境卫生 2. 定期使用体外驱虫药进行喷洒和药浴 3. 也可让动物佩戴杀蚤项圈
虱病	犬毛虱、犬长颚虱	主要为犬、猫等动物	体表	直接或间接接触	1. 临诊：患犬、猫剧痒，搔抓，被毛脱落，皮肤脱屑，皮肤上出现小结节、小出血点甚至坏死灶，化脓性皮炎，脱毛，被毛上粘有白色虱卵 2. 实验室诊断：在毛间可见成虱、幼虱及其虫卵即可确诊	1. 给犬、猫用防虱浴液定期洗澡，经常梳刷犬、猫身 2. 经常打扫、消毒犬、猫舍和床 3. 对犬、猫定期检查，发现有虱病者，应隔离治疗 4. 新引进的犬、猫应先检查有无虱滋生，并采取驱虱等措施
犬、猫球虫病	犬等孢球虫、二联等孢球虫、芮氏等孢球虫、猫等孢球虫	宿主：犬、猫	小肠	口	1. 临诊：轻度感染时不显症状。严重感染时，幼龄犬、猫腹泻，排水样、黏液性或血性粪便，食欲减退，消化不良，消瘦，贫血，脱水 2. 实验室诊断：直接涂片法和饱和盐水漂浮集卵法检查粪便中有无卵囊	1. 用氨丙啉进行药物预防 2. 搞好犬、猫舍及饮食用具的卫生 3. 清理圈舍粪便 4. 积极治疗患病动物。可使用氨丙啉、磺胺二甲氧嗪等药物

（续）

病名	病原	宿主	寄生部位	感染途径	诊断要点	防治方法
犬巴贝斯虫病	犬巴贝斯虫、吉氏巴贝斯虫	终末宿主：蜱 中间宿主：犬、猫	血液	传播媒介	1. 临诊：急性型病犬体温呈稽留热。可视黏膜呈淡红色、发绀、黄染。呼吸、心跳加快，呼吸困难。食欲减退至废绝，饮水增加、腹泻，明显消瘦、四肢无力、行走困难，喜卧，尿呈黄色、暗褐色。慢性型病犬呈不规则的间歇热型。贫血，轻度黄疸。脾脏肿大，触诊敏感。尿液呈黄褐色，常死于衰竭 2. 实验室诊断：采病犬末梢血做涂片，吉姆萨染色后镜检，发现红细胞内的虫体即可确诊	1. 灭蜱 2. 加强检疫，对从外地引进的犬要进行检疫隔离观察 3. 患病或带虫者应进行隔离和治疗 4. 在发病季节，可用药物进行预防

职业能力和职业资格测试

（一）单项选择题

1. 犬并殖吸虫的中间宿主是（   ）。

    A. 小土窝螺   B. 短沟蜷   C. 钉螺   D. 水蚤

2. 华支睾吸虫病的粪便学检查最好采用（   ），检出率较高。

    A. 饱和盐水漂浮法   B. 直接涂片法   C. 洗涤沉淀法   D. 离心沉淀法

3. 犬感染复孔绦虫的病因是（   ）。

    A. 采食了感染似囊尾蚴的跳蚤

    B. 采食了感染似囊尾蚴羊的生肉

    C. 采食了感染似囊尾蚴羊的脑

    D. 采食了感染似囊尾蚴的青蛙

4. 下列叙述的犬钩口线虫的特点正确的是（   ）。

    A. 为大型虫体

    B. 头端有唇，口囊小，有1个大背齿

    C. 口囊大、有多对齿，腹侧口缘具大齿3对

    D. 寄生在犬、猫等动物的胃中

5. 肾膨结线虫的中间宿主和补充宿主为（   ）。

    A. 地螨和青蛙   B. 跳蚤和乌龟   C. 青蛙和蛇   D. 蚯蚓和鱼

6. 猫背肛螨形态上与犬疥螨的典型区别是（   ）。

    A. 虫体颜色不同   B. 口器不同

    C. 肛门的位置不同   D. 发育过程不同

7. 常用于螨病治疗的药物有（   ）。

A. 左旋咪唑 　　　　B. 阿苯达唑 　　　　C. 伊维菌素 　　　　D. 吡喹酮

8. 犬、猫球虫病的实验室诊断可采用（　　）检查粪便中的卵囊。

A. 反复洗涤沉淀法 　　　　　　　　B. 毛蚴孵化法

C. 饱和盐水漂浮法 　　　　　　　　D. 染色涂片法

9. 犬巴贝斯虫病是巴贝斯虫寄生在犬的（　　）内引起的一种犬的血液原虫病。

A. 白细胞 　　　　B. 淋巴细胞 　　　　C. 单核细胞 　　　　D. 红细胞

10. 利什曼原虫病通过（　　）叮咬进行传播。

A. 蚊子 　　　　B. 蝉 　　　　C. 白蛉 　　　　D. 蠓

(二) 多项选择题

1. 犬并殖吸虫病的临床症状有以下哪些?（　　）

A. 咳嗽 　　　　B. 神经症状 　　　　C. 腹泻 　　　　D. 皮肤结节

2. 以下关于华支睾吸虫病的说法,正确的是（　　）。

A. 华支睾吸虫终末宿主只是犬、猫,不感染其他动物

B. 华支睾吸虫病常呈隐性或慢性感染

C. 华支睾吸虫的发育过程中需要有补充宿主

D. 华支睾吸虫病的主要剖检变化在肝脏、胆囊和胆管

3. 关于犬、猫绦虫的中绦期及中间宿主,以下说法正确的是（　　）。

A. 只需要一个中间宿主

B. 需要一个或多个中间宿主

C. 中间宿主可以为昆虫,也可以为哺乳动物

D. 不同的绦虫的中绦期在中间宿主体内发育为囊尾蚴、似囊尾蚴、棘球蚴、原尾蚴等多种不同的蚴虫

4. 对于犬、猫蛔虫病的传播途径,以下正确的途径是（　　）。

A. 经口采食了被虫卵污染的饲料、饮水

B. 经皮肤直接接触传播

C. 经母体垂直传播给胎儿

D. 经吸血昆虫作为媒介叮咬传播

5. 幼犬感染蛔虫病可能会出现的症状为（　　）。

A. 神经症状 　　　　B. 肺炎 　　　　C. 慢性腹泻 　　　　D. 黄疸

6. 犬、猫螨病的临床症状主要表现为（　　）。

A. 犬疥螨病犬奇痒,常搔抓、啃咬或在地面及各种物体上摩擦患部,引起严重的脱毛

B. 犬感染耳痒螨时常因痒感而不断摇头、抓耳、在器物上摩擦耳部,引起耳部血肿和耳道溃疡

C. 犬皮肤发生蠕形螨病时会继发葡萄球菌感染

D. 仔猫感染猫背肛螨时,症状不重剧,不经治疗可自行消退

7. 如何预防犬疥螨病的发生?（　　）

A. 保持犬、猫圈舍干燥、干净

B. 定期用杀螨剂消灭犬、猫环境中的螨虫

C. 犬、猫外出活动时避免与有脱毛和瘙痒症状的动物接触

D. 可给犬、猫佩戴除虫项圈预防螨病

8. 蜱的叮咬对犬、猫的危害主要有以下几个方面？（　　）

    A. 皮肤出现瘙痒　　　　　　　　B. 传播病原体

    C. 引起犬、猫瘫痪　　　　　　　　D. 引起黄疸、消化不良等症状

9. 可以用来治疗犬、猫巴贝斯虫病的药物为（　　）。

    A. 三氮脒　　　　　B. 阿维菌素　　　　　C. 左旋咪唑　　　　　D. 吡喹酮

10. 犬的利什曼原虫寄生在犬的（　　）中。

    A. 血液　　　　　B. 肝脏　　　　　C. 脾脏　　　　　D. 淋巴结

（三）判断题

1. 犬并殖吸虫病的典型剖检变化为虫体在内脏器官形成囊肿，其中以肾脏和肝脏最为常见。（　　）

2. 治疗犬华支睾吸虫病的首选药物为吡喹酮。（　　）

3. 犬感染的绦虫为带科、双壳科、中绦科、双叶槽科的多种绦虫，都为小型虫体。（　　）

4. 犬、猫钩虫病对于幼犬、仔猫的危害较大，临床上主要引起贫血、血性稀便、肺炎及典型的神经症状，如转圈、乱跑、狂吠等表现。（　　）

5. 螨的发育过程为不完全变态，包括卵、幼虫、若虫、成虫4个阶段。（　　）

6. 犬蚤可作为复孔绦虫的传播媒介。（　　）

7. 犬巴贝斯虫病可以通过采病犬末梢血作涂片，吉姆萨染色后镜检，发现红细胞内的虫体即可确诊。（　　）

● 参考答案

（一）单项选择题

1. B　2. A　3. A　4. C　5. D　6. C　7. C　8. C　9. D　10. C

（二）多项选择题

1. ABCD　2. BD　3. BCD　4. AC　5. BCD　6. ABC　7. ABCD　8. ABC　9. AB　10. ABCD

（三）判断题

1. √　2. √　3. ×　4. ×　5. √　6. √　7. √

其他动物寄生虫病的防治

【项目设置描述】

　　本任务是根据执业兽医的工作需求和养兔场、马场、水产养殖场以及动物园等单位的动物疫病防治人员的工作要求而安排，主要介绍兔、马、水产动物、蜂、蚕和部分动物园动物常见寄生虫病，为多种动物的安全生产和科学养殖提供技术支持。

【学习目标与思政目标】

　　完成本学习任务后，你应当能够认识兔、马、水产动物、蜂、蚕和部分动物园动物常见寄生虫，能简单阐述它们的发育史；会正确诊断和治疗这些常见的寄生虫病。能够运用系统观念、辩证思维、创新思维和现代化的诊疗技术对兔、马、水生动物等寄生虫病典型病例进行综合分析和诊疗；能为特种经济动物生产制定合理、有效的防控寄生虫病的措施，注重生态环境保护，树立文化自信，形成人与自然和谐共生的大健康理念。

任务 7-1　兔寄生虫病的防治

【案例导入】

　　案例 1：某年 1 月，辽宁某养兔户饲养的 320 只肉兔零星出现死亡的现象，死亡的兔消瘦，毛焦，有的出现腹泻，相继死亡 10 余只。剖检 2 只死亡的兔，见肠系膜上有多量绿豆粒到黄豆粒大小的泡状物，内有白色点状物，泡状物有的单个存在，有的甚至数十个连在一起。将泡状物置显微镜下检查发现豆状囊尾蚴，确诊为兔豆状囊尾蚴病。治疗：对全群兔拌料投喂阿苯达唑，每千克体重 30mg，每隔 15d 用一次，连用 3 次。用药 5d 后兔停止死亡，两星期时全群兔精神大有好转，1 个月后恢复正常生产。

　　问题：兔豆状囊尾蚴病有无其他诊断治疗方法？

　　案例 2：某年 3 月，福建某养兔场存栏 300 只闽西南黑兔，其中 65 只幼兔（45～55 日龄）陆续出现食欲减退、消瘦、下痢症状。畜主用庆大霉素等抗生素治疗，效果不佳，3d 死亡 25 只。患病兔虚弱，消瘦，贫血，可视黏膜苍白或黄染，有 5 只出现神经症状。解剖病兔 5 只都可见肝脏肿大，肝脏上有白色和淡黄色结节，结节呈圆形，如米粒至豌豆大；小肠黏膜充血、出血，十二指肠扩张、肥厚。取肠黏膜和肝结节压片镜检可见大量不同发育阶段的球虫卵囊。粪便虫卵检查也发现大量球虫卵囊，诊断为球虫病。治疗：每千克体重氯苯胍 40mg 拌料饲喂，1 次/d，连喂 7d。

问题：球虫对化学药物及离子载体类药物很容易产生耐药性，有没有其他的有效治疗药物？

案例 3：40 只 2 月龄的地方黄兔，每只体重 1kg 左右，第 5 天死亡 4 只，第 6 天死亡 10 只，第 7 天送了 5 只濒死幼兔到某兽医站就诊。经检查发现，病兔精神萎靡，食欲减退，皮毛粗乱，眼鼻分泌物增多，体温升高，贫血，下痢，肛门周围被粪便沾污，腹围膨大，肝区触诊有疼痛反应，黏膜黄染。死前出现神经症状，四肢呈游泳状划动，头向后仰，尖叫，极度消瘦，最后衰竭而死亡。剖检发现大部分肝脏肿大，表面有黄白色小结节；胆囊肿大，胆汁浓稠色淡；空肠有大量气体，肠壁增厚，黏膜潮红肿胀，散布点状出血，有多量黏液；膀胱充盈，尿液呈黄色。

问题：案例中兔感染了何种寄生虫？诊断依据是什么，应如何治疗？请为该畜主制定出综合性防治措施。

一、兔豆状囊尾蚴病

兔豆状囊尾蚴病是由豆状带绦虫的幼虫——豆状囊尾蚴寄生于兔、野兔等啮齿动物的肝脏、肠系膜和腹腔引起的一种寄生虫病。本病呈世界性分布，我国各地都有发生。

请扫描二维码获取该病的详细资料。

兔豆状囊尾蚴病

二、兔栓尾线虫病

本病是由尖尾科栓尾属中的兔栓尾线虫寄生在兔的盲肠和结肠内的一种寄生虫病，又称兔蛲虫病、兔盲肠虫病。

请扫描二维码获取该病的详细资料。

兔栓尾线虫病

三、兔螨病

本病是由疥螨科、痒螨科、肉食螨科的螨类寄生于家兔体表或表皮引起的慢性皮肤病，又称癞。主要特征为剧痒及皮炎。

请扫描二维码获取该病的详细资料。

兔螨病

四、兔球虫病

兔球虫病是由艾美耳属的多种球虫寄生于兔的小肠或胆管上皮细胞内引起的家兔常见的一种寄生虫病，感染严重时死亡率可以达到80%，对养兔业的危害极大。主要特征为呈肠、肝混合型感染，并表现出相应症状，后期出现神经症状。

请扫描二维码获取该病的详细资料。

兔球虫病

任务7-2　马寄生虫病防治

【案例导入】

某地饲养的放牧马匹，3月中旬开始陆续发病。病马体温稍升高，精神不振，食欲减退，随后体温逐渐升高到 39.5～41.5℃，呈稽留热型，呼吸、心跳加快，贫血，黏膜、腱膜及皮下蜂窝组织黄染，高热，血红蛋白尿，肢体下部水肿。经血液涂片检查，在红细胞内发现小于红细胞半径的梨形虫。

问题：案例中马匹感染了什么寄生虫？该寄生虫病的传播媒介是什么？治疗该寄生虫病的药物是什么？

一、马裸头绦虫病

本病是由裸头科裸头属的多种绦虫寄生于马属动物小肠引起疾病的总称。主要特征为消化不良、间歇性疝痛和下痢。

请扫描二维码获取该病的详细资料。

马裸头绦虫病

二、马尖尾线虫病

本病是由尖尾科尖尾属的马尖尾线虫寄生于马属动物的盲肠和结肠引起的疾病，又称马蛲虫病。主要特征为尾臀部脱毛、奇痒。

请扫描二维码获取该病的详细资料。

马尖尾线虫病

三、马副蛔虫病

本病是由蛔科副蛔属的马副蛔虫寄生于马属动物的小肠内所引起的疾病。主要特征为蛔虫性肺炎，幼驹生长发育停滞。

请扫描二维码获取该病的详细资料。

马副蛔虫病

四、马胃蝇蛆病

本病是由双翅目胃蝇科胃蝇属的幼虫寄生于马属动物胃肠道引起的疾病，又称马胃蝇蚴病。偶尔寄生于兔、犬、猪和人胃内。主要特征为高度贫血，消瘦，中毒，使役能力下降。

请扫描二维码获取该病的详细资料。

马胃蝇蛆病

五、马锥虫病

本病是由锥体科锥虫属的伊氏锥虫寄生于马属动物和其他动物的血液中引起的疾病，又称苏拉病。主要特征为进行性消瘦，高热，贫血，黏膜出血，黄疸，水肿和神经症状等。

请扫描二维码获取该病的详细资料。

马锥虫病

六、马梨形虫病

本病是由巴贝斯科巴贝斯属的巴贝斯虫寄生于马属动物的红细胞引起的疾病。主要特征为高热，贫血，黄疸，呼吸困难。诊断和治疗不及时，死亡率极高。

请扫描二维码获取该病的详细资料。

马梨形虫病

 传统中兽医园地

我国传统医学经典名著节选

虫颡十年者，酱清如胆者半合，分二度灌鼻。每灌，一两日将息，不得多，多即损马也。

虫颡重者：葶苈子一合，熬令紫色，揭如泥；桑根白皮一大握，大枣二十枚（劈），水二升，煮药取一升，去滓，入葶苈捣，令调匀，适寒温灌口中。隔一日又灌。重者不过再，瘥。

虫颡马鼻，沫出、梁肿起者，不可治也。

——《肘后备急方》

疗驴马虫颡方

桑根白皮五两，紫菀三两，射干二两，麻黄一两，葱白一斤，苏二合，蜜一合，上八味，切，以水一斗五升，煮取八升，去滓，内麝香末一豆，搅调作两度灌之。当灌，每取早朝食时，饮水三分与一分；至午，三分与二分，至夜使足。明日还以前法与之，其药更加地黄及葱、蜜、豉，以水三五升，煮取多少依前，加麝香少许，其余将息，一依前法。当灌时，高举头，则药不出，勿使药汁射肺，斜酌灌入，即不得全高。每灌皆取一鸡子汁，分灌两鼻孔中。若气力弱，隔日灌之；若神强，频日灌之。若轻者，三两度灌之即差。灌后三两日，伺候看鼻内殡色嗽断即差。如不断，用后法：桑白皮一斤，细切，以水三升，煮取一升，去晴，每旦灌鼻孔中。灌时入研麝香一豆。大佳。

疗马虫颡方

候马鼻沫出，梁肿起，即不可疗。硇砂二酸枣许（研），猪脂（腊月者）二鸡子许，上二味，先研硇砂，令极细末，然后熬猪脂及硇砂，煎一沸，停，温如人肌，高仰马鼻以灌之，一炊久。若患一鼻，减药之半。两鼻患，两鼻中灌之；一鼻患，一鼻中灌之。灌鼻中一二日。

更有熏法如后：莨菪子别捣，藜芦，谷精草，干漆，葶苈子别捣，各等分为末，相和。以麻燃如烛，烧一头，纳马鼻中，令烟人，效。仍仰马头令稍高。

——《外台秘要》

治马虫颡方

桑白皮、枣肉、葶苈子，左共为末，水三升半，灌之。令头低，滴出鼻中恶水。次用火黄、油、鸡子清灌。

——《太白阴经》

喂瘦马：每用贯仲一两，为末，放料草内，瘦虫去即肥。

——《家塾事亲》

治虫法

青峰曰：凡马肚中有虫积为蛊者，皆由脾胃虚弱，致生蚘虫。凡此证急早疗医，免致穀䐉尪羸，必用杀虫益胃肠。贯众、皂角、槟榔、青果、芜荑、郁金、鹤虱、秦芁、雷丸、榧子、枯矾、茯苓、甘草、白术、陈皮捣煎，入酒曲火煅存性合啖。

——《活兽慈舟》

选自于船，张克家主编《中华兽医精典》

任务 7-3　水生动物寄生虫病防治

请扫描二维码获取该病的详细资料。

水生动物寄生虫病防治

任务 7-4　家蚕寄生虫病防治

请扫描二维码获取该病的详细资料。

家蚕寄生虫
病防治

任务 7-5　蜂寄生虫病防治

请扫描二维码获取该病的详细资料。

蜂寄生虫病防治

项目 7-6　动物园动物寄生虫病防治

请扫描二维码获取该病的详细资料。

动物园动物
寄生虫病防治

项目小结

病名	病原	宿主	寄生部位	诊断要点	防治方法
兔豆状囊尾蚴病	豆状囊尾蚴	中间宿主：兔、野兔 终末宿主：犬、狐	肝脏和腹腔	1. 临诊：肝炎 2. 病原学检查：肝脏及腹腔找到虫体 3. 血清学诊断：间接血凝实验	1. 每年预防性驱虫四次 2. 保持清洁 3. 治疗可采用吡喹酮、甲苯达唑等药物
兔栓尾线虫病	兔栓尾线虫	兔	盲肠和结肠	肛门疼痒，消瘦，下痢，死亡；肠黏膜溃疡；大肠内发现大量的白色虫体或粪便中发现虫体和虫卵可确诊	1. 要经常清洗消毒笼具 2. 粪便发酵处理 3. 定期检查，发现感染兔，用阿苯达唑进行治疗
兔螨虫病	兔疥螨、兔足螨、兔背肛螨、兔痒螨、寄食姬螯螨	兔	体表、表皮	1. 临诊：患部变硬，造成采食困难，食欲减退，脚爪上产生灰白色痂块，皮屑和血痂。迅速消瘦直至死亡 2. 实验室诊断：在患部刮取痂皮，加 10% 的氢氧化钠处理后镜检	1. 把好引种关 2. 做好环境卫生 3. 定期驱虫 4. 灭螨
兔球虫病	斯氏艾美耳球虫、大型艾美耳球虫、肠艾美耳球虫、中型艾美耳球虫等球虫	兔	肝脏、肠道	1. 临诊：肝型肝脏高度肿大，肠型肠道、十二指肠充血 2. 实验室诊断：饱和盐水漂浮法在粪便中找到卵囊，肠黏膜或肝脏病灶找到球虫	1. 加强饲养管理 2. 粪便管理 3. 治疗可采用氯丙胍、磺胺-6-甲氧嘧啶、磺胺二甲基嘧啶、三甲氧苄氨嘧啶等药物
马裸头绦虫病	大裸头绦虫、叶状裸头绦虫和侏儒副裸头绦虫	中间宿主：地螨 终末宿主：马	小肠和盲肠	1. 临诊：慢性消耗性病症 2. 实验室诊断：饱和盐水漂浮法找到虫卵或者粪便中找到孕节	1. 改变夜牧习惯 2. 预防性驱虫 3. 粪便处理 4. 治疗采用氯硝柳胺、南瓜子粉末等药物

（续）

病名	病原	宿主	寄生部位	诊断要点	防治方法
马尖尾线虫病	尖尾线虫	马	盲肠和结肠	1. 临诊：肛门剧痒 2. 实验室诊断：找到雌虫或病灶部位刮取物中找到虫卵	1. 搞好马厩卫生 2. 治疗采用丙硫苯咪唑、噻苯达唑
马胃蝇蛆病	胃蝇属的多种幼虫	马	胃肠道	1. 临诊：无明显临床症状，慢性胃炎或出血性胃炎 2. 实验室诊断：肠胃、口腔、粪便内及肛门附近找到虫体，毛上找到虫卵，触摸直肠找到虫体	1. 加强饲养管理，定期驱虫 2. 治疗采用伊维菌素、精制敌百虫
小瓜虫病	多子小瓜虫	淡水鱼和观赏鱼	体表和鳃	1. 临诊：鱼体表、鳃和口腔布满小白点 2. 实验室诊断：显微镜下找到虫体	1. 合理密养，加强饲养管理 2. 治疗采用高锰酸钾、硫酸铜、食盐水
车轮虫病	车轮虫属和小车轮虫属的车轮虫	淡水鱼和海水鱼	皮肤、鳃、鼻腔	1. 临诊：一般无特殊症状 2. 实验室诊断：显微镜下在鳃丝或黏液上找到虫体	1. 合理密养，加强饲养管理 2. 治疗采用硫酸铜和硫酸亚铁合剂、苦参碱溶液
斜管虫病	鲤斜管虫	淡水鱼	鳃、皮肤、鼻腔	1. 临诊：皮肤和鳃表面苍白色或形成淡蓝色薄膜 2. 实验室诊断：显微镜下在鳃丝或皮肤上找到虫体	1. 合理密养，加强饲养管理 2. 治疗采用硫酸铜和硫酸亚铁合剂
指环虫病	指环虫属的多种指环虫	淡水鱼和观赏鱼	鱼鳃	1. 临诊：鳃瓣密集白色斑点 2. 实验室诊断：显微镜在鳃丝上找到虫体	1. 加强饲养管理 2. 治疗采用甲苯达唑、精制敌百虫等药物
锚头鳋病	锚头鳋属的多种锚头鳋	淡水鱼类和海水鱼	体表、口腔、鳍及眼	1. 临诊：急躁不安，鳞片上形成石榴子红斑 2. 实验室诊断：显微镜下找到虫体	治疗可以采用高锰酸钾、精制敌百虫等药物
虱螨病	赫氏蒲螨	蚕	体表	病蚕、蛹、蛾各期症状不同。在蚕体找到虫体可确诊	1. 采用浸、蒸、堵、杀等综合防治措施 2. 治疗采用杀虱灵、灭蚕蝇
蝇蛆病	多化性蚕蛆蝇幼虫	蚕	蚕体	1. 临诊：病蚕体表形成喇叭形黑色病斑 2. 实验室诊断：解剖体壁病斑发现蝇蛆	1. 加强饲养管理 2. 化学防治使用灭蚕蝇 3. 生物防治采用大腿小蜂等天敌灭蚕蛆

（续）

病名	病原	宿主	寄生部位	诊断要点	防治方法
蚕微粒子病	蚕微孢子虫	蚕	蚕体	1. 临诊：病原学检查病蚕、蛹、蛾各期症状不同。丝腺形成乳白色脓疱状的斑块 2. 实验室诊断：肉眼加显微镜检查	1. 严格良种繁殖 2. 蚕种热处理 3. 治疗采用防微灵、阿苯达唑、多菌灵
蜂孢子虫病	蜜蜂微孢子虫	蜜蜂	中肠	1. 临诊：蜂下痢严重 2. 实验室诊断：镜检发现孢子虫或者中肠石蜡切片，染色观察细胞损伤	1. 科学管理，加强消毒 2. 治疗采用灭滴灵、四环素、土霉素、柠檬酸、米醋
大蜂螨病	雅氏瓦螨	蜜蜂	蜜蜂	1. 临诊：不安、振翅、摇尾 2. 实验室诊断：肉眼检查找到虫体	1. 化学治疗采用速杀螨 2. 物理方法给蜂群热处理和热吹风 3. 生物方法采用生物有机体或其他天然产物来控制
小蜂螨病	亮热厉螨	蜜蜂幼虫和蛹体	子脾	1. 临诊：出现花子脾 2. 实验室诊断：肉眼检查找到虫体	化学治疗采用升华硫黄。其余同大蜂螨病治疗
球虫病	艾美耳属和等孢属的球虫	鸟类、鸽、水禽、燕雀和爬行类动物	肠道	1. 临诊：血样腹泻 2. 实验室诊断：粪便直接涂片和饱和盐水漂浮法找到卵囊	1. 加强环境清理和消毒 2. 治疗采用磺胺二甲嘧啶、氨丙啉、地克珠利
鸟毛滴虫病	鸡毛滴虫	鹑鸡类、鸽、野鸽、猛禽、金刚鹦鹉、南方褐雨燕、金丝雀	口腔、鼻腔、咽、食道和嗉囊的黏膜层	1. 临诊：咽型喉部有干酪样物积聚，内脏型排黄绿色或淡黄色粪便，脐型脐部发炎 2. 实验室诊断：光学显微镜观察找到虫体	治疗采用呋喃唑酮、土霉素、金霉素
鸟贾第虫病	鹦鹉贾第虫	澳洲鹦鹉、澳洲长尾小鹦鹉	肠道、胆管	1. 临诊：呕吐，腹泻 2. 实验室诊断：镜检发现滋养体	治疗采用异丙硝唑、二甲硝咪唑
鸟毛细线虫病	毛细线虫属、绳状属和优鞘属的毛细线虫	中间宿主：蚯蚓 终末宿主：鸽、野鸽、雉鸡、孔雀、鹧鸪、鹌鹑、鹦鹉	消化道	1. 临诊：吞咽困难，气喘，黄绿色或血样腹泻 2. 实验室诊断：粪便涂片镜检找到虫卵	治疗采用左旋咪唑、甲苯达唑
鸟蛔虫病	禽蛔属的蛔虫	鸽、野鸽、鹦鹉及类似家禽的鸟	肠道	1. 临诊：肠道堵塞 2. 实验室诊断：粪便漂浮法找到虫卵	治疗采用枸橼酸哌嗪、己二酸哌嗪
鸟气管比翼线虫	气管比翼线虫	鹤、雉鸡、孔雀、巨鸦、燕雀	气管和大支气管	临诊：张嘴、咳嗽并摇头	预防和治疗采用噻苯达唑

（续）

病名	病原	宿主	寄生部位	诊断要点	防治方法
鸟类疟疾	疟原虫	绒鸭，海鸥类海鸟，黑雁，鹦鹉，金丝雀、企鹅	红细胞	1. 临诊：肝脏、脾脏肿大 2. 实验室诊断：血液涂片镜检发现配子体或裂殖体	1. 杀灭蚊虫 2. 治疗采用盐酸阿的平、氯喹
羽虱病	长角羽虱科和短角羽虱科的羽虱	多种鸟类	头、胸、翅和腹	检查寄生部位找到虫体	治疗采用除虫菊酯喷雾
阿米巴病	侵袭性内阿米巴	蛇、海龟和龟	肠道	1. 临诊：呕吐、黏液性或出血性腹泻 2. 实验室诊断：镜检发现滋养体或原虫包囊	治疗采用灭滴灵、盐酸依咪叮
球虫病	克洛斯球虫、等孢球虫、艾美耳球虫	爬行动物	克洛斯球虫寄生在肾脏；等孢球虫寄生在胆囊和肠道；艾美耳球虫寄生在肠道	镜检找到包囊	治疗采用磺胺甲氧嗪、4-磺胺-5,6-二甲氧嘧啶
熊蛔虫病	犬蛔虫、横行弓蛔虫、多乳突弓蛔虫等	熊	小肠	粪检发现蛔虫虫卵和虫体可确诊	治疗采用哌嗪化合物、左旋咪唑和甲苯达唑
伊氏锥虫病	伊氏锥虫	马属动物、骆驼、象及肉食动物	血浆和造血器官	1. 病原学检查采用鲜血滴片检查、血液厚滴片染色检查找到虫体 2. 血清学检查采用琼扩实验和补体结合反应和间接血凝实验	治疗采用萘磺苯酰脲
大象肝片吸虫病	肝片吸虫	大象	肝脏	粪便直接涂片和反复沉淀法找到虫卵	治疗采用三氯苯达唑
弓形虫病	龚地弓形虫和温扬弓形虫	袋鼠、袋狸、袋熊、袋鼬和袋貂	有核细胞	死后肌肉检查找到包囊	治疗采用磺胺类药和乙胺嘧啶
小熊猫线虫病	中华猫圆线虫	小熊猫	肺部小支气管	1. 临诊：粪便深黑色，短咳、呼吸困难，肺膈叶有灰色或白色结节 2. 实验室诊断：幼虫分离法找到幼虫	治疗采用阿苯达唑、左旋咪唑、苯硫氨酯
列叶吸虫病	印度列叶吸虫和小熊猫列叶吸虫	小熊猫	肠道	腹泻、消瘦。解剖肠道找到虫体	治疗采用丙硫苯咪唑、吡喹酮
小熊猫蛔虫病	横走弓蛔虫或小熊猫弓蛔虫	小熊猫	肠道	1. 临诊：临床症状不明显 2. 实验室诊断：反复沉淀法或饱和盐水漂浮法找到虫卵	治疗采用左旋咪唑、丙硫苯咪唑

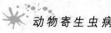

（续）

病名	病原	宿主	寄生部位	诊断要点	防治方法
大熊猫蠕形螨病	大熊猫蠕形螨和熊猫食皮螨	大熊猫	毛囊和皮脂腺以及皮肤表面	1. 临诊：瘙痒不安 2. 实验室诊断：皮屑镜检找到虫体	治疗采用消虫净、伊维菌素
大熊猫蛔虫病	西氏蛔虫	大熊猫	肠道	1. 临诊：症状不明显 2. 实验室诊断：沉淀法和谢氏虫卵漂浮法找到虫卵	治疗采用左旋咪唑、丙硫苯咪唑

职业能力和职业资格测试

（一）单项选择题

1. 引起兔肝球虫病的球虫是（　　）。

    A. 柔嫩艾美耳球虫　　　　B. 斯氏艾美耳球虫　　　　C. 丘氏艾美耳球虫

    D. 毒害艾美耳球虫　　　　E. 截型艾美耳球虫

2. 梅雨季节，断奶后幼兔发生一种以腹围增大、贫血、黄疸、腹泻为主要特征的疾病。病兔肝区有痛感，后期有神经症状，如头后仰，四肢痉挛，做游泳状划动。死亡兔肝表面或肝实质有白色或淡黄色粟状大或豌豆大白色结节，沿小胆管分布。治疗该病时首先选用的药物是（　　）。

    A. 阿苯达唑　　　B. 左旋咪唑　　　C. 地克珠利　　　D. 乙胺嘧啶

3. 兔是豆状带绦虫的（　　）。

    A. 终末宿主　　　B. 中间宿主　　　C. 保虫宿主　　　D. 媒介物

4. 马裸头绦虫的中间宿主是（　　）。

    A. 地螨　　　　B. 蚯蚓　　　　C. 剑水蚤　　　　D. 犬

5. 蝇蛆病是多化性蚕蛆蝇的哪个发育阶段寄生在蚕体引起的？（　　）

    A. 卵　　　　B. 幼虫　　　　C. 蛹　　　　D. 成虫

6. 下列哪种车轮虫可以寄生在皮肤上？（　　）

    A. 显著车轮虫　　B. 卵形车轮虫　　C. 微小车轮虫　　D. 球形车轮虫

7. 寄生于鲢体表和口腔的锚头鳋是哪种？（　　）

    A. 多态锚头鳋　　B. 小锚头鳋　　C. 鲤锚头鳋　　D. 短角锚头鳋

8. 多子小瓜虫的繁殖水温是（　　）。

    A. 12～18℃　　B. 15～25℃　　C. 28～32℃　　D. 32～37℃

9. （　　）的发育要经过无节幼体。

    A. 锚头蚤　　　　B. 中华蚤　　　　C. 鲺　　　　D. 鱼怪

10. 赫氏蒲螨以（　　）越冬。

    A. 大肚雌螨　　　B. 雌螨　　　　C. 雄螨　　　　D. 幼螨

11. 鸽子羽毛松乱无光，排黄绿色或淡黄色黏液性、糊状粪便，解剖发现内脏器官有干酪样坏死灶，可能感染的寄生虫是（　　）。

    A. 蛔虫　　　　B. 毛滴虫　　　　C. 球虫　　　　D. 毛细线虫

（二）多项选择题

1. 下面哪种鱼类寄生虫是依靠纤毛运动的？（　　）

　　A. 小瓜虫　　　B. 车轮虫　　　C. 斜管虫　　　D. 指环虫

2 蚕微孢子虫的发育周期有（　　）不同发育阶段。

　　A. 孢子　　　　B. 芽体　　　　C. 裂殖子　　　D. 孢子芽母细胞

　　E. 滋养体

3. 蚕微粒子病的感染途径包括（　　）。

　　A. 食下感染　　B. 接触感染　　C. 胚种感染　　D. 间接感染

4. 蜜蜂孢子虫病病原包括（　　）两种生殖方式。

　　A. 裂殖生殖　　B. 孢子生殖　　C. 出芽生殖　　D. 胎生

5. 阿米巴原虫的诊断方法有哪些？（　　）

　　A. 粪便沉淀法　B. 粪便漂浮法　C. 肠黏膜镜检　D. 组织切片法

（三）判断题

1. 鱼单殖吸虫一般为雌雄同体。（　　）

2. 指环虫后固着器官有6对边缘小钩。（　　）

3. 锚头鳋终生营寄生生活。（　　）

4. 小蜂螨病主要感染蜂的幼虫和蜂蛹。（　　）

5. 蜜蜂孢子虫的生殖方式为无性生殖。（　　）

●参考答案

（一）单项选择题

1. B　2. C　3. B　4. A　5. B　6. A　7. A　8. B　9. A　10. A　11. B

（二）多项选择题

1. ABC　2. ABCD　3. AC　4. AB　5. ACD

（三）判断题

1. √　2. ×　3. √　4. √　5. ×

附　录

附录1　常用抗寄生虫药一览表

请扫描二维码获取附录1的资料。

附录2　各种畜禽常见寄生蠕虫

请扫描二维码获取附录2的资料。

附录3　寄生虫分类表

请扫描二维码获取附录3的资料。

参 考 文 献

操继跃，刘雅红，主译.2011.兽医药理学与治疗学［M］.北京：中国农业出版社.

陈钦藏.2005.蚕种场发生虱螨病的原因及防治对策［J］.广东蚕业.（3）：12-13.

陈玉库，等，2007.小动物疾病防治［M］.北京：中国农业大学出版社.

德怀特 D. 鲍曼（Dwight D. Bowman）（美）编著，李国清主译.2013.兽医寄生虫学［M］.9 版.
北京：中国农业出版社.

邓绍基，骆永泉.2002.一起猪毛首线虫病的诊疗报告［J］.江西畜牧兽医杂志.5：25-26.

邓永强，汪开毓，黄小丽.2005.鱼类小瓜虫病的研究进展［J］.大连水产学院学报.（20）：
150-153.

黄旭华，朱方容，石美宁.2007.家蚕微粒子病病原分布和传染途径的综述［J］.广西蚕业.（3）
44：31-35.

蒋金书，2000.动物原虫病学［M］.北京：中国农业大学出版社.

孔繁瑶，2010.家畜寄生虫学［M］.2 版.北京：中国农业大学出版社.

李国清，2021.兽医寄生虫学（中英双语）［M］.3 版.北京：中国农业大学出版社.

李国清，等，2007.高级寄生虫学.北京：高等教育出版社.

李振龙.2011.指环虫病［J］.中国水产.10：48-49.

林瑞庆，张媛，朱兴全.2010.食道口线虫与食道口线虫病的研究进展［J］.中国预防兽医学报.
9：737-740.

林选锋.2010.一例草鱼种车轮虫病的诊治［J］.科学养鱼.10：58.

刘万平，2009.小动物疾病诊疗技术［M］.北京：化学工业出版社.

明·喻本元、喻本亨著，中国农业科学院中兽医研究所重编校正.1963.元亨疗马牛骆驼经全集
［M］.农业出版社.

兽医临床寄生虫学：兽医实验室系列［M］.第 8 版.北京：中国农业出版社.

四川省畜牧兽医研究所，1980.活兽慈舟校注［M］.成都：四川人民出版社.

索勋，2022.兽医寄生虫学［M］.北京：中国农业出版社.

汪明，2003.兽医寄生虫学［M］.北京：中国农业出版社.

汪世平，2004.医学寄生虫学［M］.北京：高等教育出版社.

谢拥军，等，2009.动物寄生虫病防治技术［M］.北京：化学工业出版社.

殷国荣，等，2014.医学寄生虫学［M］.4 版.北京：科学出版社.

于船，等，2002.中华兽医精典［M］.北京：中国农业大学出版社.

张宏伟，等.2012.动物寄生虫病［M］.2 版.北京：中国农业出版社.

张西臣，等.2017.动物寄生虫病学［M］.4 版.北京：科学出版社.

朱兴全.2006.小动物寄生虫病学［M］.北京：中国农业科技出版社.

图书在版编目（CIP）数据

动物寄生虫病/魏冬霞主编 . —4 版 . —北京：
中国农业出版社，2022.11（2024.2重印）
ISBN 978-7-109-30274-7

Ⅰ.①动…　Ⅱ.①魏…　Ⅲ.①动物疾病－寄生虫病
Ⅳ.①S855.9

中国版本图书馆 CIP 数据核字（2022）第 223773 号

中国农业出版社出版
地址：北京市朝阳区麦子店街 18 号楼
邮编：100125
责任编辑：徐　芳
版式设计：王　晨　责任校对：刘丽香
印刷：北京通州皇家印刷厂
版次：2006 年 1 月第 1 版　2022 年 11 月第 4 版
印次：2024 年 2 月第 4 版北京第 2 次印刷
发行：新华书店北京发行所
开本：787mm×1092mm　1/16
印张：17.75
字数：600 千字
定价：45.00 元